Word 2016

高级应用案例教程

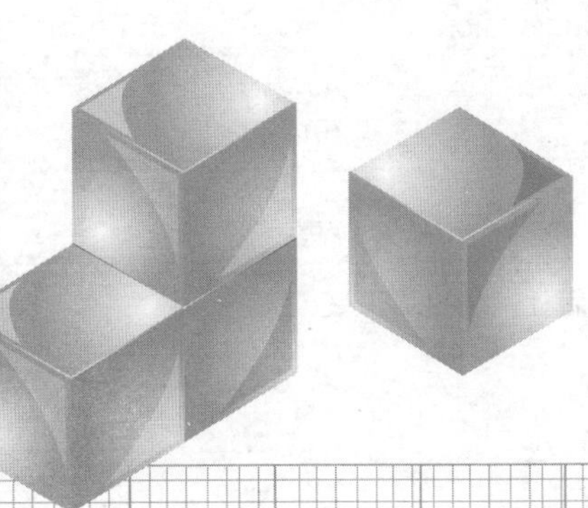

华振兴 主编

李 政 杨久婷 副主编

清華大学出版社

北 京

内 容 简 介

本书面向应用，通过丰富的案例，介绍 Word 2016 的操作技巧、实用技术和高级功能。既有文档编辑、文件管理、格式设置，表格、图形的使用，查找和替换的应用等基本操作和技巧，又有 VBA 应用等高级技术，还介绍了用 Word 和 VBA 开发的应用软件。读者可通过分析、改进、移植这些案例拓展应用，开发自己的作品，提高工作效率和质量。

本书可作为高等院校各专业"计算机基础"的后续课程教材，也可作为计算机及信息技术专业课教材，还可供计算机应用和开发人员参考。

图书在版编目（CIP）数据

Word 2016高级应用案例教程 / 华振兴主编. —北京：清华大学出版社，2023.12
ISBN 978-7-302-65009-6

Ⅰ. ①W… Ⅱ. ①华… Ⅲ. ①文字处理系统－教材 Ⅳ. ①TP391.12

中国国家版本馆CIP数据核字（2023）第232993号

责任编辑： 袁勤勇
封面设计： 常雪影
责任校对： 郝美丽
责任印制： 宋 林

出版发行： 清华大学出版社
网　　址： https://www.tup.com.cn，https://www.wqxuetang.com
地　　址： 北京清华大学学研大厦 A 座　**邮　　编：** 100084
社 总 机： 010-83470000　**邮　　购：** 010-62786544
投稿与读者服务： 010-62776969，c-service@tup.tsinghua.edu.cn
质 量 反 馈： 010-62772015，zhiliang@tup.tsinghua.edu.cn
课 件 下 载： https://www.tup.com.cn，010-83470236
印 装 者： 三河市铭诚印务有限公司
经　　销： 全国新华书店
开　　本： 185mm×260mm　**印　　张：** 13.75　**字　　数：** 325 千字
版　　次： 2023 年 12 月第 1 版　**印　　次：** 2023 年 12 月第 1 次印刷
定　　价： 48.00 元

产品编号：096967-01

前言

微软公司推出的 Word 2016 应用程序凭借其友好的界面、方便的操作、完善的功能和易学易用等诸多优点已成为众多用户进行文档处理的主流软件。

可能有些读者认为 Word 很简单，没必要深入学习。其实，尽管很多人掌握了 Word 的基本操作技能，能够制作普通文档，但所做的工作仍然比较低效。这是因为 90%以上的人，仅仅在使用 Word 10%左右的功能，还有许多实用技术、技巧和高级功能未被开发和应用。要真正提高办公软件的应用水平，应对 Word 进一步研究。

党的二十大报告指出，教育、科技、人才是全面建设社会主义现代化国家的基础性、战略性支撑。

全国高等院校计算机基础教育研究会发布的《中国高等院校计算机基础教育课程体系 2008》提倡“以应用为主线”或“直接从应用入手”构建课程体系，认为使用办公软件是所有大学生应具备的最基本能力，课程内容应包含办公软件的高级应用技术。《中国高等院校计算机基础教育课程体系 2014》继承和发展了“面向应用”的教学理念，并进一步提出“以应用能力培养为导向，完善复合型创新人才培养实践教学体系建设”的工作思路。

基于课程体系的调整，全国计算机等级考试（NCRE）从 2013 年下半年开始，新增了二级“MS Office 高级应用”科目，要求参试者具有计算机应用知识及 MS Office 办公软件的高级应用能力，能够在实际办公环境中开展具体应用。考试环境为 Windows 10 和 Microsoft Office 2016。

与此同时，有些高校在信息技术类专业中开设了“办公软件高级应用”课程，在其他专业中开设了类似的选修课或公共课。

目前，市面上已有一些介绍办公软件应用技巧和高级技术的书籍，但适合作为“办公软件高级应用”教材的却不多。原因是这些书籍要么篇幅巨大，知识含量不高；要么空讲理论和操作，不联系实际应用；要么案例专业性太强，应用面窄。

鉴于此，作者结合多年的教学实践，参考大量资料，针对多种需求开发了一系列在实践中已得到应用的案例。并在此基础上，进行提炼和加工，编写了本书。之所以取名为《Word 2016 高级应用案例教程》，而非《办公软件高级应用》，是为了突出其中的一个主题，深入研究 Word 应用技术。

本书的主要特色如下。

（1）总结原创成果。作者长期从事办公软件的教学和研究，积累了大量成果和案例，书中大部分内容属原创。

（2）提炼技术精华。作者对 Word 应用技术和技巧进行了深入挖掘、精心提炼和仔细加工，努力为读者献上一份有价值的礼物。

（3）内容丰富紧凑。既有专业深度，也有应用广度，有效信息含量大。

（4）案例贴近实际。绝大多数案例都有实际应用背景，针对性强。书中详细介绍了每个案例的实现方法、过程和技术要点，给出了全部源代码。

本书还配有全套的示例文件、电子教案等教学资源，感兴趣的读者可在清华大学出版社官网下载。

本书内容包括以下 3 部分。

（1）第 1 章~第 3 章，对 Word 基本操作、实用技巧、查找和替换的应用等内容进行提炼，给出一些应用实例。

（2）第 4 章~第 9 章，介绍在 Word 中用 VBA 编程的基础知识和应用技术。

（3）第 10 章和第 11 章，给出两个用 Word 和 VBA 开发的应用软件。

本书第 1 章由杨久婷执笔；第 2 章~第 10 章由华振兴执笔；第 11 章由李政执笔。

由于作者水平有限，书中难免有不足和错误之处，请读者不吝批评和指正。

作 者

2023 年 10 月

目 录

第1章 Word 基本操作

党的二十大报告提出，推进教育数字化，建设全民终身学习的学习型社会、学习型大国。大数据时代，数字化是教育转型发展的基本要求，也是推动学习型大国建设的重要途径，更是落实科教兴国战略、实现教育现代化目标的重要基础。因此，要以党的二十大精神为引领，推进教育数字化转型。

Word 2016 提供功能全面的文本和图形编辑工具，并采用以结果为导向的全新界面，以帮助用户创建、编辑更具专业水准的文档。

本章介绍 Word 基本操作方法，包括文档编辑、管理、格式设置，表格与文本框操作，图片与图形的使用，长文档编辑与管理，文档修订与共享等内容。

为节省篇幅，本章已对 Word 基本内容进行提炼，把重点放在应用上，并尽可能给出应用实例，以帮助读者从实操应用中获取更多知识和技术。建议读者边看书边操作，以获得最佳的学习效果。

1.1 Word 2016 界面

1. 功能区与选项卡

在 Word 2016 中，传统的菜单栏和工具栏已被功能区代替。

功能区是一种全新的设计，它以选项卡的方式对命令进行分组和显示。同时，功能区中的选项卡在排列方式上与用户完成任务的顺序一致，并且选项卡中命令的组合方式更加直观，大大提升了应用程序的可操作性。

功能区中有“开始”“插入”“设计”“布局”“引用”“邮件”“审阅”等选项卡（见图 1-1）。

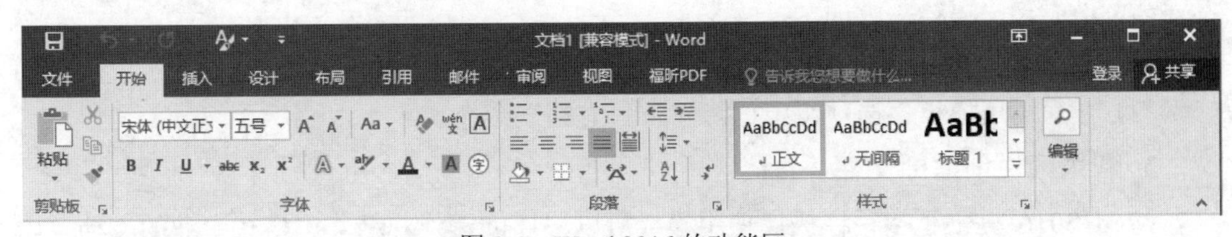

图 1-1 Word 2016 的功能区

这些选项卡可引导用户开展各种工作，并会根据用户正在执行的任务显示相关命令。

功能区显示的内容并不是一成不变的，Word 2016 会根据应用程序窗口的宽度自动调整功能区中显示的内容。当功能区变窄时，一些图标会相对缩小以节省空间；如果功能区进一步变窄，则某些命令将只显示图标；有些选项卡只有在编辑和处理某些特定对象时方才显示。

2. 实时预览

当鼠标指针移到相关的命令选项后，实时预览功能就会将该命令选项应用到当前编辑的文档中。例如，在 Word 文档中更改表格样式时，只需要将鼠标滑过表格样式集命令选项，即可实时预览当前表格应用该样式的效果。

3. 增强的屏幕提示

Word 2016 提供了比以往版本显示面积更大、容纳信息更多的屏幕提示。通过这些屏幕提示还可以直接从某个命令的显示位置快速访问其相关的帮助信息。

当将鼠标指针移至某个命令时，就会弹出相应的屏幕提示。如果想获得更加详细的信息，可以利用该功能提供的相关辅助信息的链接直接访问。

4. 快速访问工具栏

有些命令的使用相当频繁，为了方便用户快捷地执行这些命令，Word 2016 提供了一个快速访问工具栏。

快速访问工具栏位于 Word 2016 标题栏的左侧，默认状态只包含了保存、撤销等几个基本命令。

用户可以根据需要添加一些常用命令，方法如下：

单击 Word 2016 快速访问工具栏右侧的下三角按钮，在弹出的菜单中查看现有的命令，如果希望添加的命令恰好位于其中，直接使用即可。否则选择“其他命令”命令，打开“Word 选项”对话框，自动定位到“快速访问工具栏”选项组。在左侧的命令列表中选择需要的命令，并单击“添加”按钮，将其添加到右侧的“自定义快速访问工具栏”命令列表中。设置完成后单击“确定”按钮。

1.2 文档管理

1. 新建空白文档

Word 2016 启动后会自动新建一个文档。

如果先前已经启动了 Word 2016 应用程序，那么在编辑文档的过程中，还需要创建一个新的空白文档，操作步骤如下：

（1）在 Word 2016 程序中单击“文件”选项卡，选择“新建”命令。

（2）在“可用模板”选项组中选择“空白文档”命令。

2. 利用模板创建新文档

Word 2016 提供了多种模板，使用模板可以快速创建外观精美、格式专业的文档。用户可以根据具体的需要选用不同的模板。

利用模板创建新文档的操作步骤如下：

（1）在 Word 2016 程序中单击“文件”选项卡，选择“新建”命令。

（2）在“可用模板”选项组中选择需要的模板，即可快速创建出一个带有格式和内容的文档。

如果本机上已安装的模板不能满足工作的需要，还可以到微软网站的模板库中挑选需要的模板。

3. 打开文档

【方法 1】 直接双击文档。

在 Windows 环境下，直接双击要打开的文档，Word 就会自动启动并打开该文档。

【方法 2】 用“文件”选项卡。

在 Word 2016 的“文件”选项卡中选择“打开”命令，单击“浏览”按钮，在“打开”对话框中选择文件路径，双击某个文档，或选择某个文档后单击“打开”按钮，可打开指定的文档。

【方法 3】 打开最近使用的文档。

在 Word 2016 的“文件”选项卡中选择“打开”命令，单击“最近”按钮，选择一个最近使用的文档，便可将该文档打开。

4. 手动保存文档

【方法 1】 用 Ctrl+S 快捷键。

【方法 2】 单击快速访问工具栏的“保存”按钮。

【方法 3】 用“文件”选项卡的“保存”或“另存为”命令。

初次保存文档，或执行“另存为”命令，都会打开“另存为”对话框。在对话框中指定文件位置、文件类型和文件名，单击“保存”按钮就可以保存文档。

如果已经保存过文档，那么以后再保存时，Word 就会自动把修改的结果保存至原文档，不会再打开对话框。

5. 自动保存文档

Word 可以每隔一定时间自动保存一次文档。这样的设计可以有效地防止用户在进行了大量工作之后，因发生意外（停电、死机等）而又没有保存导致文档内容丢失。虽然仍有可能因为一些意外情况丢失文档内容，但损失可以降到最小。

设置文档自动保存的操作步骤如下：

（1）在 Word 2016 的“文件”选项卡中，选择“选项”命令。

（2）在“Word 选项”对话框中，切换到“保存”选项卡。

（3）在“保存文档”选项区域中，选中“保存自动恢复信息时间间隔”复选框，并指定具体分钟数（可输入 1～120 的整数）。默认自动保存时间间隔是 10 分钟。

（4）单击“确定”按钮。

需要注意的是，自动保存的信息并不是存到原文档，而是保存在临时文件里。在发生了非正常退出后，用 Word 再次打开原来的文档，会同时出现一个恢复文档，这个恢复文档中就是自动保存的信息。

6 关闭文档

【方法 1】 单击 Word 标题栏上的“关闭”按钮。

在只打开一个文档时，单击这个按钮会关闭文档并退出 Word，但在同时打开了几个文档时，它的作用就只是关闭当前编辑的文档。

【方法 2】 在“文件”选项卡中，选择“关闭”命令，关闭当前编辑的文档，并退出Word。

【方法 3】 使用 Alt+F4 快捷键关闭当前编辑的文档，并退出 Word。如果在上次保存之后对文档做了改动，那么关闭之前会弹出一个对话框，提醒保存。

7. 打印文档

打印文档在日常办公中是一项很重要的工作。在打印 Word 文档之前，可以通过打印预览功能查看整篇文档的排版效果，确认无误后再打印。

可以通过如下操作步骤完成文档打印：

（1）在 Word 2016 的“文件”选项卡中，选择“打印”命令。

（2）在“打印”视图的右侧可以预览文档的打印效果。在打印设置区域中可以对打印机或页面进行相关调整。

（3）设置完成后，单击“打印”按钮，即可将文档打印输出。

1.3 文档编辑

1.3.1 插入和修改文本

1. 光标定位

在 Word 文档中，对文本进行插入、修改、删除等操作，需要首先确定光标位置。

【方法 1】 用鼠标。在文档中适当的位置单击鼠标。

【方法 2】 用键盘。常用的光标控制键及其作用见表 1-1。

表 1-1 常用的光标控制键及其作用

类别	光标控制键	作用
水平	←、→	向左、右移动一个字或字符
	Ctrl+←、Ctrl+→	向左、右移动一个词
	Home、End	移到当前行首、尾
垂直	↑、↓	向上、下移动一行
	Ctrl+↑、Ctrl+↓	移到上、下段落的开始位置
	Page Up、Page Down	向上、下移动一页
文档	Ctrl+Home、Ctrl+End	移到文档的首、尾

2. 插入和修改状态

输入文字可在“插入”“改写”两种状态下进行，系统默认的是插入状态。改变状态可用以下方法：

按 Insert 键，切换至改写状态，输入文字时，光标右边的文字被替换。再按一次 Insert 键，则变回插入状态。

3. 插入符号

在 Word 2016 的“插入”选项卡“符号”选项组中，单击“符号”按钮，可以输入常用符号。若选择“其他符号”命令，则可打开图 1-2 所示的“符号”对话框。

在“符号”对话框中的“特殊字符”选项卡内，可以插入选中的任意特殊符号。在“符号”选项卡内则可以插入列表中的任意字符，这些字符均能在 Word 中辨认，其中包括一些特殊的图形符号。

4. 插入编号

在“插入”选项卡的“符号”选项组中，单击“编号”按钮，打开图 1-3 所示的“编号”对话框。

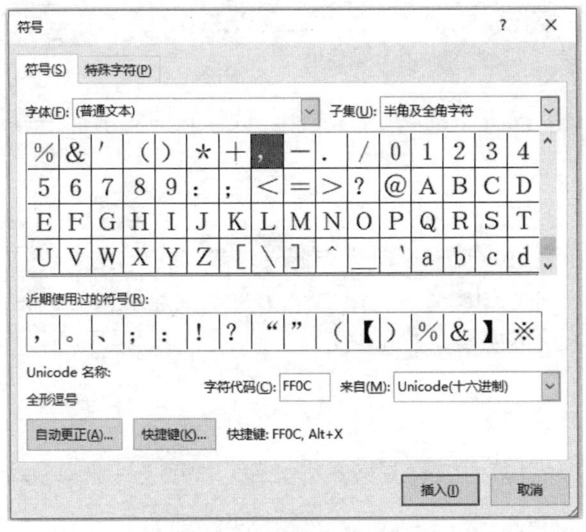

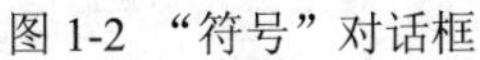
图 1-2 “符号”对话框

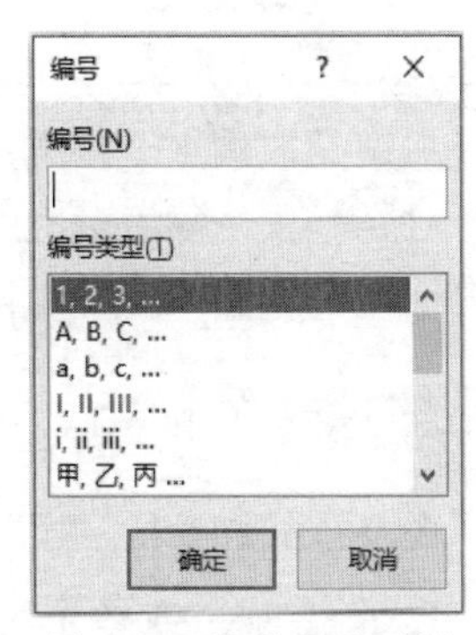

图 1-3 “编号”对话框

从“编号类型”列表中选择某一项，然后在“编号”文本框中输入需要的数字序号，单击“确定”按钮，就可以在文档中插入一个指定类型的编号。

5. 插入日期和时间

【方法 1】 用按钮。

在“插入”选项卡的“文本”选项组中，单击“日期和时间”按钮，打开图 1-4 所示的“日期和时间”对话框，即可插入“英文”或“中文”格式的日期和时间。

【方法 2】 用快捷键。

可以用 Alt+Shift+D 快捷键输入当前日期，Alt+Shift+T 快捷键输入当前时间。

6. 插入文件中的文字

【方法 1】 复制粘贴法。

要把某个文档中的全部内容插入另一个文档中，可以将两个文档都打开，全选要插入的文档并复制，然后在另一个文档中，将光标定位在要插入文档的地方，进行粘贴。

【方法 2】 插入对象法。

把光标定位到要插入文档的地方，在“插入”选项卡的“文本”选项组中，单击“对

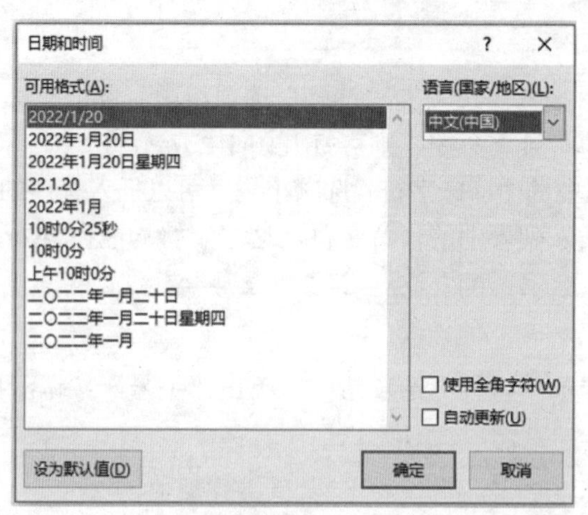

图 1-4 “日期和时间”对话框

象”按钮右边的下三角按钮，选择“文件中的文字”命令，从打开的对话框中选择要插入的文件，单击“插入”按钮。

7. 撤销与恢复

撤销是取消上一步的操作，而恢复就是把撤销操作再恢复过来。

“撤销”“恢复”对应的快捷键分别是 Ctrl+Z 和 Ctrl+Y。另外，快速访问工具栏上通常会有“撤销”和“恢复”两个按钮，可以实现同样的功能。

1.3.2 选择文本

在 Word 文档中，对文本进行移动、复制、设置格式等操作，需要首先选择文本。

1. 选择一个或多个字符

【方法 1】 将鼠标指针置于要选定内容的起始位置，然后按住鼠标左键拖动鼠标，直到要选定部分的结尾处，松开鼠标即可。

用这种方法选择文本时，会显示一个浮动工具栏。该工具栏可以帮助用户迅速地使用字体、字形、字号、对齐方式、文本颜色、缩进级别和项目符号等功能。

【方法 2】 用 Shift+←或 Shift+→快捷键。

2. 选择一个单词

【方法 1】 用鼠标双击该单词。

【方法 2】 用 Ctrl+Shift+←或 Ctrl+Shift+→快捷键。

3. 选择一个句子

按住 Ctrl 键，然后用鼠标单击该句中的任意位置。

4. 选择一行

【方法 1】 将鼠标指针移到该行的左侧，当鼠标指针变为一个指向右上方的箭头时单击。

【方法 2】 将光标定位在行首，按 Shift+End 键。或者光标定位在行尾，按 Shift+Home 键。

5. 选择多行

【方法 1】 将鼠标指针移到一行的左侧，当鼠标指针变为一个指向右上方的箭头时，按住左键向下拖动鼠标，直到要选定部分的结尾处，松开鼠标即可。

【方法 2】 将光标定位在一行的行首，按 Shift+↑或 Shift+↓键。

6. 选择一个段落

【方法 1】 将鼠标指针移到该段落的左侧，当鼠标指针变成一个指向右上方的箭头时双击。

【方法 2】 将鼠标指针放置在该段中的任意位置，连续单击 3 次。

【方法 3】 将光标定位在段落的开头，按 Ctrl+Shift+↓键，或者将光标定位在段落的末尾，按 Ctrl+Shift+↑键。

7. 选择较大文本块

【方法 1】 在要选定内容的起始位置，按住鼠标左键拖动，直到结尾处松开。

【方法 2】 单击要选择内容的起始处，滚动和移动鼠标到结尾处，然后按住 Shift 键单击。

【方法 3】 将光标定位到要选择内容的起始处，按住 Shift 键，再按箭头键，直至结尾处。

8. 选择垂直文本

【方法 1】 按住 Alt 键，将鼠标指针移到要选择文本的开始字符，按下鼠标左键，然后拖动鼠标，直到要选择文本的结尾处，松开鼠标和 Alt 键。

【方法 2】 按 Ctrl+Shift+F8 键，然后使用箭头键，也可以选择垂直的文本。按 Esc 键可退出选择模式。

9. 选择不相邻的多段文本

用鼠标选择一段文本后，按住 Ctrl 键，再选择另外一处或多处文本，即可将不相邻的多段文本同时选中。

10. 选择整篇文档

【方法 1】 将鼠标指针移到文档页面的左侧，当鼠标指针变成一个指向右上方的箭头时，连续单击 3 次。

【方法 2】 按住 Ctrl 键，在页面左侧的空白处单击鼠标。

【方法 3】 用 Ctrl+A 快捷键。

11. 选择文本方法汇总

为便于记忆和对比，把常用的选择文本方法汇总到表 1-2 中。

表 1-2 常用的选择文本方法

选择对象	用 鼠 标	用 键 盘
字符	拖动鼠标	Shift+←、Shift+→
单词	双击该词	Ctrl+Shift+←、Ctrl+Shift+→
句子	按住 Ctrl 键，单击句子	
单行	单击行左侧空白处	光标定位在行首（尾），用 Shift+End（Shift+Home）

续表

选择对象	用 鼠 标	用 键 盘
多行	在文档左侧上下拖动	Shift+↑、Shift+↓
段落	①三击段落 ②双击段落左侧空白处	Ctrl+Shift+↑、Ctrl+Shift+↓
部分文档	①拖动鼠标 ②单击要选定的文本的开始处，然后按住 Shift 键，再单击要选定文本的结尾处	Shift+←、Shift+→ Shift+↑、Shift+↓
垂直文本	按住 Alt 键，拖动鼠标拉出一个矩形的选择区域	按 Ctrl+Shift+F8，然后使用箭头键 按 Esc 键可退出选择模式
整篇文档	①三击页面左侧的空白处 ②按住 Ctrl 键，在页面左侧的空白处单击	Ctrl+A

1.3.3 复制、移动和删除

1．复制文本

【方法 1】 用快捷键。

首先选中要复制的文本，按 Ctrl+C 键复制，然后将光标移动到目标位置，按 Ctrl+V 键粘贴。这是最简单和最常用的复制文本的操作方法。

被复制的文本会被放入“剪贴板”任务窗格中，可以反复按 Ctrl+V 键，将该文本复制到文档中的不同位置。“剪贴板”任务窗格中最多可存储 24 个对象。在执行粘贴操作时，可以直接从剪贴板中进行选择。

在“开始”选项卡的“剪贴板”选项组中，单击“对话框启动器”按钮，可以打开“剪贴板”任务窗格。

【方法 2】 用鼠标。

选中要复制的文本，按住 Ctrl 键，然后按住鼠标左键拖动，将文本复制到指定的位置。

【方法 3】 用按钮。

选中要复制的文本，在“开始”选项卡的“剪贴板”选项组中单击“复制”按钮。然后将光标定位到目标位置，单击“粘贴”按钮。

2．移动文本

在编辑文档的过程中，可能发现某段已输入的文字放在其他位置会更合适，这时就需要使用移动文本功能。

【方法 1】 用快捷键。

选中要移动的文本，按 Ctrl+X 键剪切。然后将光标移动到目标位置，按 Ctrl+V 键粘贴。

【方法 2】 用鼠标。

选中要移动的文本。将鼠标指针放在被选定的文本上，鼠标指针会变成一个箭头。此时按住鼠标左键，鼠标箭头的旁边会出现一条竖线，该竖线显示了文本移动后的位置，同时鼠标箭头的尾部会出现一个小方框。将竖线拖动到文本的新位置后松开鼠标，被选取的文本就会移动到新的位置。

【方法 3】 用按钮。

选中要移动的文本，在“开始”选项卡的“剪贴板”选项组中单击“剪切”按钮。然后将光标定位到目标位置，单击“粘贴”按钮。

3. 格式复制

格式复制就是将文本的字体、字号、段落设置等重新应用到目标文本。

首先，选中已经设置好格式的文本。然后，在“开始”选项卡的“剪贴板”选项组中，单击“格式刷”按钮。当鼠标指针变为带有小刷子的形状时，选中要应用该格式的目标文本，即可完成格式的复制。

双击“格式刷”按钮，可多次涂刷格式，再次单击“格式刷”按钮则可取消涂刷。

4. 选择性粘贴

选择性粘贴提供了更多的粘贴选项，该功能在跨文档之间进行粘贴时非常实用。复制选中文本后，将鼠标指针移到目标位置。然后，在“开始”选项卡的“剪贴板”选项组中，单击“粘贴”按钮下方的下三角按钮 粘贴，在弹出的菜单中选择“选择性粘贴”命令。在随后打开的“选择性粘贴”对话框中，选择粘贴的形式，最后单击“确定”按钮即可。

例如，在编辑文档过程中，有时需要从一些网页或其他文档中复制内容，如果直接粘贴到 Word 中，往往会夹带很多不需要的格式。用“选择性粘贴”的“无格式文本”形式，可将粘贴内容的所有格式去掉。

5. 删除文本

Word 2016 针对不同的删除内容，可采用不同的删除方法。

如果在输入过程中删除单个文字，最简便的方法是使用 Delete 键或者是 Backspace 键。Delete 键将会删除光标右面的内容，Backspace 键将会删除光标左面的内容。

若要删除大段文本，可以先选中要删除的文本，然后按 Delete 键。

1.3.4 查找、替换和定位

1. 查找文本

Word 2016 的查找功能可以帮助用户快速找到指定的文本及其位置，同时也能帮助核对该文本是否存在。查找文本的操作步骤如下：

（1）在 Word 2016 功能区的“开始”选项卡中，单击“编辑”选项组的“查找”按钮。

（2）在打开的“导航”任务窗格“在文档中搜索”区域中输入需要查找的文本并按 Enter 键确定。此时，文档中被查找到的文本便会以黄色突出显示出来。

2. 替换文本

替换文本的操作步骤如下：

（1）在 Word 2016 功能区的“开始”选项卡中，单击“编辑”选项组的“替换”按钮。

（2）在图 1-5 所示的“查找和替换”对话框的“替换”选项卡中，输入要查找的内容，在“替换为”文本框中输入要替换的文本。

（3）单击“全部替换”按钮，即可自动替换全部内容。也可以连续单击“替换”按钮，进行逐个查找并替换。

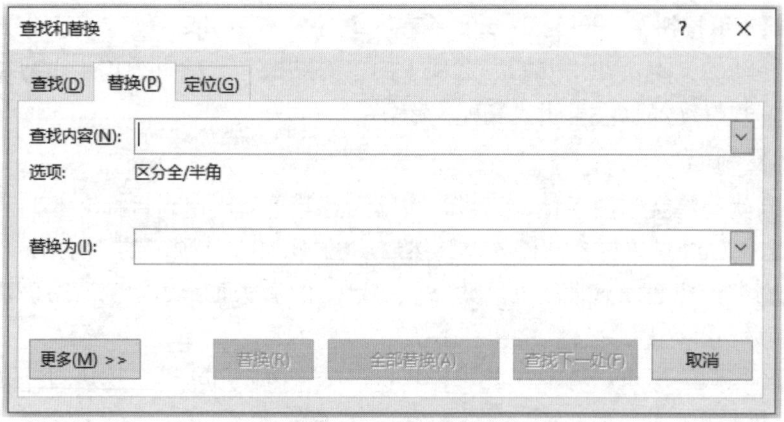

图 1-5 “查找和替换”对话框“替换”选项卡

3. 定位

使用 Word“定位”功能，可以迅速将光标转到指定的页、节、行、书签、批注、脚注、尾注等位置。操作步骤如下：

（1）在 Word 2016 功能区的“开始”选项卡中，单击“编辑”选项组中的“查找”按钮右侧的下三角按钮，然后选择“转到”命令。

（2）在图 1-6 所示的“查找和替换”对话框的“定位”选项卡中，选择定位目标和内容，单击“前一处”或“下一处”按钮，将实现光标定位。

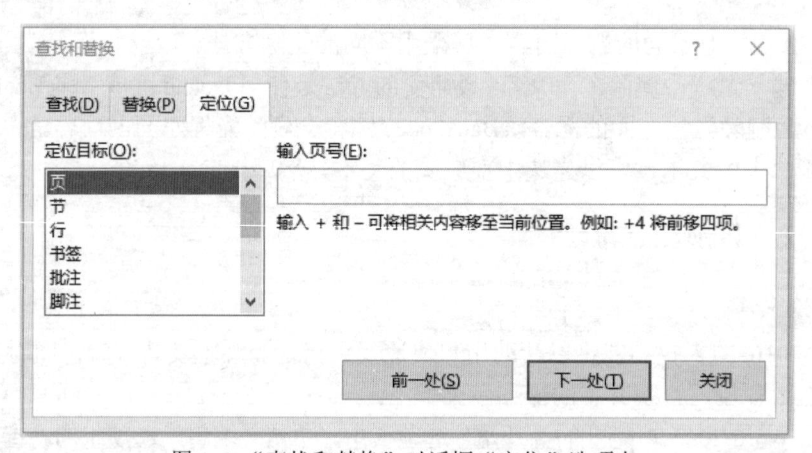

图 1-6 “查找和替换”对话框“定位”选项卡

1.4 文档格式设置

1.4.1 设置文本格式

1. 设置字体和字号

设置文本的字体和字号，可按以下步骤操作：

（1）在 Word 文档中选中要设置字体和字号的文本。

（2）在“开始”选项卡的“字体”选项组中，单击“字体”下拉列表框右侧的下三角按钮▾。在弹出的列表中选择需要的字体。

（3）在“开始”选项卡的“字体”选项组中，单击“字号”下拉列表框右侧的下三角按钮▾。在弹出的列表中选择需要的字号。

2. 设置字形

在 Word 2016 中，可以对字形进行修饰，例如可以将粗体、斜体、下画线、删除线等多种效果应用于文本，从而使内容在显示上更为突出。

【例 1-1】 将文本设置为粗体，并为其添加下画线。

操作步骤如下：

（1）在 Word 文档中选中要设置字形的文本。

（2）在“开始”选项卡的“字体”选项组中，单击“加粗”按钮 B，此时被选中的文本就显示为粗体了。

（3）在“开始”选项卡的“字体”选项组中，单击“下画线”按钮 U，为所选文本添加下画线。

（4）单击“下画线”按钮旁边的下三角按钮▾，在弹出的菜单中选择“下画线颜色”命令，可以进一步设置下画线的颜色。此外，还可以在弹出的菜单中为文本添加不同样式的下画线。

如果需要把粗体字或带有下画线的文本变回正常文本，只需选中该文本，然后再次单击“字体”选项组的“加粗”按钮或“下画线”按钮即可。

3. 设置字体颜色

单击“字体”选项组中“字体颜色”按钮旁边的下三角按钮▾，在弹出的菜单中选择需要的颜色即可。

如果系统提供的主题颜色和标准色都不能满足个性需求，还可以在弹出的菜单中选择“其他颜色”命令，打开“颜色”对话框。然后在“标准”选项卡或“自定义”选项卡中选择合适的字体颜色。

另外，Word 2016 还提供了一些其他字体效果，这些设置都在“字体”对话框中。可以通过在“开始”选项卡中，单击“字体”选项组的“对话框启动器”按钮，打开图 1-7 所示的对话框。在“字体”选项卡中，可以设置删除线、上标、下标等“效果”。单击“文字效果”按钮，打开“设置文本效果格式”对话框，可以设置文本的填充方式、轮廓样式等文字效果。

也可以在“开始”选项卡中，单击“字体”选项组的“文本效果和版式”按钮，套用文本效果版式。

4. 设置字符间距

在“开始”选项卡中，单击“字体”选项组的“对话框启动器”按钮，打开“字体”对话框。然后，切换到“高级”选项卡，如图 1-8 所示。

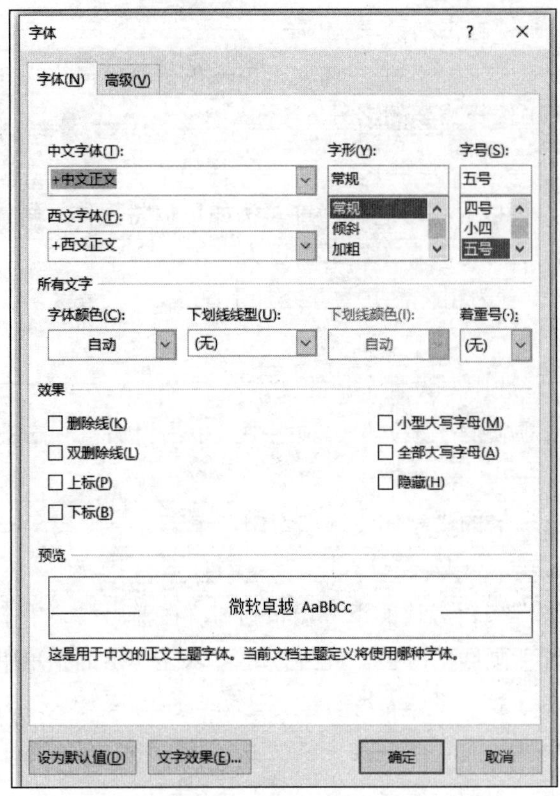

图 1-7 “字体”对话框“字体”选项卡

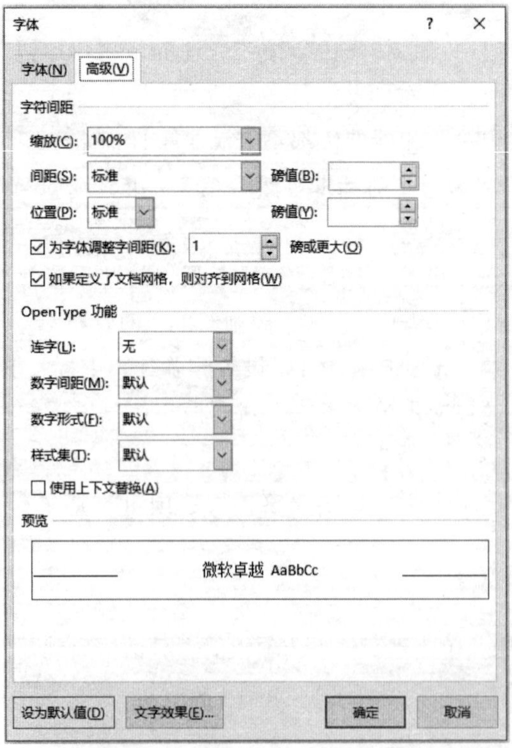

图 1-8 “字体”对话框“高级”选项卡

在对话框的“字符间距”选项组中包括诸多选项设置，可以通过这些选项调整字符间距。

1.4.2　设置段落格式

段落是指以特定符号作为结束标记的一段文本，用于标记段落的符号是不可打印的字符。Word 2016 的段落排版命令适用于整个段落，因此要对一个段落进行排版，可以将光标移到该段落的任何地方，但如果要对多个段落进行排版，则需要将这几个段落同时选中。

1. 段落对齐方式

Word 2016 提供了 5 种段落文本的对齐方式：左对齐、居中、右对齐、两端对齐和分散对齐。在“开始”选项卡的“段落”选项组中可以看到与之相对应的按钮。具体操作步骤如下：

（1）光标定位到指定段落。

（2）在“开始”选项卡的“段落”选项组中，单击需要的对齐方式按钮。

2. 段落缩进

在 Word 文档中，文本的输入范围是整个页面除去页边距以外的部分。但有时为了美观，文本还要再向内缩进一段距离，这就是段落缩进。增加或减少缩进量时，改变的是文本和页边距之间的距离。默认状态下，段落左、右缩进量都是零。

在“开始”选项卡中，单击“段落”选项组的“对话框启动器”按钮，打开图 1-9 所示的“段落”对话框。在“缩进”选项组可对选中的段落设置缩进方式和缩进量。

首行缩进是段落中第 1 行第 1 个字符的缩进字符数。中文段落普遍采用首行缩进 2 个字符。设置首行缩进之后，在文档中按 Enter 键输入后续段落时，系统会自动设置与前面段落相同的首行缩进格式，不需要重新设置。

悬挂缩进是指段落的首行起始位置不变，其余各行缩进一定距离。这种缩进方式常用于如词汇表、项目列表等文档。

左缩进是指整个段落都向右缩进一定距离，而右缩进则使整个段落的右端向左缩进一定距离。还可以在“开始”选项卡的“段落”选项组中，单击“减少缩进量”按钮和“增加缩进量”按钮，来减少或增加段落的左缩进量。

3. 行距

在“开始”选项卡的“段落”选项组中，单击“行和段落间距”按钮，即可在弹出的菜单中选择需要的行距。如果选择“行距选项”命令，则可打开图 1-9 所示的“段落”对话框。在“间距”选项组的“行距”下拉列表框中，可以选择行距选项并设置具体的数值。

也可以用快捷键设置行距。按 Ctrl+1 键设置单倍行距，Ctrl+5 键设置 1.5 倍行距，Ctrl+2 键设置双倍行距。

4. 段落间距

在某些情况下，为了满足排版的需要，需要对段落之间的距离进行调整。可以通过以下 3 种方法调整段落间距：

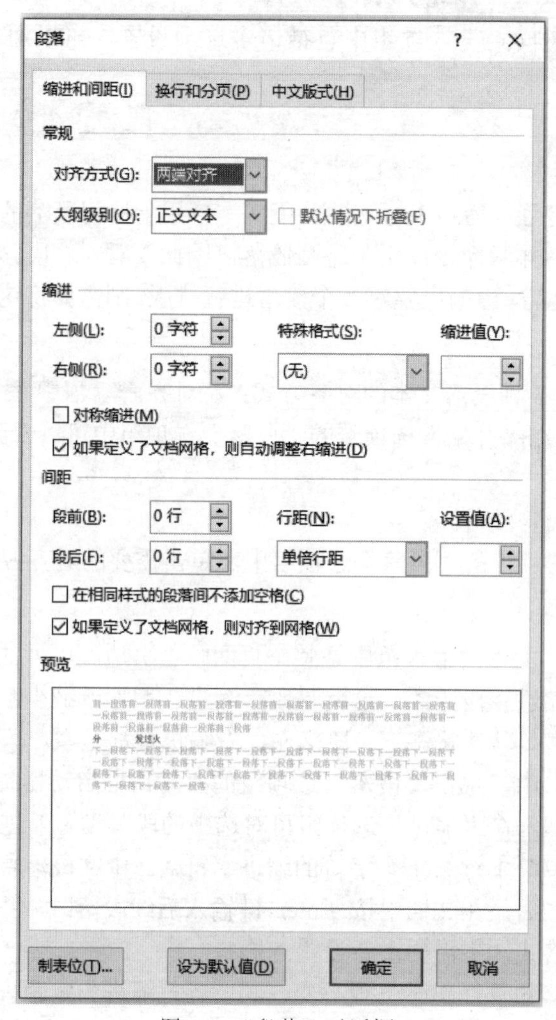

图 1-9 “段落”对话框

【方法 1】 在图 1-9 所示的“段落”对话框“间距”选项组中，单击“段前”“段后”微调框中的微调按钮，精确设置段落间距。

【方法 2】 在“布局”选项卡的“段落”选项组中，单击“段前”“段后”微调按钮。

【方法 3】 在“开始”选项卡的“段落”选项组中，单击“行和段落间距”按钮，在菜单中选择“增加段前间距”“增加段后间距”命令。

1.4.3 页面设置

Word 2016 提供的页面设置工具可以帮助用户完成“页边距”“纸张大小”“纸张方向”“文字方向”等设置工作。

1. 设置页边距

在 Word 2016 的功能区中，打开“布局”选项卡。在该选项卡的“页面设置”选项组中，单击“页边距”按钮。在弹出的菜单中，提供了“常规”“窄”“宽”等预定义的页边距，可以从中选择以迅速设置页边距。

如果需要自行指定页边距，可以在弹出的菜单中选择“自定义边距”命令。在图 1-10 所示的“页面设置”对话框“页边距”选项卡中，通过单击微调按钮调整“上”“下”“左”“右”页边距的大小和“装订线”的位置。

2. 设置纸张方向

Word 2016 提供了纵向和横向两种纸张方向。更改纸张方向时，与其相关的内容选项也会随之更改。

如果需要更改整个文档的纸张方向，操作步骤如下：

（1）在 Word 2016 的功能区中，打开“布局”选项卡。

（2）在该选项卡的“页面设置”选项组中，单击“纸张方向”按钮。

（3）根据需要，在弹出菜单中的“纵向”“横向”之间任选其一即可。

3. 设置纸张大小

设置纸张大小的操作步骤如下：

（1）在 Word 2016 的功能区中，打开“布局”选项卡。

（2）在该选项卡的“页面设置”选项组中，单击“纸张大小”按钮。

（3）在弹出的菜单中，任意选择一种预定义的纸张大小。

（4）如果需要自行指定纸张大小，可以在弹出的菜单中选择“其他纸张大小”命令，打开图 1-11 所示的“页面设置”对话框“纸张”选项卡，在“纸张大小”下拉列表框中选

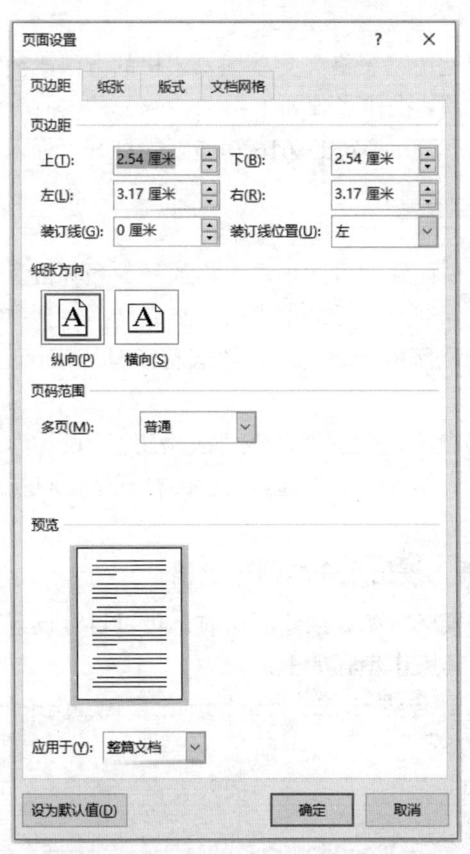

图 1-10　“页面设置”对话框“页边距”选项卡

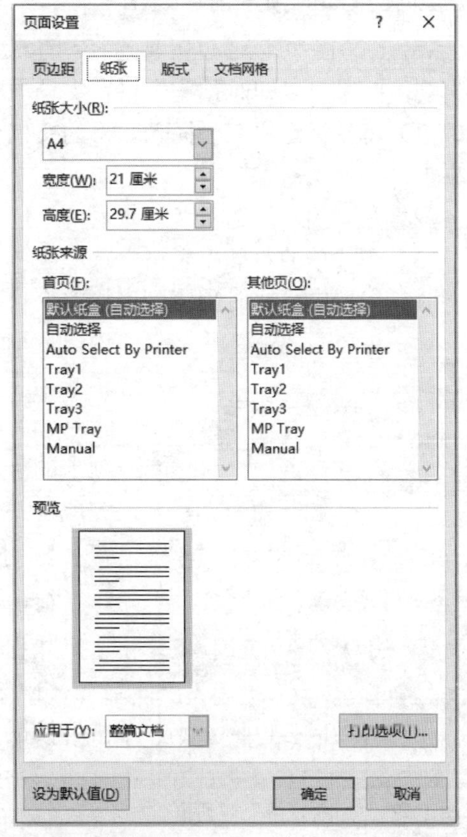

图 1-11　“页面设置”对话框“纸张”选项卡

择不同型号的纸张。当选择“自定义大小”纸型时，可以在下面的“宽度”“高度”文本框中设置纸张的大小，单击“确定”按钮完成设置。

4. 页面背景设置

为文档设置页面颜色和背景的操作步骤如下：

（1）在 Word 2016 的功能区中，打开“设计”选项卡。

（2）在该选项卡的“页面背景”选项组中，单击“页面颜色”按钮。

（3）在弹出菜单的“主题颜色”或“标准色”选项组中单击需要的颜色。如果没有需要的颜色还可以选择“其他颜色”命令，在随后打开的“颜色”对话框中进行选择。如果希望添加特殊的效果，则可以在弹出的菜单中选择“填充效果”命令。

1.5 使用表格和文本框

Word 2016 的表格功能十分强大。与早先版本相比，Word 2016 中的表格有了很大的改变，增添了表格样式、实时预览等全新的功能与特性，最大限度地简化了表格的格式化操作，能更加轻松地创建出专业、美观的表格。

1.5.1 创建表格

1. 使用即时预览创建表格

Word 2016 可以通过多种途径创建表格，而利用“表格”菜单插入表格的方法既简单又直观，并且可以即时预览表格在文档中的效果。其操作步骤如下：

（1）将光标定位在要插入表格的文档位置，然后在 Word 2016 功能区中打开“插入”选项卡。

（2）在“插入”选项卡的“表格”选项组中，单击“表格”按钮。

（3）在菜单的“插入表格”选项组中，以滑动鼠标的方式指定表格的行数和列数。与此同时，文档中可实时预览到表格的变化。确定行列数目后，单击即可将表格插入到文档中。此时，在功能区中会自动打开“表格工具>设计”选项卡。

（4）在表格中输入数据后，在“表格工具>设计”选项卡的“表格样式”选项组中选择需要的样式，即可快速完成格式化操作。

2. 使用“插入表格”命令创建表格

使用“插入表格”命令创建表格时，可以自行设置表格尺寸和格式，其操作步骤如下：

（1）在“插入”选项卡的“表格”选项组中，单击“表格”按钮。

（2）在弹出的菜单中，选择“插入表格”命令。

（3）在图 1-12 所示的“插入表格”对话框中，指定表

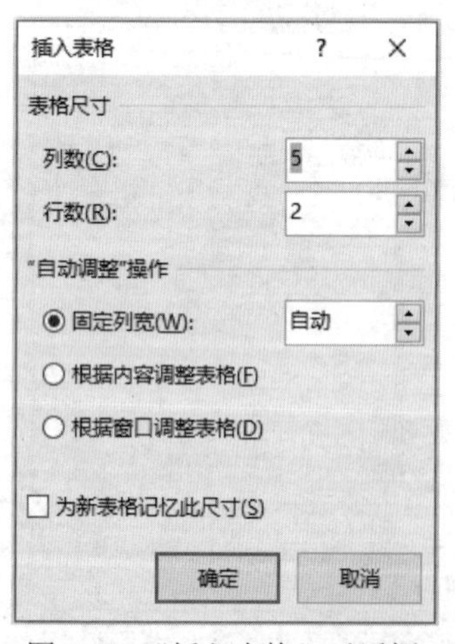

图 1-12 “插入表格”对话框

格的“列数”“行数”，设置“自动调整”操作等选项，单击“确定”按钮。

3. 手动绘制表格

如果要创建不规则的复杂表格，则可以采用手动绘制表格的方法。此方法使创建表格操作更具灵活性，操作步骤如下：

（1）在“插入”选项卡的“表格”选项组中，单击“表格”按钮。

（2）在弹出的菜单中选择“绘制表格”命令。此时，鼠标指针会变为铅笔状。

（3）可以先绘制一个大矩形以定义表格的外边界。然后在该矩形内根据实际需要绘制行线和列线。此时，Word 会自动打开“表格工具>布局”选项卡，并且“绘图”选项组中的“绘制表格”按钮处于选中状态。

（4）如果要擦除某条线，可以在“表格工具>布局”选项卡中，单击“绘图”选项组中的“橡皮擦”按钮。此时鼠标指针会变为橡皮擦的形状，单击需要擦除的线条即可将其擦除。再次单击“橡皮擦”按钮，可退出擦除状态。

4. 使用快速表格

Word 2016 提供了一个“快速表格库”，其中包含一组预先设计好格式的表格，用户可以从中选择以迅速创建表格。操作步骤如下：

（1）在“插入”选项卡的“表格”选项组中，单击“表格”按钮。

（2）在弹出的菜单中，选择“快速表格”命令，打开系统内置的“快速表格库”，其中以图示化的方式提供了许多不同的表格样式，可以根据实际需要选择插入到文档中的表格样式。

5. 文本与表格转换

若要将事先输入好的文本转换成表格，只需要在文本中设置分隔符即可。

【例 1-2】 利用“制表符”作为文字分隔的依据，将文本转换成表格。

（1）在 Word 文档中输入文本，在希望分隔的位置按 Tab 键，在希望开始新行的位置按 Enter 键。然后，选中要转换为表格的文本。

（2）在“插入”选项卡的“表格”选项组中，单击“表格”按钮。

（3）在弹出的菜单中，选择“文本转换成表格”命令。

（4）在图 1-13 所示的“将文字转换成表格”对话框中，设置“文字分隔位置”选项为默认的“制表符”。同时，Word 会自动识别出表格的行列数。可根据实际需要，设置其他选项。最后，单击“确定”按钮，选定的文本就被转换成表格了。

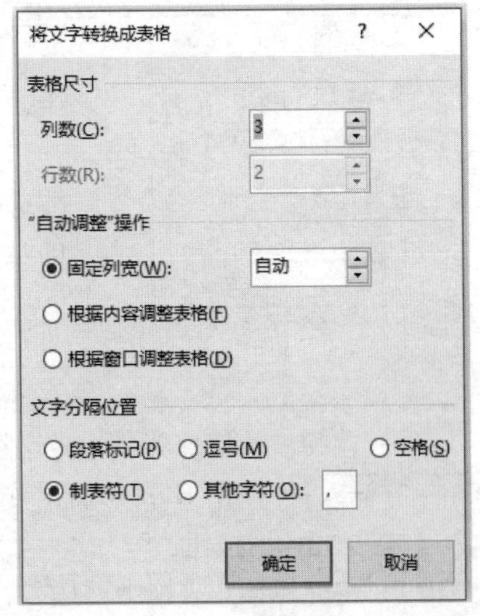

图 1-13　“将文字转换成表格”对话框

把表格转换成文本的方法如下。

（1）把光标定位在表格中，打开“表格工具>布局”选项卡。

（2）在“表格工具>布局”选项卡的“数据”选项组中，单击“转换为文本”按钮。

（3）在“表格转换成文本”对话框中，指定“文字分隔符”，单击“确定”按钮。

1.5.2 编辑表格

1. 在表格中定位光标

【方法 1】 单击某个单元格，光标将定位到该单元格。

【方法 2】 按 Tab 键或 Shift+Tab 键，光标向前或向后单元格移动。

【方法 3】 按↑、↓、←、→方向键，光标将向上、下、左、右单元格移动。

2. 选择表格元素

（1）选定整个表格：把光标定位在表格中，在“表格工具>布局”选项卡的“表”选项组中，单击“选择”按钮，选择“选择表格”命令；把鼠标指针移到表格上，然后单击表格左上方的移动标记 ⊞，也可以选定整个表格。

（2）选定一行或多行：将鼠标指针移到表格左侧，待其变成指向右上方的空心箭头时单击，即可选定一行，上下拖动则可选定多行。

（3）选定一列或多列：将鼠标指针移到表格上方，待其变成向下的黑色箭头时单击鼠标即可选取一列，左右拖动则可选定多列。

（4）选定光标所在的列或行：在“表格工具>布局”选项卡的“表”选项组中，单击“选择”按钮，选择“选择列”或“选择行”命令。

（5）选定一个或多个单元格：把鼠标指针移到单元格的左下角，鼠标指针变成黑色箭头，按下左键可选定一个单元格，拖动鼠标则可选定多个单元格。

3. 添加单元格、行和列

【方法 1】 用“插入单元格”对话框。

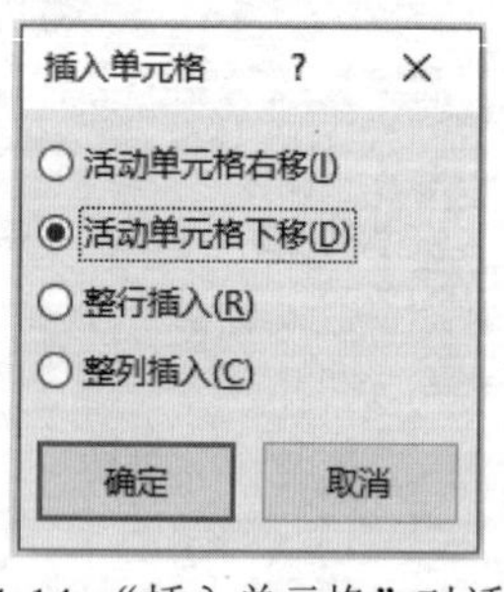

图 1-14 “插入单元格”对话框

（1）将光标移到表格中要插入单元格、行或列的位置。

（2）在“表格工具>布局”选项卡的“行和列”选项组中，单击“对话框启动器”按钮 。

（3）在图 1-14 所示的“插入单元格”对话框中，根据需要选择对应的单选按钮，单击“确定”按钮，即可完成相应的操作。

【方法 2】 用快捷菜单。

（1）将光标移到表格中要插入单元格、行或列的位置，右击。

（2）在弹出的快捷菜单中，选择“插入”命令下的“在左侧插入列”“在右侧插入列”“在上方插入行”“在下方插入行”或“插入单元格”命令。

【方法 3】 用按钮。

（1）将光标移到表格中要插入行、列的位置。

（2）在“表格工具>布局”选项卡的“行和列”选项组中，单击“在上方插入”或“在下方插入”按钮添加新的行。单击“在左侧插入”或“在右侧插入”按钮添加新的列。

【技巧】 选中表格中连续多个单元格、行或列，用以上任意方法，可以一次插入多个单元格、行或列。

4. 删除单元格、行、列或整个表格

【方法 1】 用快捷菜单。

选中表格的一个或多个单元格，右击。在弹出的快捷菜单中，选择“删除单元格”命令。在图 1-15 所示的“删除单元格”对话框中根据需要选择对应的单选按钮，单击“确定”按钮，可以删除选定的单元格、整行或整列。

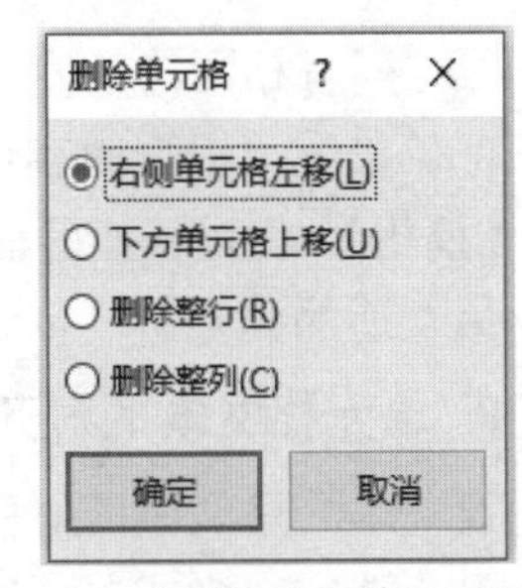

图 1-15 “删除单元格”对话框

选中表格的一行或多行，右击，在弹出的快捷菜单中，选择“删除行”命令，可以删除选定的行。

选中表格的一列或多列，右击，在弹出的快捷菜单中，选择“删除列”命令，可以删除选定的列。

选中整个表格，右击，在弹出的快捷菜单中，选择“删除表格”命令，可以删除整个表格。

【方法 2】 用按钮。

选中单元格、行、列或整个表格，在“表格工具>布局”选项卡的“行和列”选项组中，单击“删除”按钮，选择“删除单元格”“删除列”“删除行”或“删除表格”命令，可删除选定的单元格、列、行或整个表格。

5. 合并、拆分单元格

【方法 1】 用按钮。

合并单元格，可按如下操作步骤进行：

（1）选中需要合并的所有单元格。

（2）在“表格工具>布局”选项卡的“合并”选项组中，单击“合并单元格”按钮。

拆分单元格，可按如下操作步骤进行：

（1）将光标移到要拆分的单个单元格中，或者选择多个要拆分的单元格。

（2）在“表格工具>布局”选项卡的“合并”选项组中，单击“拆分单元格”按钮。

（3）在“拆分单元格”对话框中，指定要拆分成的列数和行数，单击“确定”按钮。

【方法 2】 用快捷菜单。

选定要合并的单元格，右击，在弹出的快捷菜单中选择“合并单元格”命令进行合并。

右击要拆分的单元格，在弹出的快捷菜单中选择“拆分单元格”命令进行拆分。

【方法 3】 用绘制表格工具。

利用绘制表格工具，可以通过绘制直线来拆分单元格，通过擦除单元格之间的表格线将其合并。

6. 拆分表格

拆分表格的操作步骤如下：

（1）将光标定位到表格中需要拆分的位置。

（2）在“表格工具>布局”选项卡的“合并”选项组中，单击“拆分表格”按钮。

7. 调整列宽和行高

调整列宽和行高，可按如下操作步骤进行：

（1）选定要调整的列或行。

（2）在“表格工具>布局”选项卡的“单元格大小”选项组中设置列宽和行高。要使所选的行、列有相同的高度或宽度，可单击“分布行”或“分布列”按钮。单击“自动调整”按钮，可设置“根据内容自动调整表格”“根据窗口自动调整表格”或“固定列宽”选项。

【技巧】 将鼠标指针移到某一列的右框线上，当鼠标指针变成 形状时，双击即可调整为最合适的列宽。

8. 单元格文本的对齐方式和方向

设置单元格文本的对齐方式和方向，可按如下操作步骤进行：

（1）选定表格或单元格区域。

（2）在“表格工具>布局”选项卡的“对齐方式”选项组中，单击相应的按钮可设置对齐方式。单击“文字方向”按钮，可更改文字方向。

9. 表格的边框和底纹

选中表格或单元格后，在“表格工具>设计”选项卡的“边框”选项组中，单击“对话框启动器”按钮 ，打开图 1-16 所示的“边框和底纹”对话框。选择“边框”或“底纹”选项卡，可设置需要的边框或底纹。

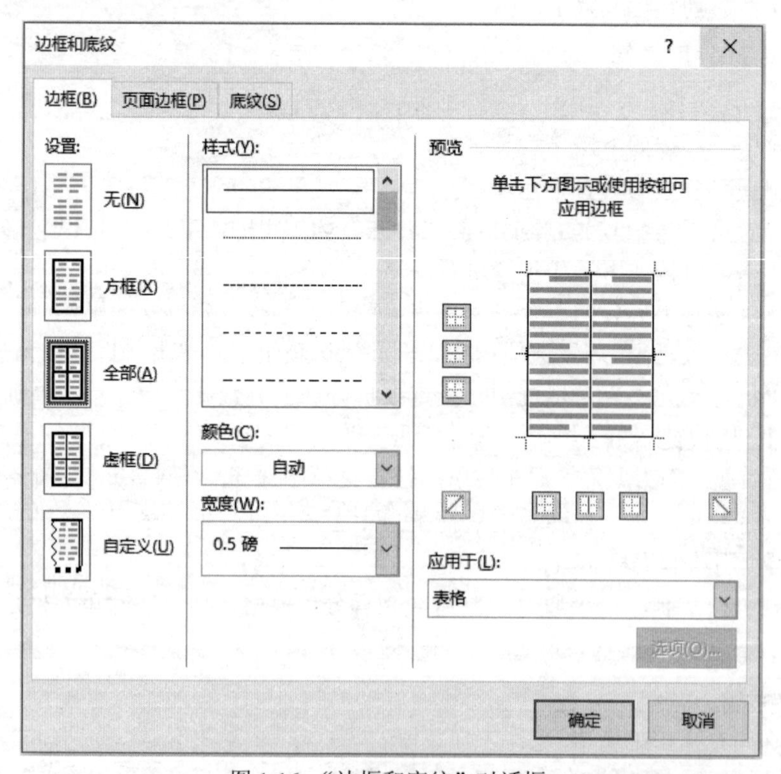

图 1-16 “边框和底纹”对话框

10. 单元格边距和间距

右击选中的表格或单元格，在弹出的快捷菜单中选择“表格属性”命令，打开图 1-17 所示的“表格属性”对话框。在“表格”选项卡中，单击“选项”按钮，可设置单元格边距和间距。

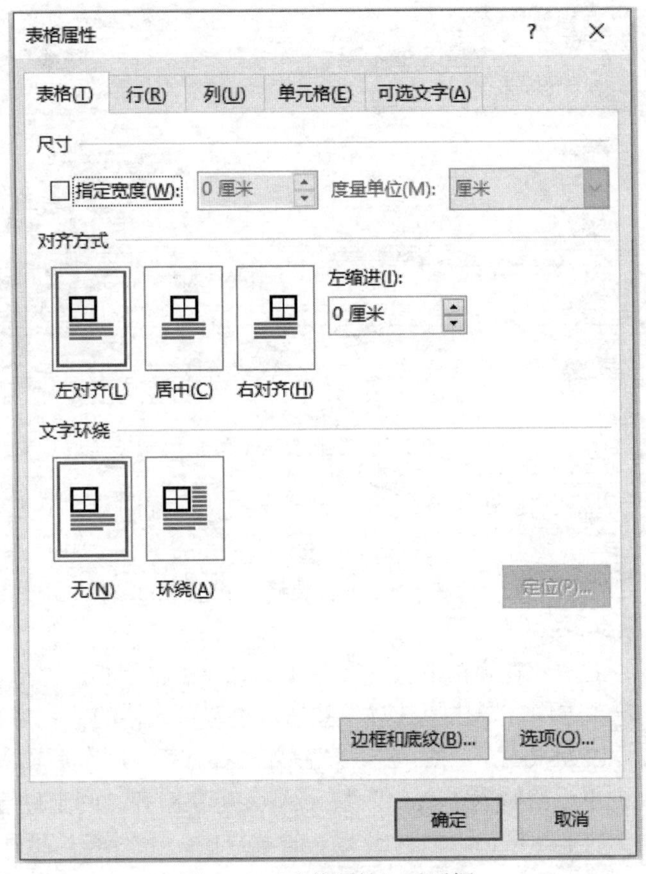

图 1-17 “表格属性”对话框

11. 设置标题行跨页重复

如果希望表格的标题自动出现在每个页面的表格上方，可以执行如下操作步骤：

（1）选中表格的第 1 行或连续多行。

（2）在“表格工具>布局”选项卡的“数据”选项组中，单击“重复标题行”按钮。

12. 表格内容的排序

要对表格的内容按某一列或多列进行排序，可以进行以下操作：

（1）选中表格中需要排序的列，在“表格工具>布局”选项卡的“数据”选项组中，单击“排序”按钮。

（2）在图 1-18 所示的“排序”对话框中，进行排序方式和类型等设置，单击“确定”按钮。

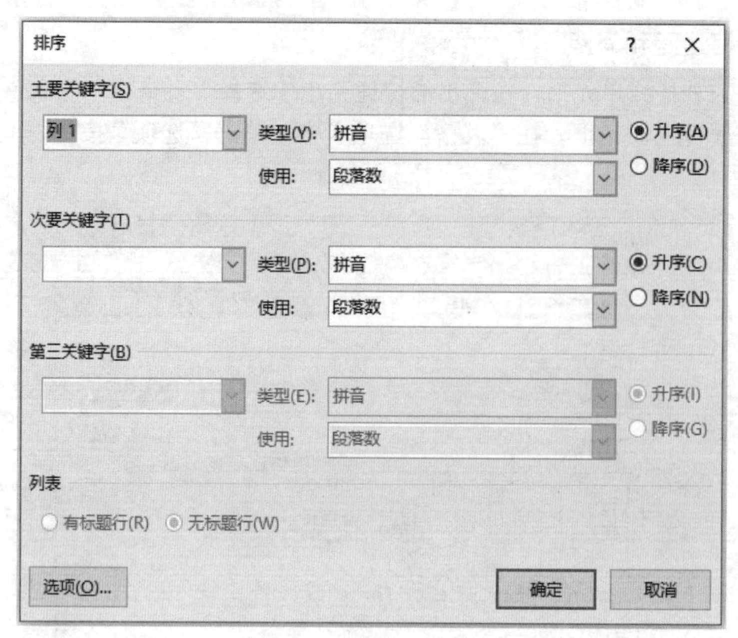

图 1-18 “排序”对话框

【例 1-3】 利用表格制作图 1-19 所示的 N-S 结构化流程图。

制作要点如下：

（1）在 Word 文档中插入一个 3 行 3 列的表格。设置第 1 列的宽度为 0.8 厘米，其余 2 列宽度均为 1.8 厘米。

（2）选中表格，右击，在弹出的快捷菜单中选择“表格属性”命令。在“表格属性”对话框的“表格”选项卡中，单击“选项”按钮，设置单元格的边距为 0。

（3）在 2 行 2 列单元格输入“x 是”、设置文本右对齐，回车后输入“是”、设置文本左对齐。在 2 行 3 列单元格输入“素数？”、设置文本左对齐，回车后输入“否”、设置文本右对齐。在 3 行 2 列单元格输入“输出 x”、设置居中。得到图 1-20 所示的效果。

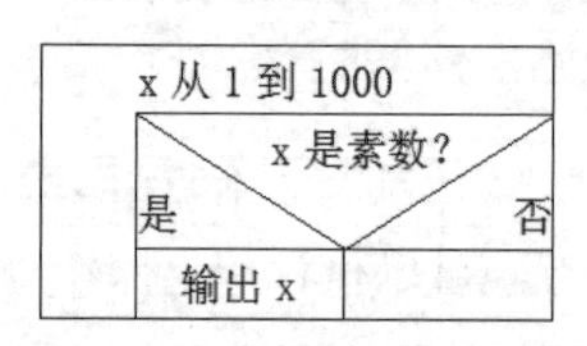

图 1-19 N-S 结构化流程图

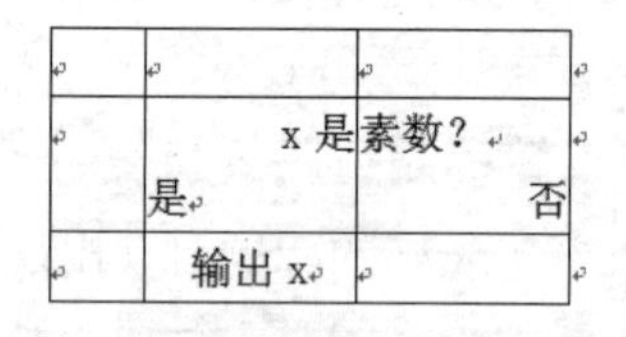

图 1-20 表格初步设计效果

（4）选中 2 行 2 列单元格，设置斜下框线、取消右框线。选中 2 行 3 列单元格，设置斜上框线。

（5）合并第 1 列的 3 个单元格。合并第 1 行后面的 2 个单元格，取消左框线，输入“x 从 1 到 1000”、设置文本左对齐。最后得到图 1-19 所示的结果。

1.5.3 插入 Excel 工作表

在“插入”选项卡的“表格”选项组中，单击“表格”按钮，执行“Excel 电子表格”命令，将在当前光标位置插入一个 Excel 工作表。

在“插入”选项卡的“文本”选项组中，单击“对象”按钮，在图 1-21 所示的“对象”对话框中，选择“Microsoft Excel 工作表”项，单击“确定”按钮，也可以在 Word 文档中插入一个 Excel 工作表。

图 1-21　新建“Microsoft Excel 工作表”对象

要插入一个已经存在的 Excel 工作表，可在图 1-22 所示“对象”对话框的“由文件创建”选项卡中，单击“浏览”按钮，选择要插入的 Excel 工作簿文件，单击“确定”按钮，该工作簿的当前工作表将作为一个对象插入到 Word 文档中。

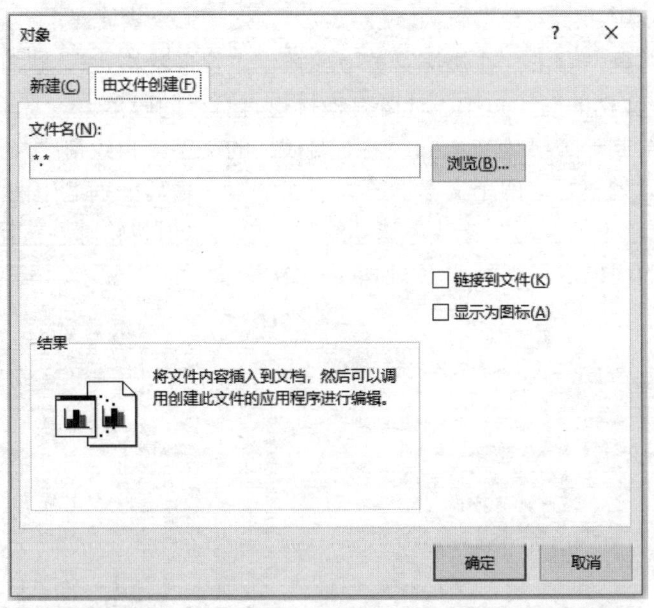

图 1-22　由文件创建“Microsoft Excel 工作表”对象

插入 Excel 工作表后，Excel 功能区出现在当前窗口，可以像在 Excel 中一样进行数据的处理。

单击文档中工作表以外的任意位置，Word 功能区得到恢复，工作表以图形对象的形式存在于文档中。双击这个工作表对象，可以再次利用 Excel 功能进行编辑。

【例 1-4】 在 Word 文档中插入一个预先制作的 Excel 工作表。

假设有一个 Excel 工作簿文件“Excel 表格.xlsx”，其中的当前工作表内容如图 1-23 所示。

	A	B	C	D	E
1	品名	单位	数量	单价	总价
2	笔记本	本	15	5	75
3	墨水	瓶	20	1.5	30
4	钢笔	支	11	12	132
5	文具盒	个	5	8	40
6	直尺	把	8	3	24
7	稿纸	本	30	2.2	66

图 1-23　Excel 工作表内容

若将该工作表插入到 Word 文档，可进行如下操作：

（1）创建一个 Word 文档，在“插入”选项卡的“文本”选项组中，单击“对象”按钮。

（2）在图 1-22 所示的“对象”对话框的“由文件创建”选项卡中，单击“浏览”按钮，选择 Excel 工作簿文件“Excel 表格.xlsx”，单击“确定”按钮，该工作簿的当前工作表将作为一个对象插入到 Word 文档中。

1.5.4　使用文本框

Word 2016 中提供了特别的文本框编辑操作，它是一种可移动位置、可调整大小的文字或图形容器。使用文本框，可以在一页上放置多个文字块内容，或使文字按照不同的方式排布。

在文档中插入文本框的操作步骤如下：

（1）在“插入”选项卡的“文本”选项组中，单击“文本框”按钮。

（2）在弹出的下拉列表中，可以选择适合的内置文本框类型，也可以绘制横排或竖排文本框。

（3）在文本框中，输入和编辑内容。

（4）选中文本框，右击，在快捷菜单中选择“设置形状格式”，进行格式设置。

【例 1-5】 在文档的同一页中设计既有横排也有竖排的段落。

先在文档中绘制一个横排文本框，输入要横排的文字。再绘制一个竖排文本框并输入竖排的文本。然后调整好这两个文本框的大小和位置。最后分别选中两个文本框，在“绘图工具>格式”选项卡的“形状样式”选项组中，单击“形状轮廓”按钮，选择“无轮廓”命令去掉文本框的边框线，得到图 1-24 所示的结果。

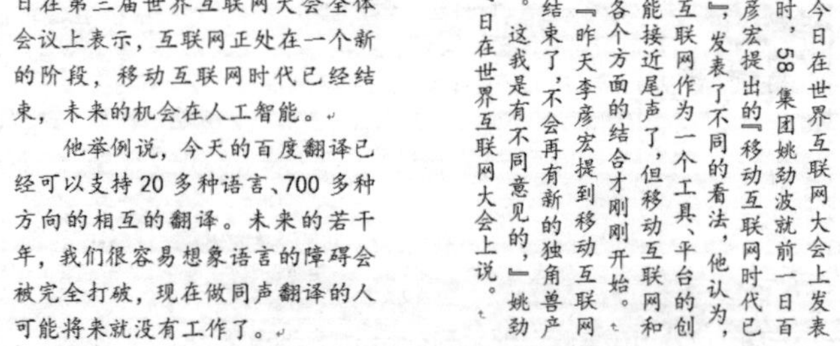

百度董事长兼 CEO 李彦宏 16 日在第三届世界互联网大会全体会议上表示，互联网正处在一个新的阶段，移动互联网时代已经结束，未来的机会在人工智能。

他举例说，今天的百度翻译已经可以支持 20 多种语言、700 多种方向的相互的翻译。未来的若干年，我们很容易想象语言的障碍会被完全打破，现在做同声翻译的人可能将来就没有工作了。

今日在世界互联网大会上发表演讲时，58 集团姚劲波就前一日百度李彦宏提出的『移动互联网时代已结束』，发表了不同的看法，他认为，移动互联网作为一个工具、平台的创新可能接近尾声了，但移动互联网和生活各个方面的结合才刚刚开始。

『昨天李彦宏提到移动互联网已经结束了，不会再有新的独角兽产生了。这我是有不同意见的，』姚劲波 17 日在世界互联网大会上说。

图 1-24　横竖混排的版面

【例 1-6】 利用文本框链接将文字排布在图片左右两侧。

（1）在文档中建立两个横排的文本框，将图片放到两个文本框之间，适当调整图片和文本框的位置。

（2）设置文本框的链接。选中第 1 个文本框，在“绘图工具>格式”选项卡的“文本”选项组中，单击“创建链接”按钮，这时鼠标指针会变成水杯的形状。鼠标移至第 2 个文本框中，指针变成倾倒的水杯形状时单击，就创建了两个文本框之间的链接。

（3）在第 1 个文本框中输入文本，多出的内容会自动进入第 2 个文本框。在第 1 个文本框中删除文本，第 2 个文本框的内容也会自动移入。文字始终排布在图片的左右两侧。结果如图 1-25 所示。

图 1-25　利用文本框链接的排版样式

在报纸杂志类文档编辑中，经常需要跨版自动调整页面内容：将一篇文章分放于几个版面，又要使这几个版面建立关联，任何一处增删内容，都可以自动重新排版。以上要求便可以采取在不同版面的相应位置绘制文本框并依次建立链接的方式来实现。

1.6　使用图片和图形

1.6.1　在文档中插入图片

1. 插入图片文件

在文档中插入图片文件的操作步骤如下：

（1）将光标定位在要插入图片的位置，在“插入”选项卡的“插图”选项组中，单击“图片”按钮。

（2）在“插入图片”对话框中选择图片文件，单击“插入”按钮，即可将所选图片插入到文档中。此时，会出现“图片工具>格式”选项卡。

2. 联机图片

在文档中插入联机图片的操作步骤如下：

（1）将光标定位在要插入联机图片的位置，在“插入”选项卡的“插图”选项组中，单击“联机图片”按钮。

（2）在图 1-26 所示的“联机图片”任务窗格“搜索”文本框中输入关键词，单击搜索按钮。

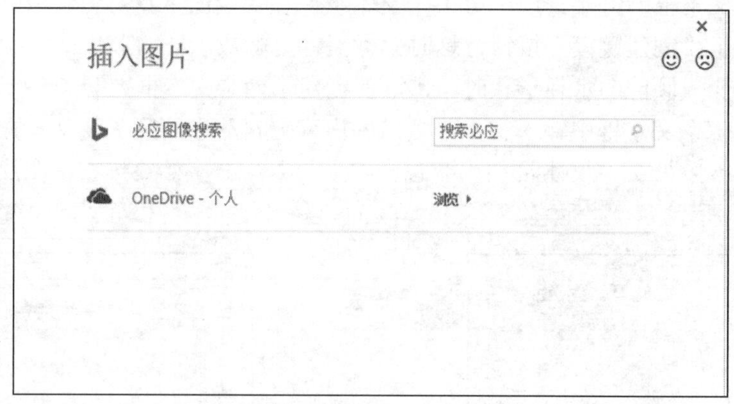

图 1-26 “联机图片”任务窗格

（3）单击选择图片，执行“插入”命令，即可将所选联机图片插入到文档中。

3. 截取屏幕图片

在文档中插入屏幕截图的操作步骤如下：

（1）将光标定位在要插入图片的位置，在“插入”选项卡的“插图”选项组中，单击“屏幕截图”按钮。

（2）在“可用视窗”弹出菜单中单击需要的屏幕图片，将其作为图片插入到文档中。也可以单击选择弹出菜单中的“屏幕剪辑”命令，通过鼠标拖动的方式截取屏幕区域，并将其作为图片插入到文档中。

4. 使用绘图画布

绘图画布可以将多个图形对象组合起来，如果插图中包含多个形状，最佳做法是插入一个绘图画布。

插入绘图画布的操作步骤如下：

（1）将光标定位在要插入绘图画布的位置，在“插入”选项卡的“插图”选项组中，单击“形状”按钮。

（2）在弹出的菜单中选择“新建绘图画布”命令，可在文档中插入绘图画布。此时，功能区中会出现“绘图工具>格式”选项卡，用于对绘图画布进行格式设置。

插入绘图画布后，可以在“绘图工具>格式”选项卡上，单击“插入形状”选项组的“其他”按钮。在打开的“形状库”中选择需要的形状，添加到绘图画布中。

如果要删除整个绘图画布或部分图形对象，可以在选择绘图画布或要删除的图形对象后，按 Delete 键。

1.6.2　处理图片

1. 调整图片大小

【方法 1】 用鼠标。

图片被选中后，四周会出现八个控制点，把鼠标置于任意一个控制点之上，待指针变成双箭头的形状，按下左键拖动鼠标，就可以改变图片的大小。

【方法 2】 用快捷键。

（1）右击图片，在弹出的快捷菜单中选择“大小和位置”命令，打开图 1-27 所示的“布局”对话框的“大小”选项卡。

（2）根据需要对“锁定纵横比”复选框进行选择和取消选择操作，设置“高度”和“宽度”的百分比，单击“确定”按钮。

【方法 3】 用功能区按钮。

选中图片，在“图片工具>格式”选项卡的“大小”选项组中，单击“对话框启动器”按钮，打开图 1-27 所示的“布局”对话框进行设置。

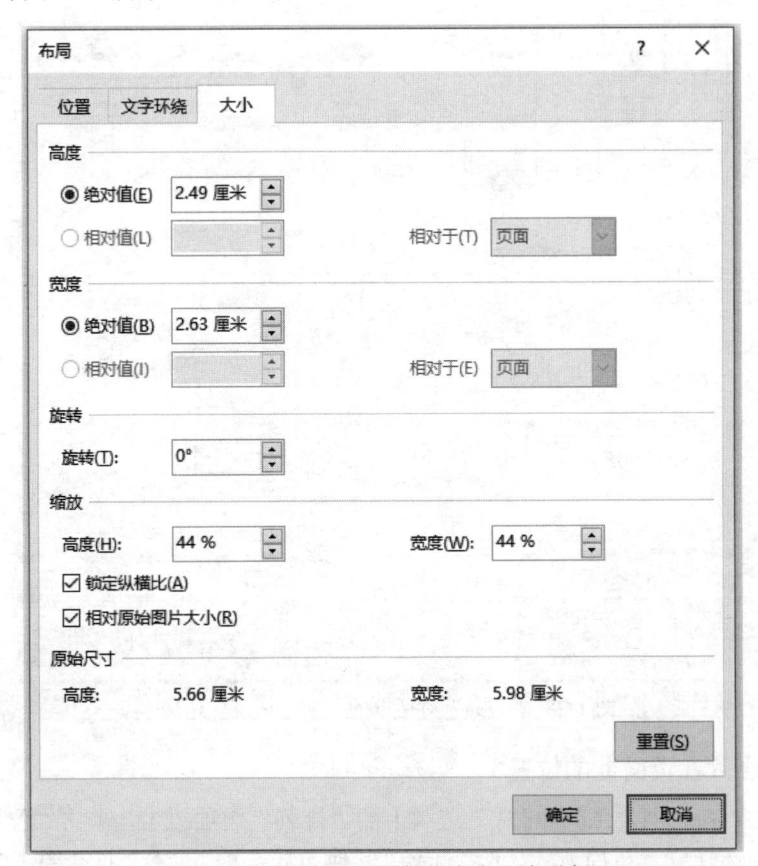

图 1-27 “布局”对话框“大小”选项卡

2. 设置图片样式和效果

选中图片，在“图片工具>格式”选项卡的“图片样式”选项组中，单击“其他”按钮。在展开的“图片样式库”中，选择需要的图片样式。

在“图片样式”选项组中，还包括“图片版式”“图片边框”“图片效果”这 3 个按钮。可以通过单击这 3 个按钮对图片进行更多的属性设置。

在“图片工具>格式”选项卡的“调整”选项组中，“更正”“颜色”“艺术效果”命令用于调节图片的亮度、对比度、清晰度以及艺术效果。

3. 设置图片与文字环绕方式

选中图片，在“图片工具>格式”选项卡的“排列”选项组中，单击“文字环绕”按钮，在弹出的菜单中选择需要的环绕方式。或者执行“其他布局选项”命令，打开图 1-28 所示的“布局”对话框，在“文字环绕”选项卡中根据需要设置“环绕方式”“环绕文字”方式以及“距正文”的距离。

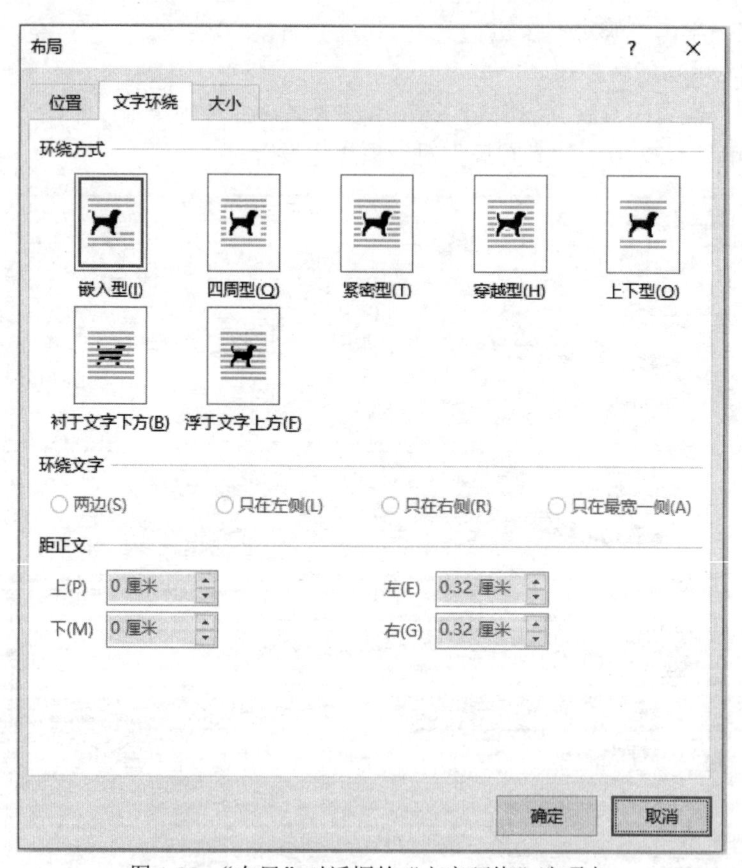

图 1-28 “布局”对话框的“文字环绕”选项卡

4. 设置图片在页面上的位置

选中图片，在“图片工具>格式”选项卡的“排列”选项组中，单击“位置”按钮，在弹出的菜单中选择位置布局方式，或者选择“其他布局选项”命令，打开图 1-29 所示的“布局”对话框，在“位置”选项卡中根据需要设置“水平”“垂直”位置以及相关的选项。

5. 删除图片背景并裁剪图片

删除图片背景并裁剪图片的操作步骤如下：

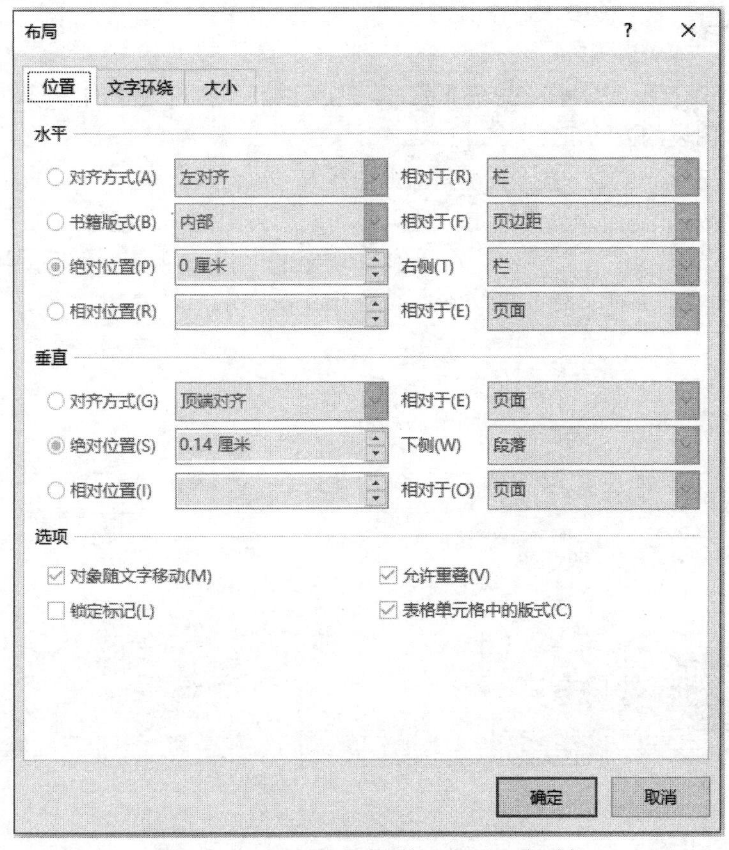

图 1-29　“布局”对话框的“位置”选项卡

（1）选中图片，在“图片工具>格式”选项卡的“调整”选项组中，单击“删除背景”按钮，此时图片上会出现遮幅区域。

（2）通过拖动柄调整图片上的选择区域，选定要保留的图片内容。然后，在“背景消除”选项卡中单击“保留更改”按钮，完成图片背景消除操作。

（3）在“图片工具>格式”选项卡的“大小”选项组中，单击“裁剪”按钮，然后在图片上拖动图片边框的滑块，调整到适当的图片大小，按 Esc 键退出裁剪操作。

（4）裁剪完成后，图片的多余区域依然保留在文档中。如果要彻底删除图片中被裁剪的多余区域，可以单击“调整”选项组的“压缩图片”按钮，在图 1-30 所示的“压缩图片”对话框中，选中“删除图片的剪裁区域”复选框，然后单击“确定”按钮。

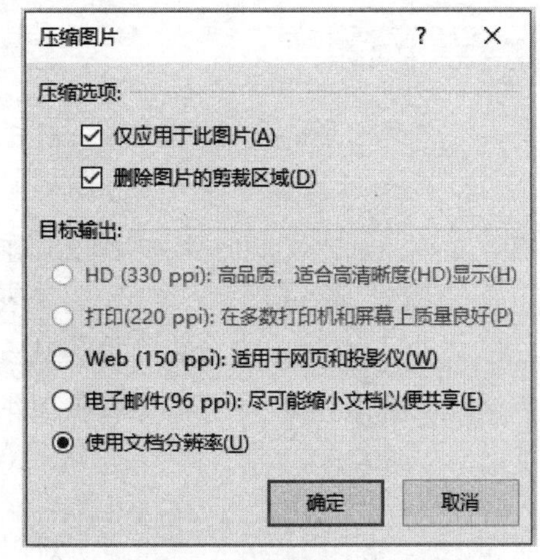

图 1-30　“压缩图片”对话框

1.6.3 插入图表

使用图表可以直观地表示一些统计数字，也可以制作特殊效果的图形。下面举例说明在 Word 中插入图表的方法。

【例 1-7】 在 Word 文档中插入正弦函数曲线。

（1）打开 Word 文档，将光标定位到需要插入图表的位置。在“插入”选项卡的“插图”选项组中，单击“图表”按钮。在图 1-31 所示的“插入图表”对话框中，选择“X Y（散点图）”中“带平滑线的散点图”项，单击“确定”按钮。

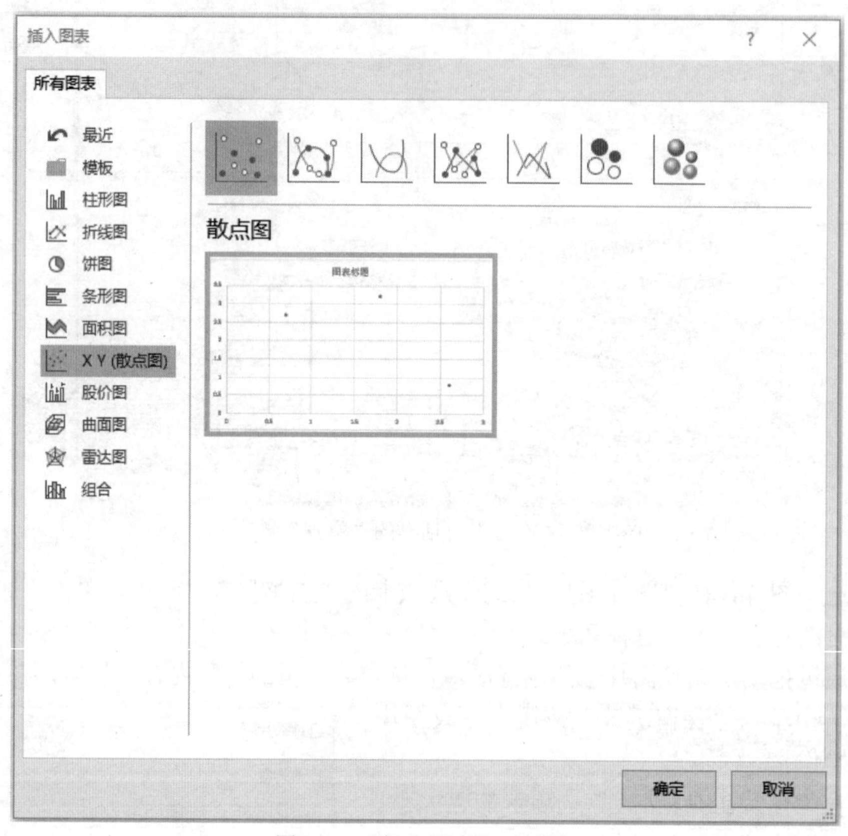

图 1-31 “插入图表”对话框

（2）在打开的 Excel 工作表界面 A1 单元格中输入标题“x”，用来表示自变量。用序列数据自动填充的方法，在 A2:A10 单元格中从小到大输入 0～360°、间隔 45°的角度值。在 B1 单元格输入标题“y=sin(x)”，用来表示函数值。在 B2 单元格输入“=SIN(A2*3.1415926/180)”，回车后得到计算结果 0。将 B2 单元格的公式向下拖动，一直复制到 B10 单元格，得到各自变量值所对应的函数值。结果如图 1-32 所示。

	A	B
1	x	y=sin(x)
2	0	0
3	45	0.707107
4	90	1
5	135	0.707107
6	180	5.36E-08
7	225	-0.70711
8	270	-1
9	315	-0.70711
10	360	-1.1E-07

图 1-32 Excel 工作表数据

此时，在 Word 文档中得到图 1-33 所示的图表。

（3）选中图表区右侧的“图例”项，按 Delete 键将其删除。

（4）选中图表，在“图表工具>格式”选项卡的“当前所选内容”选项组中，通过下拉列表选择“水平（值）轴”项，单击“设置所选内容格式”按钮。在图 1-34 所示的“设置坐标轴格式”任务窗格中，设置坐标轴选项的“最小值”为 0、“最大值”为 360、“主要”单位为 45。

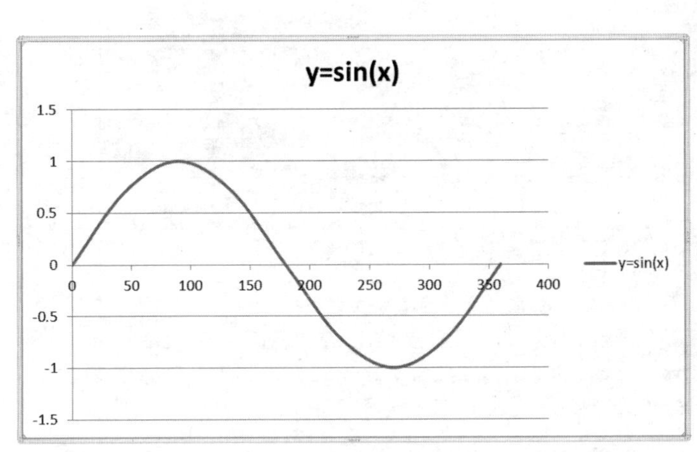

图 1-33　最初的图表

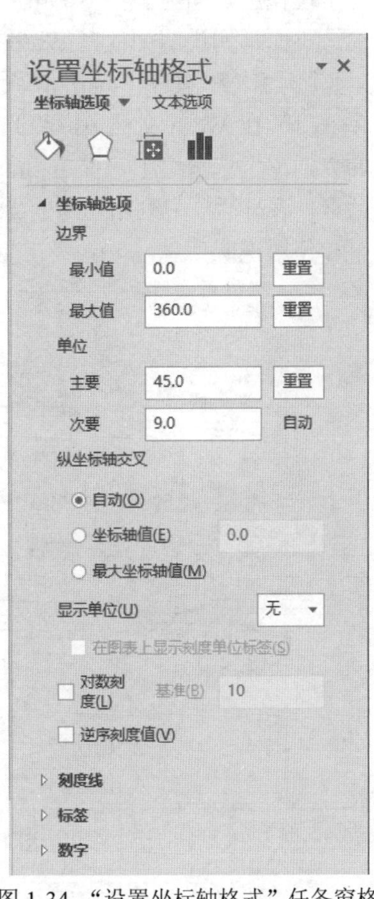

图 1-34　“设置坐标轴格式”任务窗格

最后得到图 1-35 所示的图表。

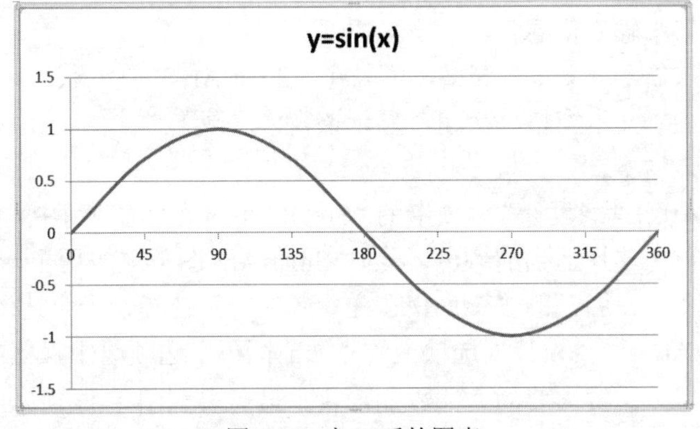

图 1-35　加工后的图表

1.6.4 使用 SmartArt 图形

在 Microsoft Office 2016 中，SmartArt 图形功能可以使单调乏味的文字以美轮美奂的效果呈现在用户面前。

下面举例说明如何在 Word 2016 中添加 SmartArt 图形。

【例 1-8】 使用 SmartArt 图形制作组织结构图。

（1）在 Word 文档中，将光标定位在要插入 SmartArt 图形的位置，在“插入”选项卡的“插图”选项组中，单击 SmartArt 按钮，打开图 1-36 所示的“选择 SmartArt 图形”对话框。该对话框中列出了所有 SmartArt 图形的分类，以及每个 SmartArt 图形的外观预览效果和使用说明信息。

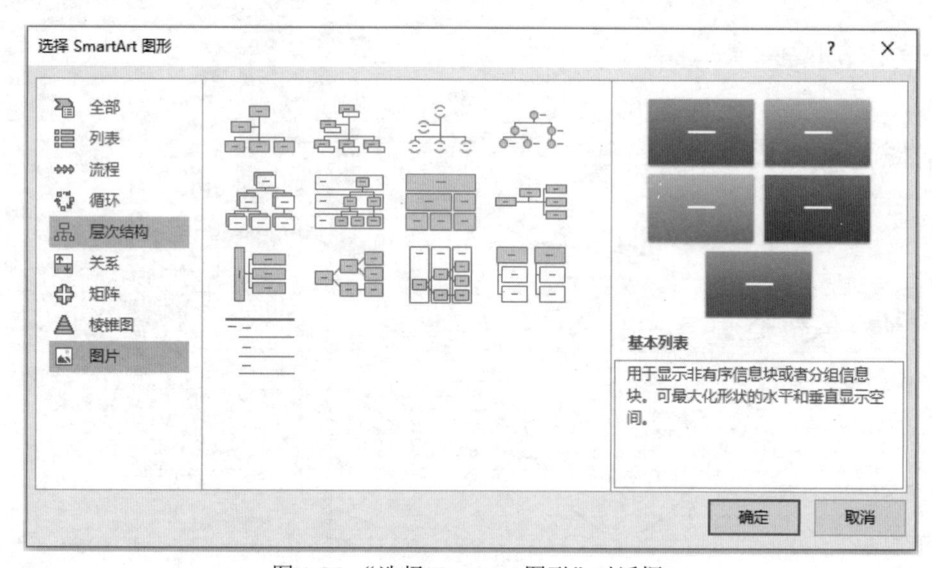

图 1-36 “选择 SmartArt 图形”对话框

（2）选择“层次结构”类别中的“组织结构图”图形，单击“确定”按钮将其插入到文档中。此时的 SmartArt 图形还没有具体的信息，只显示占位符文本。

（3）在 SmartArt 图形中各形状上的文字编辑区域内直接输入信息替代占位符文本，也可以在“文本”窗格中输入信息。

【提示】 如果未显示“文本”窗格，可以在“SmartArt 工具>设计”选项卡的“创建图形”选项组中，单击“文本窗格”按钮，显示该窗格。或者单击 SmartArt 图形左侧的“文本”窗格控件显示该窗格。

（4）在“SmartArt 工具>设计”选项卡的“SmartArt 样式”选项组中，单击“更改颜色”按钮。在弹出的菜单中选择适当的颜色，此时 SmartArt 图形就应用了新的颜色搭配效果。单击“其他”按钮▾，在展开的“SmartArt 样式库”中，选择一个合适的样式。

（5）在“SmartArt 工具>设计”选项卡的“创建图形”选项组中，单击“添加形状”按钮右侧的下三角按钮▾，按需要的方式添加形状。最后得到图 1-37 所示的组织结构图。

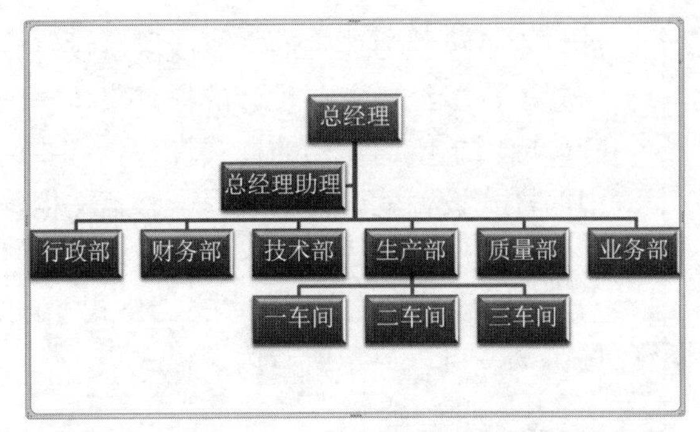

图 1-37　用 SmartArt 图形制作的组织结构图

1.7　长文档的编辑与管理

制作专业的文档除了使用常规的页面内容和美化操作外，还需要注重文档的结构以及排版方式。Word 2016 提供了诸多简便的功能，使长文档的编辑、排版、阅读和管理更加轻松自如。

1.7.1　使用样式

样式是指一组已经命名的字符和段落格式。它规定了文档的标题、正文以及要点等文本元素的格式。用户可以将一种样式应用于选定的段落或字符，使其具有特定的格式。使用样式可以快速统一文档的格式，使内容更有条理，简化格式的编辑和修改操作，还可以用来生成文档目录。

1. 在文档中应用样式

Word 2016 提供了“样式库”，可以为文本快速应用某种样式。

例如，要为文档的标题应用“样式库”中的一种样式，可以按照如下操作步骤进行设置：

（1）在 Word 文档中，选择要应用样式的标题文本。

（2）在“开始”选项卡的“样式”选项组中，单击“其他”按钮。

（3）在打开的“样式库”中，将鼠标置于各种样式之上，标题文本就会呈现出应用当前样式后的效果。

（4）如果还未决定使用哪种样式，只需要将鼠标移开，标题文本就会恢复原来的样子；如果找到了满意的样式，单击即可将该样式应用于当前所选文本。

还可以使用“样式”任务窗格将样式应用于选中文本，操作步骤如下：

（1）在 Word 文档中，选择要应用样式的标题文本。

（2）在“开始”选项卡的“样式”选项组中，单击“对话框启动器”按钮。

（3）在打开的“样式”任务窗格中选择需要的样式。

在“样式”任务窗格中选中下方的“显示预览”复选框还可查看样式的预览效果，否则所有样式只以文字描述的形式列举出来，如图 1-38 所示。

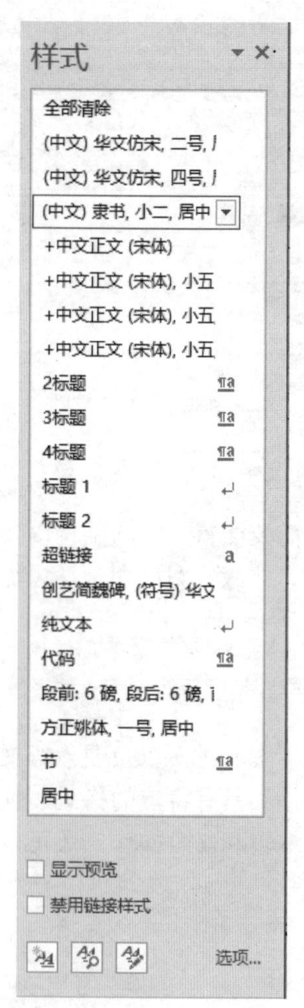

图 1-38 “样式”任务窗格

除了单独为选定的文本或段落设置样式外，Word 2016 还内置了许多经过专业设计的样式集，每个样式集都包含了一整套可应用于整篇文档的样式设置。只要选择了某个样式集，其中的样式设置就会自动应用于整篇文档，从而实现一次性完成文档中的所有样式设置。

在“设计”选项卡的“文档格式”选项组中，单击“其他”按钮，可以显示所有内置样式集。

2. 创建样式

如果需要添加一个全新的自定义样式，可进行以下操作。

（1）选中已经完成格式定义的文本或段落，在“开始”选项卡的“样式”选项组中，单击“对话框启动器”按钮，在任务窗格中单击“新建样式”按钮。

（2）在打开的“根据格式设置创建新样式”对话框中，设置新样式的名称。单击“确定”按钮，新定义的样式就会出现在样式库中，之后便可根据该样式快速调整文本或段落的格式。

3. 从样式库中删除样式

在“开始”选项卡的“样式”选项组中，右击某个样式，在快捷菜单中选择“从样式库中删除”命令，可以将该样式从样式库中删除。

【例 1-9】 更新样式库。

（1）设置格式。创建一个 Word 文档，保存为“书稿文档.docx”。在文档中输入若干文本，根据实际需要分别设置章、节、小节、数字标题的格式，再分别设置书正文、代码的格式。

（2）清理样式库。在“开始”选项卡的“样式”选项组中，右击每个样式，在快捷菜单中选择“从样式库中删除”命令，将样式库中的全部样式删除，被清空的快速样式库如图 1-39 所示。

图 1-39 清空的样式库

（3）添加新样式。选中章标题，在“开始”选项卡的“样式”选项组中，单击“对话框启动器”按钮，在任务窗格中单击“新建样式”按钮。在打开的“根据格式设置创建新样式”对话框中，设置新样式名称为“章”，单击“确定”按钮，将新样式添加到样式库中。用同样方法在样式库中添加“节”“小节”“数字标题”“书正文”“代码”样式，得到图 1-40 所示的快速样式库。

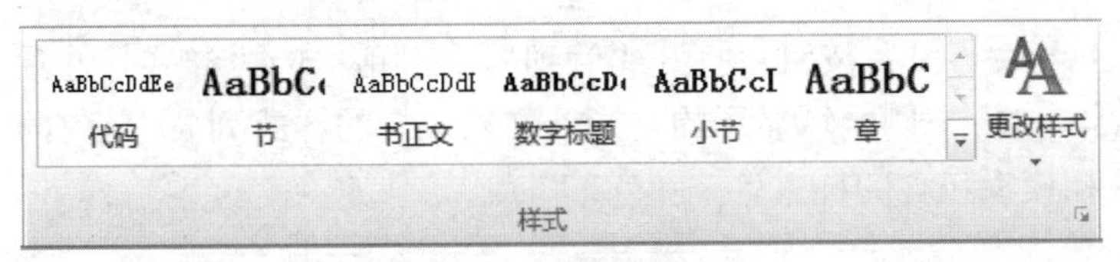

图 1-40　更新后的样式库

此后，在“书稿文档”中，便可利用这个样式库，非常方便地设置章、节、小节、数字标题以及正文和代码的格式。

4. 复制样式

在编辑文档的过程中，如果需要使用其他文档的样式，可以将其复制到当前的活动文档中，而不必重复创建相同的样式。

下面举例说明复制样式的操作方法。

【例 1-10】 将“书稿文档.docx”中的自定义样式复制到新文档。

(1) 创建一个 Word 文档，保存为“书稿文档副本.docx”。在“开始”选项卡的“样式”选项组中，右击每个样式，在快捷菜单中选择“从样式库中删除”命令，将样式库中全部样式删除。

(2) 打开需要复制样式的文档“书稿文档.docx”，在“开始”选项卡上的“样式”选项组中，单击“对话框启动器”按钮，打开“样式”任务窗格。单击“样式”任务窗格底部的“管理样式”按钮，打开图 1-41 所示的“管理样式”对话框。

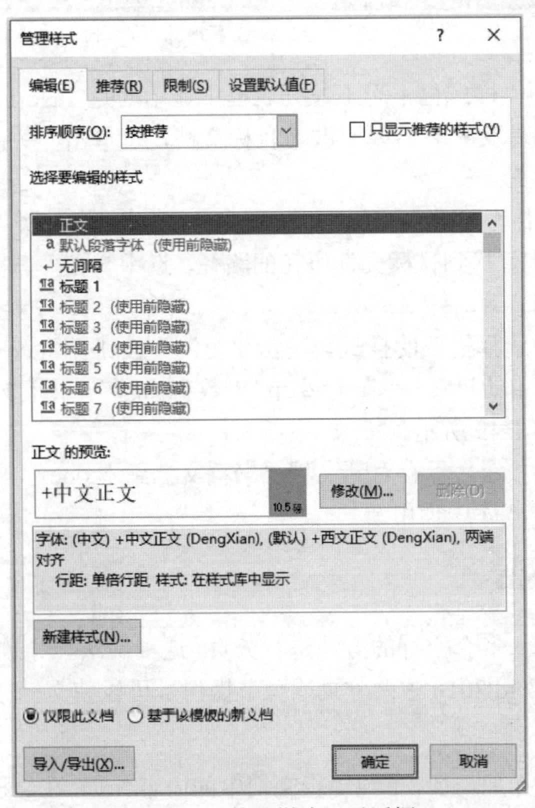

图 1-41　“管理样式”对话框

（3）单击“导入/导出”按钮，打开“管理器”对话框的“样式”选项卡，如图 1-42 所示。在该对话框中，左侧区域显示的是当前文档包含的样式列表，而右侧区域显示的则是 Word 默认文档模板包含的样式。

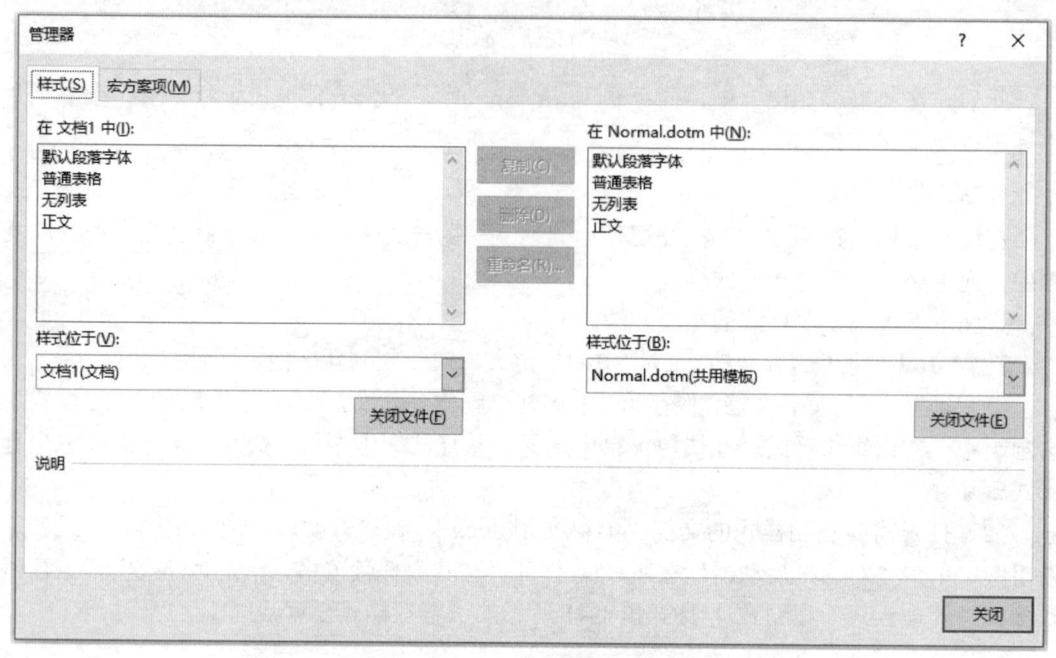

图 1-42　样式管理器

（4）此时，右边的“样式位于”下拉列表框中显示的是“Normal.dotm（共用模板）”，而不是要复制样式的目标文档。若要更改为目标文档，可单击“关闭文件”按钮——按钮标题将变为“打开文件”。

（5）单击“打开文件”按钮，在“打开”对话框中，将“文件类型”指定为“所有 Word 文档”，通过“查找范围”找到目标文件所在的路径，选中文档“书稿文档副本.docx”。单击“打开”按钮将文档打开。

（6）在左侧列表中选择需要的样式，单击“复制”按钮，将选中的样式复制到新的文档中。将“书稿文档”中的“章”“节”“小节”“数字标题”“书正文”“代码”样式复制到“书稿文档副本”，如图 1-43 所示。

（7）单击“关闭”按钮，保存对新文档“书稿文档副本.docx”的修改，就可以在“书稿文档副本.docx”的样式库中使用新样式了。

1.7.2　文档分页与分节

很多用户习惯用加入多个空行的方法进行分页，这种做法会导致修改文档时重复排版，降低了工作效率。用 Word 2016 中的分页或分节操作，可以使文档排版工作简洁高效。

1. 插入分页符

如果只是为了排版布局需要，单纯地将文档中的内容分页，在文档中插入分页符即可，操作步骤如下：

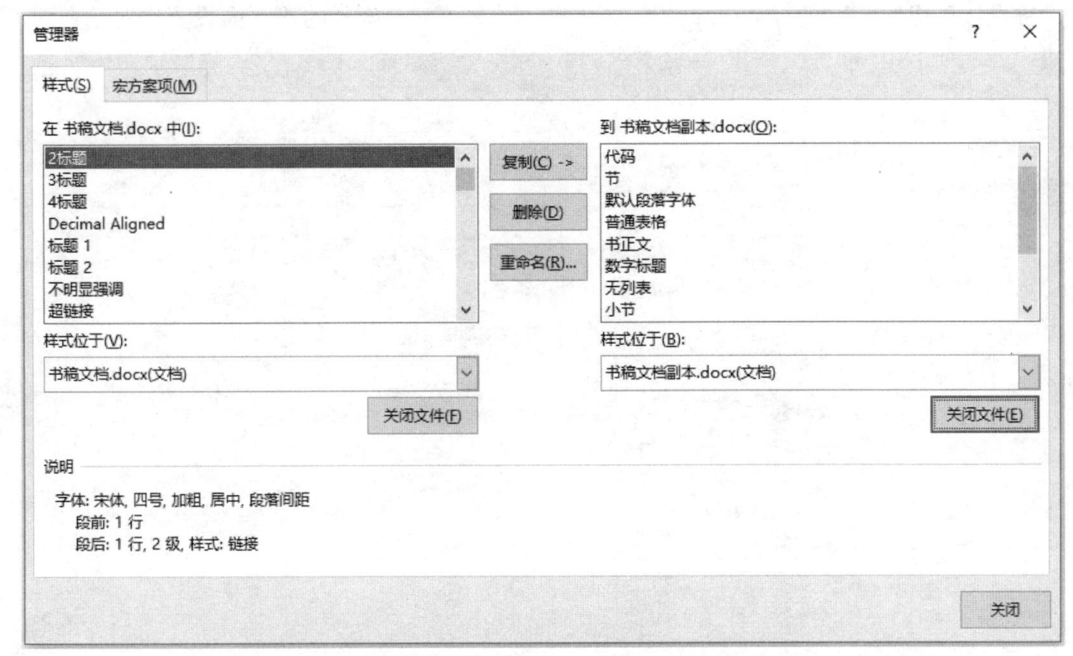

图 1-43　将“书稿文档”中的样式复制到“书稿文档副本”

（1）将光标置于需要分页的位置。

（2）在“布局”选项卡的“页面设置”选项组中，单击“分隔符”按钮，选择“分页符”命令，即可将光标后的内容布局到新的页面中。

2. 插入分节符

在文档中插入分节符，不仅可以将文档内容划分为不同的页面，还可以分别针对不同的节进行页面设置。

插入分节符的操作步骤如下：

（1）将光标置于需要分节的位置。

（2）在“布局”选项卡的“页面设置”选项组中，单击“分隔符”按钮，可以看到分节符列表中包含 4 种分节符类型，分别是“下一页”“连续”“偶数页”“奇数页”。选择其中的一类分节符后，便可在当前光标位置插入一个分节符。

其中，“下一页”使分节符后的文本从新的一页开始；“连续”使新节与其前面一节同处于当前页中；“偶数页”使分节符后面的内容转入下一个偶数页；“奇数页”使分节符后面的内容转入下一个奇数页。

默认情况下，Word 将整个文档视为一节，所有对文档的设置都是应用于整篇文档的。当插入“分节符”将文档分成几“节”后，可以根据需要设置每“节”的格式。

【例 1-11】 在文档中实现页面方向纵横混排。

在一篇 Word 文档中，通常会将所有页面设置为“横向”或“纵向”。但有时也需要将其中的某些页面与其他页面设置为不同方向。例如在某个包含较大表格的文档中，如果采用纵向排版则无法完整显示表格，于是就需要将表格部分采取横向排版。实现方法如下：

（1）设置整个文档的纸张方向为“纵向”。创建一个文档，在“布局”选项卡的“页面设置”选项组中，单击对话框启动器按钮。在图 1-44 所示的“页面设置”对话框“页边距”选项卡中，设置纸张方向为“纵向”，应用于“整篇文档”，单击“确定”按钮。

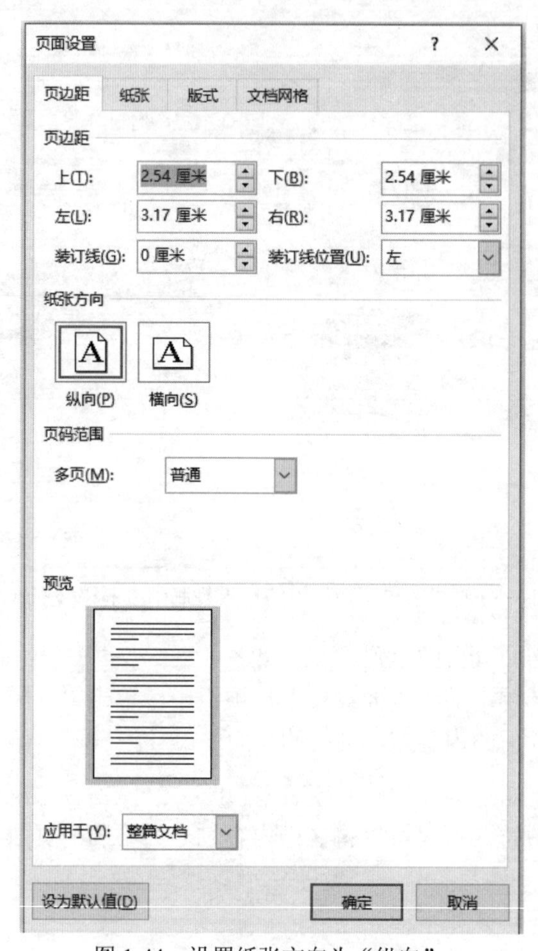

图 1-44　设置纸张方向为“纵向”

（2）插入分节符。将光标定位到需要横排的表格前，在“布局”选项卡的“页面设置”选项组中，单击“分隔符”按钮，选择“下一页”命令，插入一个分节符。

（3）设置本节的纸张方向为“横向”。在“布局”选项卡的“页面设置”选项组中，单击对话框启动器按钮。在“页面设置”对话框“页边距”选项卡中，设置纸张方向为“横向”，应用于“本节”，单击“确定”按钮。

这样，在整个文档中，既有“纵向”页面，又有“横向”页面，实现了页面方向的横纵混排。

1.7.3　文档内容分栏

利用 Word 2016 提供的分栏功能可以将文本分为多栏排列。下面举例说明操作过程。

【例 1-12】 在图 1-45 所示的“试卷参考答案”文档中，将“选择题”参考答案分成三栏，排列成图 1-46 所示的形式。

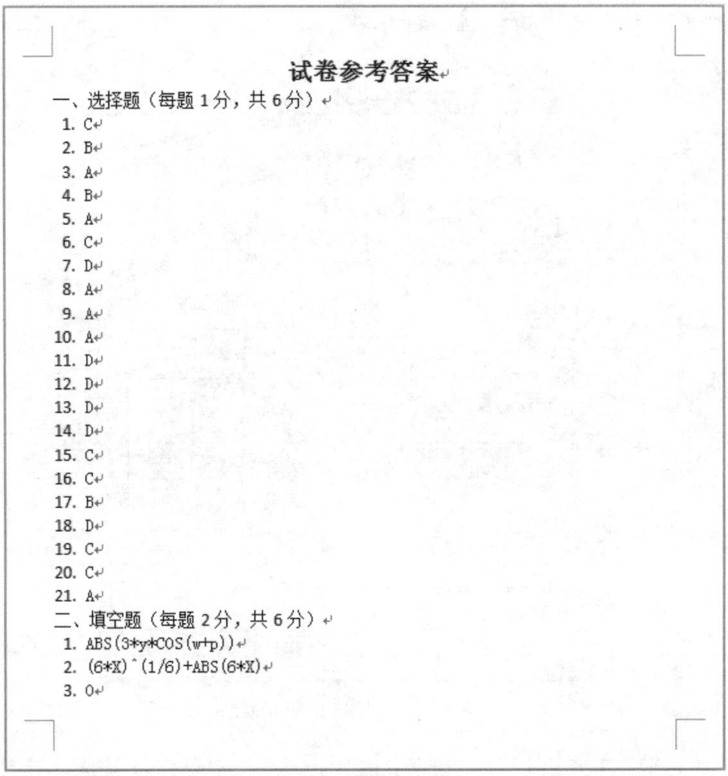

试卷参考答案

一、选择题（每题 1 分，共 6 分）

1. C
2. B
3. A
4. B
5. A
6. C
7. D
8. A
9. A
10. A
11. D
12. D
13. D
14. D
15. C
16. C
17. B
18. D
19. C
20. C
21. A

二、填空题（每题 2 分，共 6 分）

1. ABS(3*y*COS(w+p))
2. (6*X)^(1/6)+ABS(6*X)
3. 0

图 1-45　排版前的文档

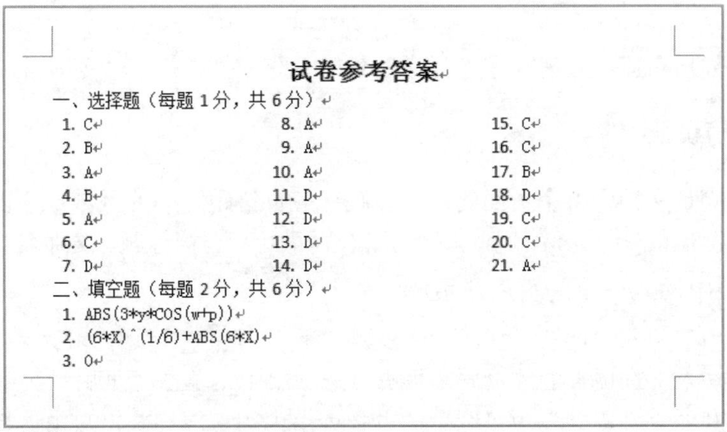

试卷参考答案

一、选择题（每题 1 分，共 6 分）

1. C
2. B
3. A
4. B
5. A
6. C
7. D
8. A
9. A
10. A
11. D
12. D
13. D
14. D
15. C
16. C
17. B
18. D
19. C
20. C
21. A

二、填空题（每题 2 分，共 6 分）

1. ABS(3*y*COS(w+p))
2. (6*X)^(1/6)+ABS(6*X)
3. 0

图 1-46　排版后的文档

具体步骤如下：

（1）在“试卷参考答案”文档中，选中“选择题”参考答案文本。

（2）在“布局”选项卡的“页面设置”选项组中，单击“分栏”按钮。

（3）在弹出的菜单中，选择“三栏”命令，实现分栏排版，得到图 1-46 所示的效果。

如果需要对分栏进行更为具体的设置，可以在弹出的菜单中选择“更多分栏”命令。打开图 1-47 所示的“分栏”对话框，在“栏数”文本框中设置分栏数值。在“宽度和间距”选项组中设置栏宽和栏间距。如果选中了“栏宽相等”复选框，则在“宽度和间距”选项组中自动计算栏宽，使各栏宽度相等。如果选中了“分隔线”复选框，则在栏间插入分隔线，使得分栏界限更加清晰。

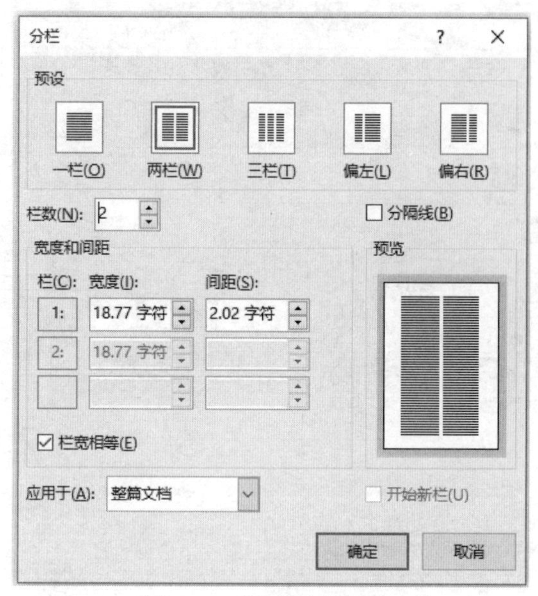

图 1-47 “分栏”对话框

如果事先没有选中需要进行分栏排版的文本，则上述操作默认应用于整篇文档。如果在“应用于”下拉列表框中选择“插入点之后”选项，则分栏操作将应用于当前插入点之后的所有文本。

若要取消分栏布局，只需要在“分栏”菜单中选择“一栏”命令即可。

1.7.4 页眉与页脚

页眉和页脚是文档中每个页面的顶部、底部与页边距之间的区域，可以在页眉和页脚中插入文本或图形，例如页码、时间和日期、公司徽标、文档标题、文件名或作者姓名等。

1. 在文档中插入预设的页眉或页脚

在整个文档中插入预设的页眉，操作步骤如下：

（1）在“插入”选项卡的“页眉和页脚”选项组中，单击“页眉”按钮。

（2）在打开的“页眉库”中以图示的方式列出内置页眉样式，从中选择一个合适的页眉样式，该页眉就被应用到文档中的每页了。

同样，在“插入”选项卡的“页眉和页脚”选项组中，单击“页脚”按钮，在打开的内置“页脚库”中选择合适的页脚，即可对整个文档应用页脚。

在文档中插入页眉或页脚后，Word 2016 中会自动出现“页眉和页脚工具>设计”选项卡。在这个选项卡中可以对页眉或页脚进行进一步设计，最后单击“关闭”选项组中的“关闭页眉和页脚”按钮，即可关闭页眉和页脚区域。

2. 创建首页不同的页眉和页脚

如果希望文档首页与其他页面的页眉或页脚不同，可以按照如下操作步骤进行设置：

（1）在文档中，双击已经在文档中插入的页眉或页脚区域，功能区中将出现“页眉和页脚工具>设计”选项卡，如图 1-48 所示。

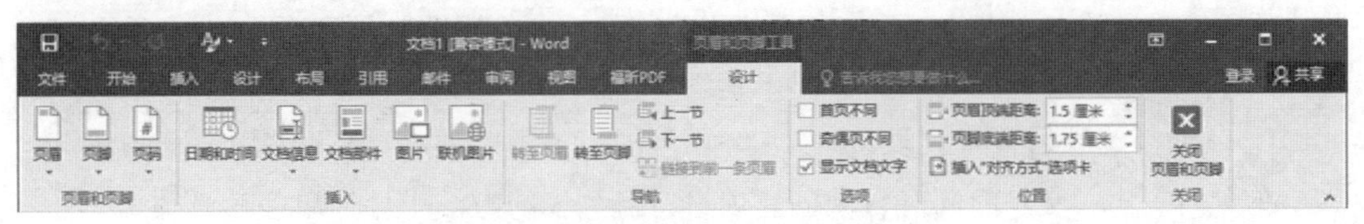

图 1-48 “页眉和页脚工具>设计”选项卡

（2）在“选项”选项组中，选中“首页不同”复选框，此时文档首页中原先定义的页眉和页脚将被删除，另行设置即可。

3. 为奇偶页创建不同的页眉或页脚

有时一个文档中的奇偶页上需要使用不同的页眉或页脚。例如，在制作书籍资料时要求在偶数页上显示书籍名称，而在奇数页上显示章节标题。

要对奇偶页使用不同的页眉或页脚，可以按照如下操作步骤进行设置：

（1）在文档中，双击已经在文档中插入的页眉或页脚区域。

（2）在“页眉和页脚工具>设计”选项卡的“选项”选项组中，选中“奇偶页不同”复选框，然后分别创建奇数页和偶数页的页眉或页脚。

在“页眉和页脚工具>设计”选项卡上提供的“导航”选项组中单击“转至页眉”或“转至页脚”按钮可以在页眉和页脚区域之间切换。如果选中了“奇偶页不同”复选框，则单击“上一节”或“下一节”按钮可以在奇数页和偶数页之间切换。

4. 为文档各节创建不同的页眉或页脚

可以为文档的各节创建不同的页眉或页脚，例如需要在一个长篇文档的“目录”与“内容”两部分应用不同的页脚样式，可以按照如下操作步骤进行设置：

（1）将光标置于文档的某一节中，在“插入”选项卡的“页眉和页脚”选项组中单击“页脚”按钮。在内置“页脚库”中选择一个页脚样式，所选页脚即会被应用到本节当中。

（2）在“页眉和页脚工具>设计”选项卡的“导航”选项组中，单击“下一节”按钮，进入到页脚的下一节区域。

（3）在“导航”选项组中单击“链接到前一条页脚”按钮，断开本节页脚与前一节页脚之间的链接。此时，页面中不再显示“与上一节相同”的提示信息。

（4）在“页眉和页脚”选项组中，单击“页脚”按钮。在内置“页脚库”中选择页脚样式，所选页脚即被应用到本节当中。这样，就在文档各节中创建了不同的页脚。

5. 删除页眉或页脚

在“插入”选项卡的“页眉和页脚”选项组中，单击“页眉”按钮。在弹出的菜单中选择“删除页眉”命令，可将文档中的所有页眉删除。

在“插入”选项卡的“页眉和页脚”选项组中，单击“页脚”按钮。在弹出的菜单中选择“删除页脚”命令，可将文档中的所有页脚删除。

1.7.5 项目符号与编号

项目符号是放在文本前以强调效果的点或其他符号，编号有助于增强文本的层次感和逻辑性。

1. 自动创建项目符号列表

在文档中输入文本的同时自动创建项目符号列表的方法十分简单，其具体操作步骤如下：

（1）在文档中需要应用项目符号列表的位置输入星号（*），然后按空格键或 Tab 键，即可开始应用项目符号列表。

（2）输入需要的文本后，按 Enter 键，开始添加下一个列表项，Word 会自动插入下一个项目符号。

（3）要完成列表，可按两次 Enter 键，或者按一次 Backspace 键删除列表中最后一个项目符号即可。

【提示】 如果不想将文本转换为列表，可以单击应用列表后出现的“自动更正选项”智能标记按钮，在弹出的菜单中选择“撤销自动编排项目符号”命令。

2. 为现有文本添加项目符号

可以为现有文本添加项目符号，其具体操作步骤如下：

（1）在文档中选择要向其添加项目符号的文本。

（2）在“开始”选项卡的“段落”选项组中，单击“项目符号”按钮旁边的下三角按钮。

（3）在弹出的“项目符号库”菜单中选择需要的项目符号，被选中的文本便会添加指定的项目符号。

3. 为现有文本添加编号

创建编号列表与创建项目符号列表的操作过程相仿，同样可以在输入文本时自动创建编号列表，或者为现有文本添加编号。为现有文本添加编号的操作步骤如下：

（1）在文档中选择要向其添加编号的文本。

（2）在“开始”选项卡的“段落”选项组中，单击“编号”按钮旁边的下三角按钮。

（3）在弹出的“编号库”菜单中选择需要的编号样式，被选中的文本便会添加指定的编号。

为了使文档内容更具层次感和条理性，可以使用多级列表样式。

1.7.6 脚注和尾注

脚注和尾注一般用于在文档和书籍中显示引用资料的来源，或者用于补充信息。脚注位于当前页面的底部或指定文字的下方，而尾注则位于文档或指定节的结尾处。脚注和尾注都使用一条短横线与正文分开，注释文本比正文字号略小。

【例 1-13】 在文档中插入脚注和尾注。

（1）在文档中选择要添加脚注的文本，或者将光标置于该文本后面。

（2）在“引用”选项卡的“脚注”选项组中，单击“插入脚注”按钮，则该页面的底端会自动加入脚注编号。

（3）在脚注编号后面输入脚注文本。

（4）在文档中选择要添加尾注的文本，或者将光标置于该文本后面。

（5）在“引用”选项卡的“脚注”选项组中，单击“插入尾注”按钮，则该文档的末尾会自动加入尾注编号。

（6）在尾注编号后面输入尾注文本。

如果需要对脚注或尾注的样式进行定义，可以单击“脚注”选项组中的“对话框启动器”按钮，打开图 1-49 所示的“脚注和尾注”对话框，设置其位置、格式及应用范围。

插入脚注或尾注后，只需要将鼠标指针停留在文档中的脚注或尾注引用标记上，注释文本就会在屏幕上显示出来。

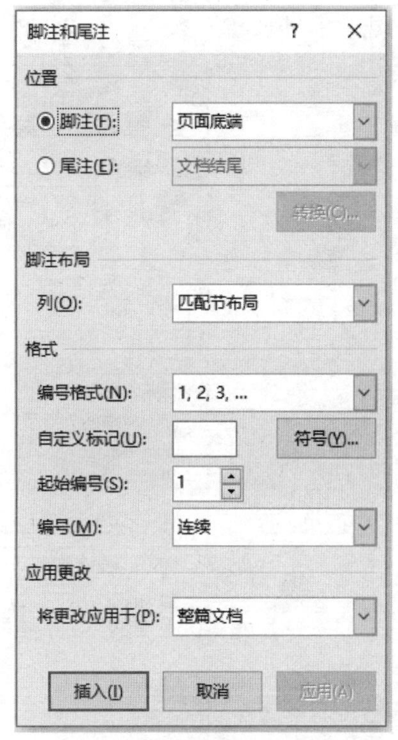

图 1-49　设置脚注和尾注

1.7.7　创建文档目录

目录是长篇幅文档不可缺少的内容，它列出了文档中的各级标题及其所在的页码，便于读者快速查找内容。Word 2016 提供了一个内置的“目录库”，其中有多种目录样式可供选择，使得插入目录的操作变得简单。

1. 使用内置的目录库创建目录

在文档中使用内置目录库创建目录的操作步骤如下：

（1）将光标定位在需要建立目录的地方，通常是文档的最前面。

（2）在“引用”选项卡的“目录”选项组中，单击“目录”按钮打开菜单，其中系统内置的“目录库”以可视化的方式展示了多种目录的效果。

（3）单击其中某个目录样式，Word 就会自动根据标记的标题创建目录。

2. 使用自定义样式创建目录

如果已将自定义样式应用于标题，则可以按照如下操作步骤创建目录：

（1）将光标定位在需要建立文档目录的地方，然后在 Word 2016 的功能区中，打开“引用”选项卡。

（2）在“引用”选项卡的“目录”选项组中，单击“目录”按钮。在弹出的菜单中，执行“自定义目录”命令。

（3）在图 1-50 所示的“目录”对话框中，可以在“打印预览”“Web 预览”区域中看到目录样式。可根据需要，选中“显示页码”“页码右对齐”“使用超链接而不使用页码”

复选框，设置制表符前导符、显示级别。最后，单击“确定”按钮，在文档当前光标位置创建一个目录。

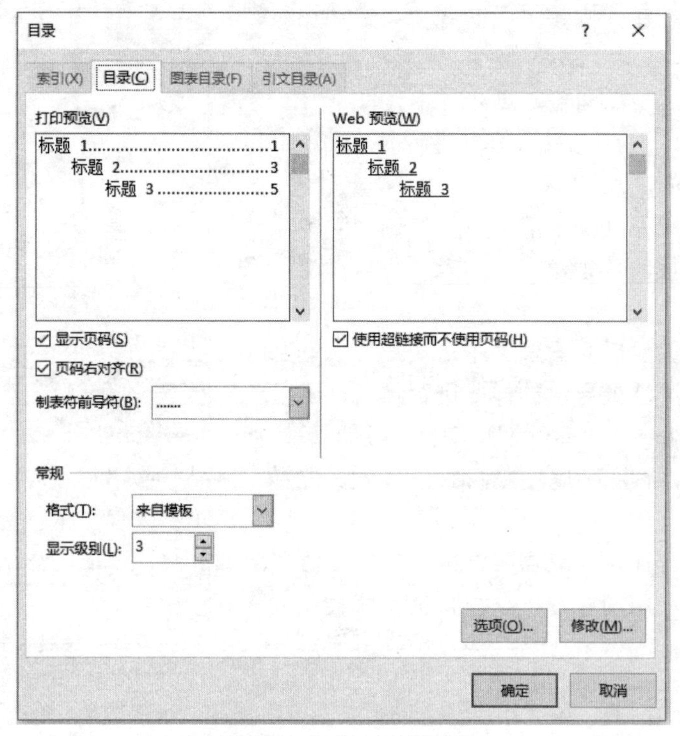

图 1-50 “目录”对话框

3. 更新目录

创建目录后，若添加、删除或更改了文档中的标题或内容，可以按照如下操作步骤更新目录：

（1）在“引用”选项卡的“目录”选项组中，单击“更新目录”按钮，打开图 1-51 所示的“更新目录”对话框。

（2）在“更新目录”对话框中，选中“只更新页码”或“更新整个目录”单选按钮，然后单击“确定”按钮，即可完成目录更新。

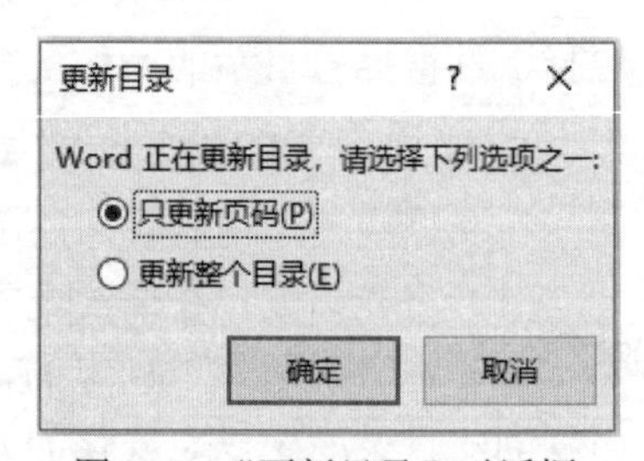

图 1-51 “更新目录”对话框

1.8 文档修订与共享

在与他人共同处理文档的过程中，审阅、跟踪文档的修订状况是最重要环节。用户需要了解他人更改了文档的哪些内容，以及为何进行这些更改。

1.8.1 审阅与修订文档

Word 2016 提供了多种文档审阅方式，可以协助用户完成快速对比、查看、合并同一文档的多个修订版本等。

1．修订文档

在修订状态下修改文档时，Word 应用程序将跟踪文档中所有内容的变化状况，同时把用户在当前文档中修改、删除、插入的每项内容标记出来。

打开文档，在功能区“审阅”选项卡的“修订”选项组中，单击“修订”按钮，即可开启文档的修订状态。

在修订状态下，插入的文档内容通过颜色和下画线标记，删除的内容则在右侧的页边空白处显示。

当多个用户对同一文档进行修订时，文档将通过不同的颜色来区分不同用户的修订内容，从而可以很好地避免由于多人参与文档修订而造成混乱。

2．添加、删除批注

在多人审阅文档时，可能需要彼此之间对文档内容的变更作一个解释，或者向文档作者询问一些问题，这时就可以在文档中插入“批注”信息。“批注”与“修订”的不同之处在于，“批注”并不在原文的基础上进行修改，而是在文档页面的空白处添加相关的注释信息，并用有颜色的方框标注出来。

若要为文档内容添加批注信息，需要选定文本，在“审阅”选项卡的“批注”选项组中单击“新建批注”按钮，然后直接输入批注信息。

若要删除文档中的某一条批注信息，可右击要删除的批注，在快捷菜单中选择“删除批注”命令。若要删除文档中所有批注，可在“审阅”选项卡的“批注”选项组中单击“删除”按钮，选择“删除文档中的所有批注”命令。

3．审阅修订和批注

文档内容修订完成后，还需要对文档的修订和批注状况进行审阅，确定出最终的文档版本。审阅修订和批注时，可以按照如下步骤来接受或拒绝文档内容的每项更改。

（1）在“审阅”选项卡的“更改”选项组中，单击“上一条”或“下一条”按钮，定位到文档的修订或批注处。

（2）可以单击“更改”选项组的“拒绝”或“接受”按钮，拒绝或接受当前修订对文档的更改；可以在“批注”选项组中单击“删除”按钮删除批注信息。如果要拒绝对当前文档做出的所有修订，可在“更改”选项组中单击“拒绝”按钮，选择“拒绝所有修订”命令；如果要接受所有修订，可以在“更改”选项组中单击“接受”按钮，选择“接受所有修订”命令。

1.8.2　比较两个文档内容

文档经过最终审阅以后，若希望能够通过对比的方式查看修订前后两个文档版本的变化情况，可使用 Word 2016 提供的“精确比较”功能，显示两个文档的差异。下面举例说明操作方法。

【例 1-14】 比较“修订前.docx”“修订后.docx”两个文档的内容。

（1）打开 Word 应用程序，在“审阅”选项卡的“比较”选项组中，单击“比较”按钮，选择“比较”命令，打开图 1-52 所示的“比较文档”对话框。

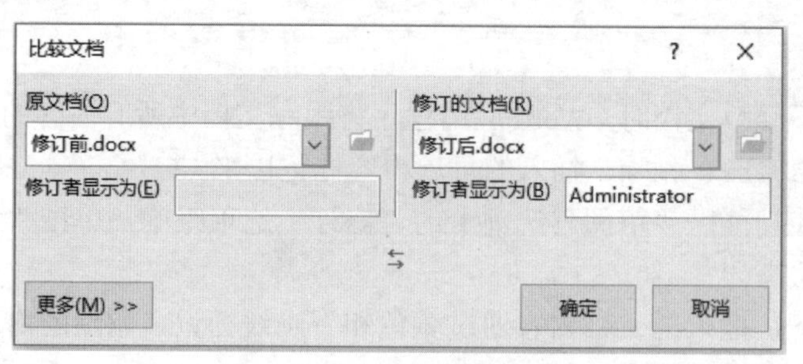

图 1-52 “比较文档”对话框

（2）在“原文档”“修订的文档”下拉列表框中分别选择要比较的两个文档，然后单击“确定”按钮。此时两个文档之间的不同之处将突出显示在“比较结果”文档的中间，如图 1-53 所示。在文档比较视图左侧的审阅窗格中，自动统计了原文档与修订文档之间的具体差异情况。

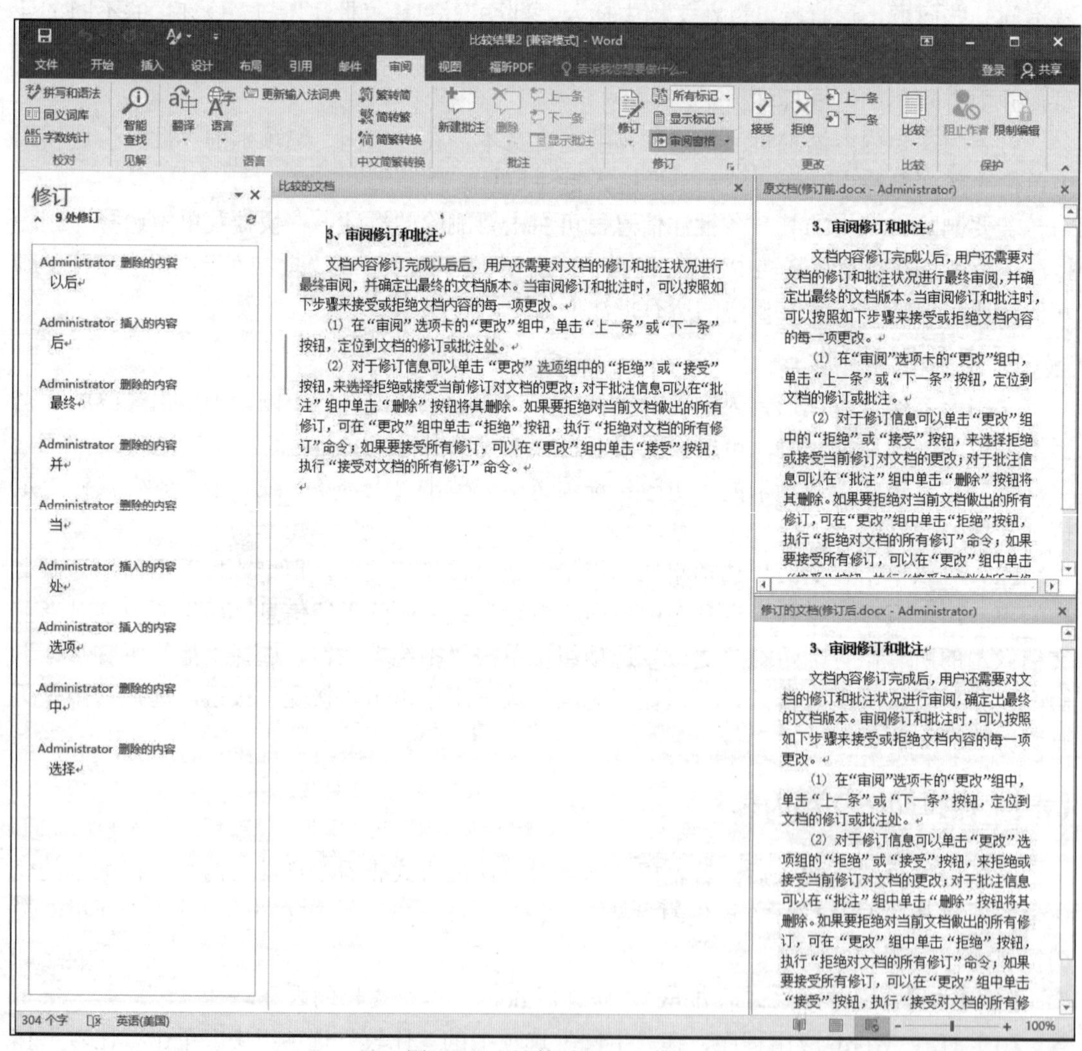

图 1-53 “比较结果”文档

1.8.3　删除文档中的个人信息

文档的最终版本确定以后，最好检查并删除该文档包含的隐藏数据或个人信息，这些信息可能存储在文档本身或文档属性中。

具体的操作步骤如下：

（1）打开需要检查和删除隐藏数据或个人信息的 Word 文档。

（2）在“文件”选项卡中选择“信息”命令，单击“检查问题”按钮，选择“检查文档”命令，打开图 1-54 所示的“文档检查器”对话框。

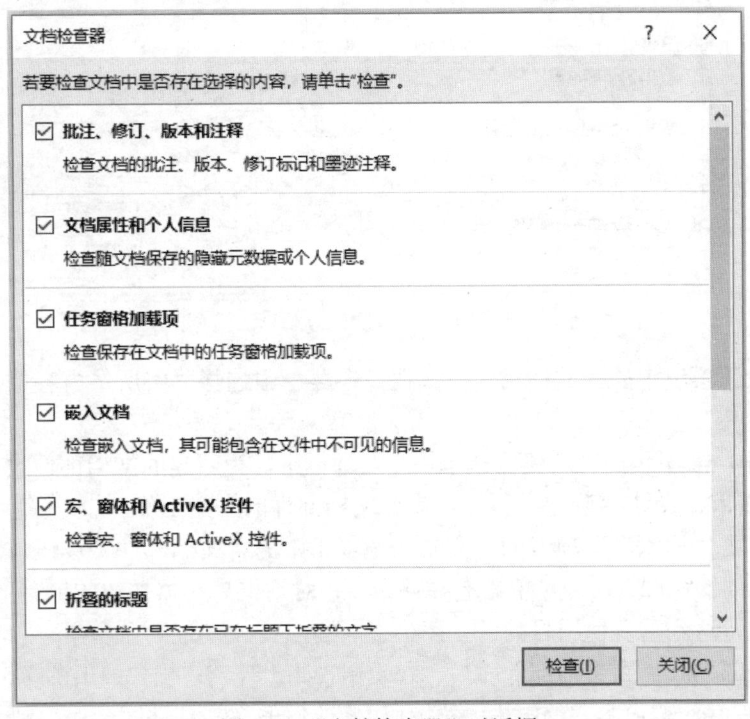

图 1-54　“文档检查器”对话框

（3）选择要检查的隐藏内容类型，然后单击“检查”按钮。

（4）检查完成后，在图 1-55 所示的“文档检查器”对话框中审阅检查结果，并在要删除的内容类型旁边，单击“全部删除”按钮。

1.8.4　构建和使用文档部件

文档部件实际上就是对某一文档对象（文本、图片、表格、段落等）的封装手段，可以单纯地将其理解为对文档对象的保存和重复使用。

下面举例说明文档部件的创建和使用方法。

【例 1-15】 将 Word 文档中“对话框启动器”按钮的屏幕截图保存为文档部件，以便多次使用。

（1）在 Word 文档中，选中“对话框启动器”按钮的屏幕截图。单击“插入”选项

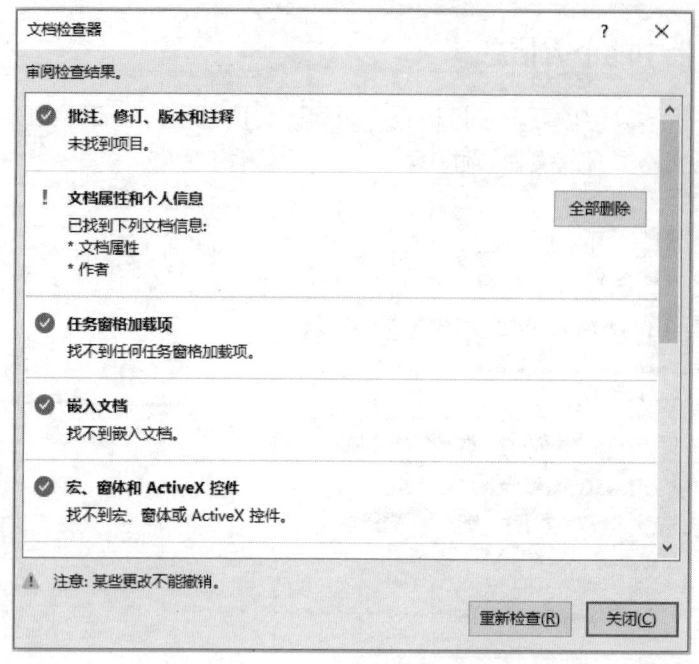

图 1-55　审阅检查结果

卡的“文本”选项组中的“文档部件”按钮，在菜单中选择“将所选内容保存到文档部件库”命令。

（2）在图 1-56 所示的“新建构建基块”对话框中，为新建的文档部件设置名称为“对话框启动器截图”。单击“确定”按钮，完成文档部件的创建工作。

此后，单击“插入”选项卡的“文本”选项组中的“文档部件”按钮，其菜单中会出现“对话框启动器截图”命令。单击选择该命令，对话框启动器按钮的屏幕截图将插入到当前文档中，达到重复使用目的。

新的文档部件添加到文档部件库后，在退出 Word 时，系统会弹出图 1-57 所示的对话框，提示是否保存修改内容。单击“保存”按钮，修改后的文档部件库会保存到文件“Building Blocks.dotx”中。这样，在其他 Word 文档中就可以使用新的文档部件了。

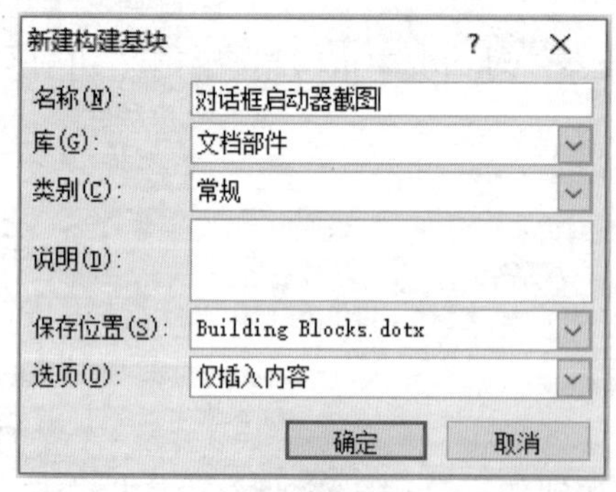

图 1-56 “新建构建基块”对话框

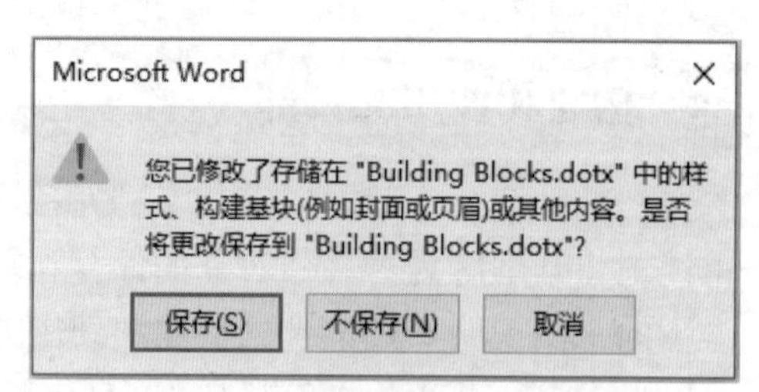

图 1-57　文档部件库修改提示

上机练习

1. 在 Word 文档中，制作图 1-58 所示的表格。

教学评价自评表

<table>
<tr><td>三级指标</td><td>内涵及说明</td><td>合格标准</td><td>自评结果</td></tr>
<tr><td>师资队伍</td><td>· 生师比
· 具有研究生学历教师占专职教师的比例
· 具有高级职称教师占专职教师的比例</td><td>· 18
· ≥30%
· ≥30%</td><td></td></tr>
<tr><td>情 况 综 述</td><td colspan="3"></td></tr>
<tr><td colspan="4"></td></tr>
<tr><td>佐证材料清单</td><td colspan="3"></td></tr>
<tr><td colspan="4"></td></tr>
</table>

图 1-58　表格样式

2. 在 Word 中插入一个图 1-59 所示的 Excel 电子表格，填入基本数据，然后利用 Excel 公式得到图 1-60 所示的"评价"结果。其中，"语文""数学"两门课成绩都大于或等于 90 分，则评价为"优"，其他情况评价都为"良"。

姓名	语文	数学	评价
小红	90	95	
小明	92	80	
小刚	88	91	

图 1-59　表格和基本数据

姓名	语文	数学	评价
小红	90	95	优
小明	92	80	良
小刚	88	91	良

图 1-60　表格和最终结果

3. 在 Word 文档中设计模拟报纸的两个版面，将某篇文章的内容分放至两个版面，在适当的位置注明"下转第二版""上接第一版"。要求用文本框链接实现跨版自动调整内容。

4. 使用 SmartArt 图形，制作图 1-61 所示的组织结构图。

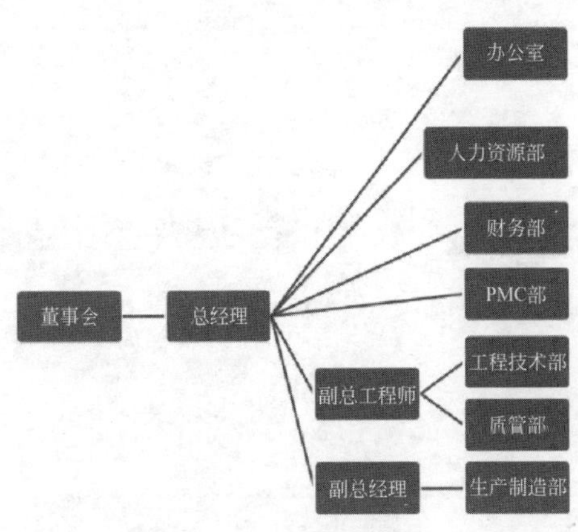

图 1-61　组织结构图

5. 在 Word 文档中，绘制图 1-62 所示的流程图。

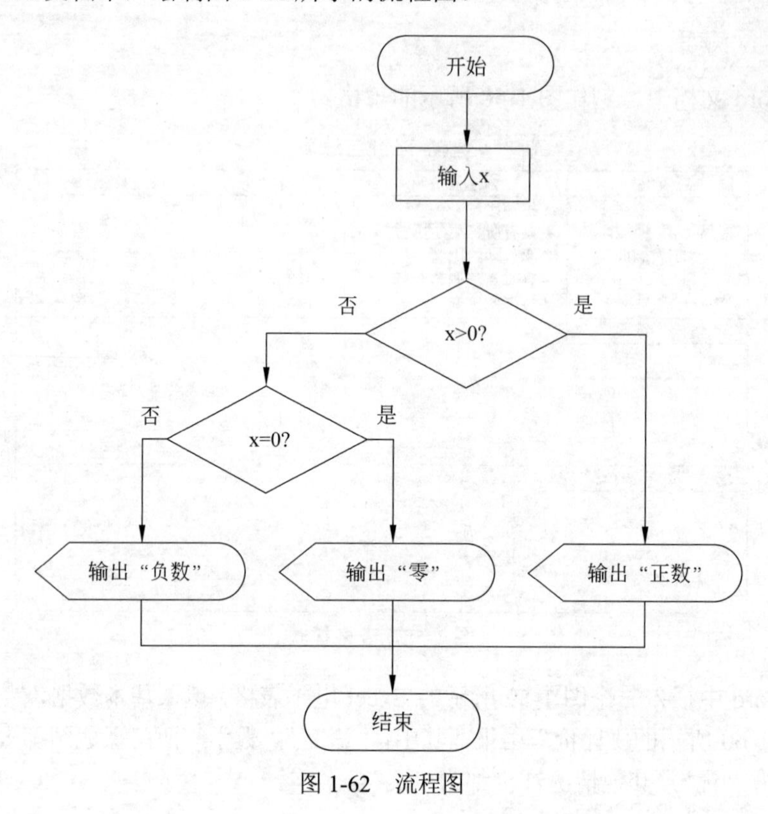

图 1-62　流程图

Word 实用技巧

本章先介绍一些 Word 常用操作技巧，再给出若干应用实例。涉及的主要技术包括：表格和文本框应用、双行合一、文字方向控制、自定义水印、邮件合并、自动生成目录、分节、页码格式设置、控件应用等。

2.1 常用操作技巧

1. 快速回到上次编辑的位置

在 Word 中，按 Shift+F5 快捷键可以将插入点返回到上次编辑的位置。Word 可记忆前 3 次的编辑位置，第 4 次按 Shift+F5 快捷键时，插入点就会回到当前的编辑位置。

在打开文档之后立即按 Shift+F5 快捷键，可以将插入点移到上次退出 Word 时最后一次编辑的位置。

2. 重复上一步操作

若要重复上一步操作，可按 F4 功能键或 Ctrl+Y 快捷键。重复的操作可以是增删文本，也可以是设置格式、插入图片、处理表格等。

3. 调整字号的快捷方法

通过表 2-1 中的快捷键，可以快速调整所选文本的字号。

表 2-1　快速调整字号快捷键

快 捷 键	功　　能	快 捷 键	功　　能
Ctrl+[	逐磅缩小字号	Ctrl+Shift+<	逐级缩小字号
Ctrl+]	逐磅增大字号	Ctrl+Shift+>	逐级增大字号

4. 英文字母大小写快速转换

按 Shift+F3 快捷键，可以使选中的文本在 3 种状态下循环切换：全部大写、全部小写、首字母大写。

5. 快速设置上下标

选中需要的字符，按 Ctrl+Shift+=快捷键，可将其设置为上标，再按一次恢复到原始状态。按 Ctrl+=快捷键，可将选中的字符设为下标，再按一次恢复到原始状态。

6. 输入☑或☒符号

（1）在“插入”选项卡的“符号”选项组中，单击“符号”按钮，找到“√”或“×”。

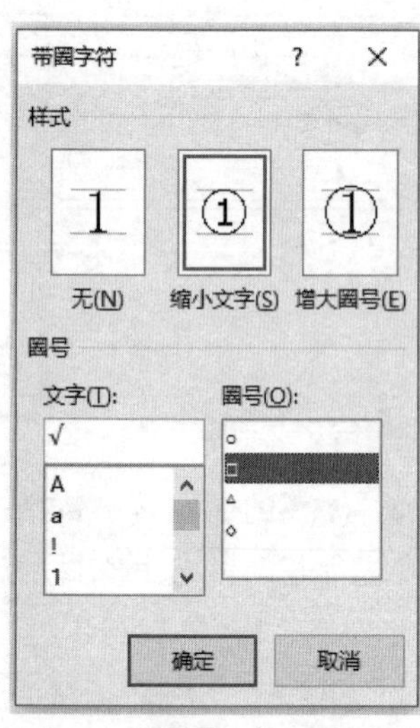

图 2-1 “带圈字符”对话框

（2）选中符号“√”或“×”，在“开始”选项卡的“字体”选项组中，单击“带圈字符”按钮，打开图 2-1 所示的“带圈字符”对话框。

（3）在对话框中设置样式为“缩小文字”、圈号为“□”，单击“确定”按钮。

用这种方法还可以输入 10 以上的带圈数字。

7. 将嵌入型小图片与文本对齐

将光标定位到小图片所在段落，在“开始”选项卡的“段落”选项组中，单击对话框启动器按钮，在“段落”对话框的“中文版式”选项卡中，设置“文本对齐方式”为“居中”，单击“确定”按钮。

8. 快速改变页面显示比例

按住 Ctrl 键，鼠标滚轮向上滚动，则页面的显示比例以 10%递增放大。鼠标滚轮向下滚动，则页面的显示比例以 10%递减缩小。

2.2 制作联合公文头

企业或政府机关经常要制作多个单位联合发布的公文，公文头效果如图 2-2 所示。

×××省人民政府 **文 化 厅**
妇女联合会 **文件**

图 2-2 联合公文头效果

下面给出制作这种效果公文头的 3 种方法。

1. 表格法

利用表格可以制作出多单位联合发布的公文头。操作步骤如下：

（1）在 Word 文档中插入一个 3 列 2 行的表格，分别合并第 1 列的 2 个单元格、第 3 列的 2 个单元格，在相应的单元格中输入文字，得到图 2-3 所示的结果。

×××省人民政府	文化厅	文件
	妇女联合会	

图 2-3 初始表格和内容

（2）选中表格，右击，在快捷菜单中选择“表格属性”命令。在“表格属性”对话框中单击“选项”按钮。在图 2-4 所示的“表格选项”对话框中，设置单元格左右边距为“0”，单击“确定”按钮。

（3）选中表格，在“表格工具>布局”选项卡的“对齐方式”选项组中，单击“水平居中”按钮。

（4）选中表格第 2 列，在“开始”选项卡的“段落”选项组中，单击“分散对齐”按钮。

（5）设置文字大小和颜色，调整表格的列宽和行高。

（6）选中表格，在“表格工具>设计”选项卡的“边框”选项组中，单击“边框”下方的下三角按钮，在弹出的菜单中选择“无边框”命令，得到最终需要的效果。

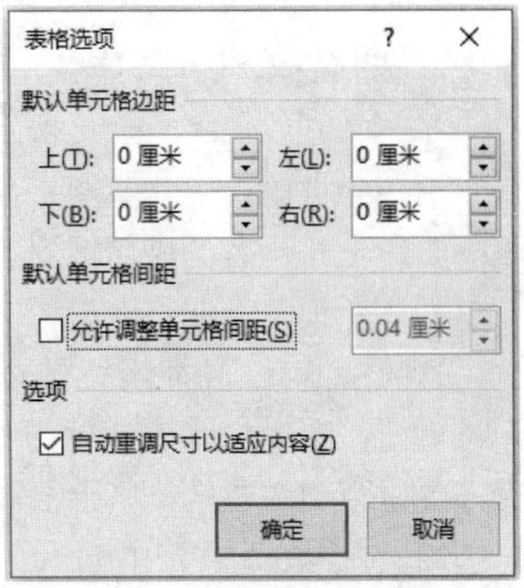

图 2-4　“表格选项”对话框

2. 双行合一法

利用“双行合一”功能，也可以制作出多单位联合发布的公文头。操作步骤如下：

（1）在 Word 中输入文本“×××省人民政府文化厅妇女联合会文件”，选中“文化厅妇女联合会”这几个字。

（2）在“开始”选项卡的“段落”选项组中，单击“中文版式”按钮，选择“双行合一”命令，打开图 2-5 所示的“双行合一”对话框。在“文字”编辑框中，将光标定位在“文化厅”和“妇女联合会”之间，添加适当的半角空格，直到“预览”效果中两个部门名称分成两行为止，单击“确定”按钮。

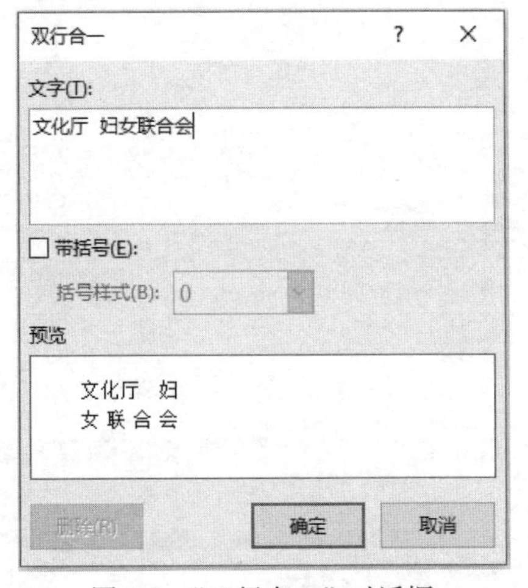

图 2-5　“双行合一”对话框

（3）选中文本“×××省人民政府文化厅妇女联合会文件”，按 Ctrl+]或 Ctrl+[快捷键调整字号，设置字体、颜色、对齐方式等属性，制作理想的效果。

3. 文本框法

用文本框制作多单位联合发布的公文头步骤如下：

（1）在 Word 中输入文本“×××省人民政府文件”。

（2）在“插入”选项卡的“文本”选项组中，单击“文本框”按钮，选择“简单文本框”命令，在文本框中输入“文化厅”，回车后再输入“妇女联合会”。

（3）选中文本框中的文字，设置适当的字体、字号、颜色、文本对齐方式及行距。

（4）选中文本框，右击，在弹出的快捷菜单中选择“设置形状格式”命令。在“设置形状格式”任务窗格的上方单击“布局属性”按钮，设置文本框“垂直对齐方式”为“中部对齐”，内部“边距”的值均为 0，单击“关闭”按钮。

（5）选中文本框，在“绘图工具>格式”选项卡的“形状样式”选项组中，单击“形状轮廓”按钮，选择“无轮廓”命令。

（6）在“×××省人民政府”和“文件”之间适当留出空格，将文本框拖放到适当的位置，得到最终需要的效果。

2.3 制作会议台签

预备会议时，工作人员要将与会者的姓名或身份做成台签，以便就座。通常台签的两面都要印上与会者的姓名或身份。

本节介绍一种制作台签的方法。具体步骤如下：

（1）在 Word 功能区“布局”选项卡的“页面设置”选项组中，单击“对话框启动器”按钮。在图 2-6 所示的“页面设置”对话框中，设置纸张大小为 A4，纸张方向为“横向”，上方页边距为 3 厘米，其余页边距均为 2 厘米。

（2）在 Word 文档中输入全部与会者的姓名或身份，每个姓名或身份占一行。

（3）选中这些文本，在“插入”选项卡的“表格”选项组中，单击“表格”按钮，选择“文本转换成表格”命令。在图 2-7 所示的“将文字转换成表格”对话框中，选择“根据内容调整表格”单选按钮，单击“确定”按钮。

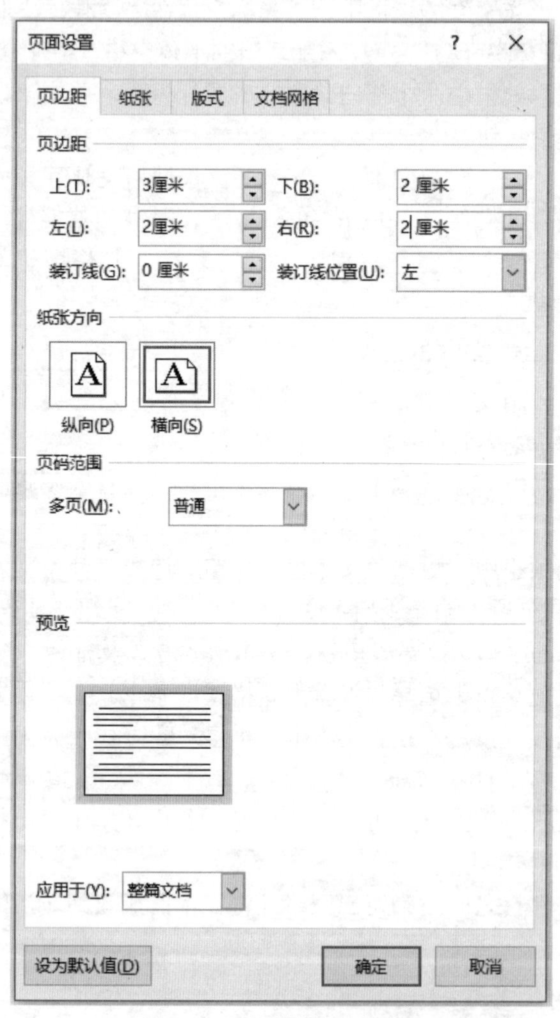

图 2-6 “页面设置”对话框

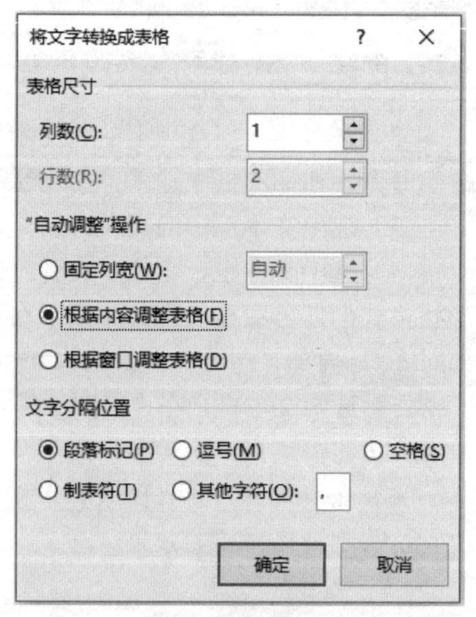

图 2-7 “将文字转换成表格”对话框

（4）选中表格第 1 列，按 Ctrl+C 快捷键，再按 Ctrl+V 快捷键，表格自动在右侧增加一列。

（5）保持第 1 列的选中状态，右击，在弹出的快捷菜单中选择“文字方向”命令，打开“文字方向-表格单元格”对话框。在对话框中单击 按钮，然后单击“确定”按钮。

（6）选中第 2 列，右击，在弹出的快捷菜单中选择“文字方向”命令。在“文字方向-表格单元格”对话框中单击 按钮，然后单击“确定”按钮。

（7）选中表格，在“表格工具>布局”选项卡的“对齐方式”选项组中，单击“中部居中”按钮，使文本中部居中。在“开始”选项卡的“段落”选项组中，单击“水平居中”按钮，使表格水平居中。

（8）在“表格工具>布局”选项卡的“单元格大小”选项组中，设置行高为“15 厘米”、列宽为“8.8 厘米”。

（9）设置表格中文字的字体为“华文新魏”，按 Ctrl+]或 Ctrl+[快捷键，将字号调整到合适大小，得到图 2-8 所示的会议台签预览效果。

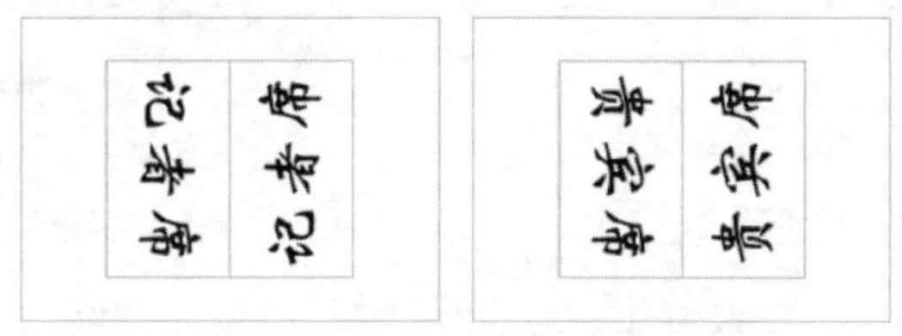

图 2-8　会议台签的预览效果

（10）最后进行打印、对折，装入台签架内。

2.4　精确套打请柬

所谓套打，就是将文字等内容打印到已有固定格式的纸质印刷物上，例如套打明信片、发货单、请柬等。这里以请柬为例，介绍在 Word 实现精确套打的方法。

（1）取一张要套打的请柬，精确测量并记录它的宽度和高度值。这里假设某请柬页面的宽度为 21 厘米、高度为 14.8 厘米。

（2）用扫描仪、数码相机或手机，获取请柬图片并保存为文件。用图片处理软件（如 Windows 自带的画图软件），将图片的多余部分裁剪掉，只保留完整的请柬部分。

（3）新建一个 Word 文档，在“插入”选项卡的“页眉和页脚”选项组中，单击“页眉”按钮，选择“编辑页眉”命令，光标定位到页眉编辑区。按 Ctrl+A 快捷键，选中页眉编辑区的整个段落，然后在“开始”选项卡的“段落”选项组中，单击边框线按钮右边的下三角按钮，选择“无边框”命令，取消页眉的边框线。最后，在“页眉和页脚工具>设计”选项卡的“关闭”选项组中，单击“关闭页眉和页脚”按钮。

（4）在“布局”选项卡的“页面设置”选项组中，单击“对话框启动器”按钮。在图 2-9 所示的“页面设置”对话框的“纸张”选项卡中，设置与请柬尺寸一致的自定义纸张大小：21 厘米宽、14.8 厘米高。在“页面设置”对话框的“页边距”选项卡中，设置上、下、左、右页边距均为 0 厘米，单击“确定”按钮。此时，系统会提示“部分边距位于页面的可打印区域之外。请尝试将这些边距移动到可打印区域内。”，直接忽略即可。

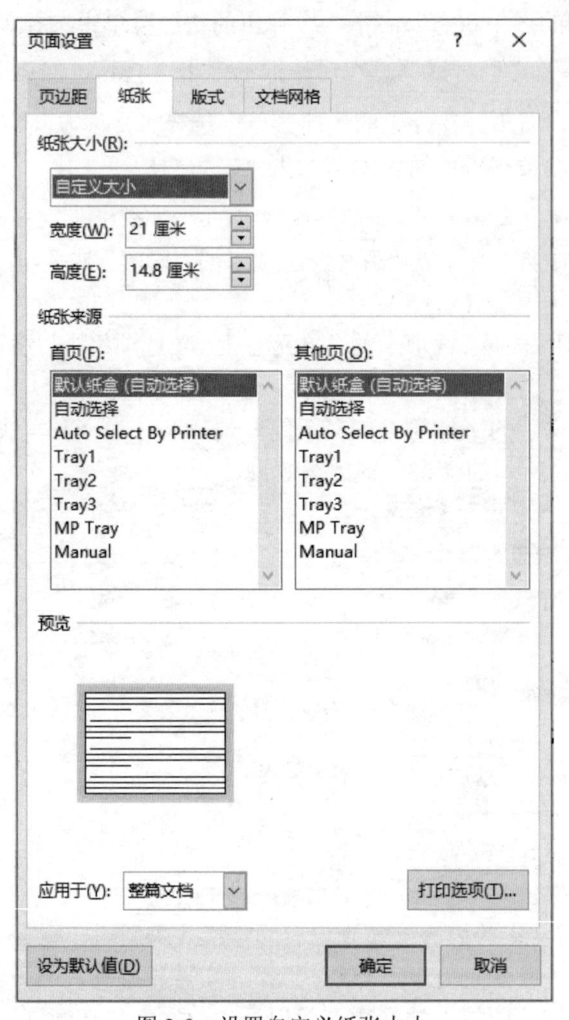

图 2-9　设置自定义纸张大小

（5）在“设计”选项卡的“页面背景”选项组中，单击“水印”按钮，选择“自定义水印”命令。在图 2-10 所示的“水印”对话框中，选择请柬图片作为水印，在“缩放”列表框中选择“自动”项，取消“冲蚀”复选框的选择，单击“确定”按钮，得到图 2-11 所示的文档效果。

（6）在“插入”选项卡的“文本”选项组中，单击“文本框”按钮，选择“绘制横排文本框”项，在文档中适当位置插入文本框并输入文字。

（7）选中文本框，设置字体、字号，调整大小和位置。在“绘图工具>格式”选项卡的“形状样式”选项组中，单击“形状轮廓”按钮，选择“无轮廓”命令。

（8）按住 Ctrl 键，用鼠标拖动文本框，将其复制到新的位置，修改文本框内容。以这种方式填写请柬的全部内容，得到图 2-12 所示的结果。

水印 ? ×

无水印(N)

图片水印(I)

选择图片(P)... C:\Users\Administrator\Pictures\请柬.png

缩放(L): 自动 冲蚀(W)

文字水印(X)

语言(国家/地区)(L): 中文(中国)

文字(T): 保密

字体(F): 宋体

字号(S): 自动

颜色(C): 自动 半透明(E)

版式: 斜式(D) 水平(H)

应用(A) 确定 取消

图 2-10 “水印”对话框

图 2-11 加入水印的文档

图 2-12 填写完请柬内容的文档

（9）在“设计”选项卡的“页面背景”选项组中，单击“水印”按钮，选择“删除水印”命令。将请柬置于打印机送纸器中进行打印，即可得到精确的套打结果。

2.5 批量打印通知书

如果要批量制作通知书并进行分发，用 Word 的邮件合并功能可以大大提高效率。具体方法如下。

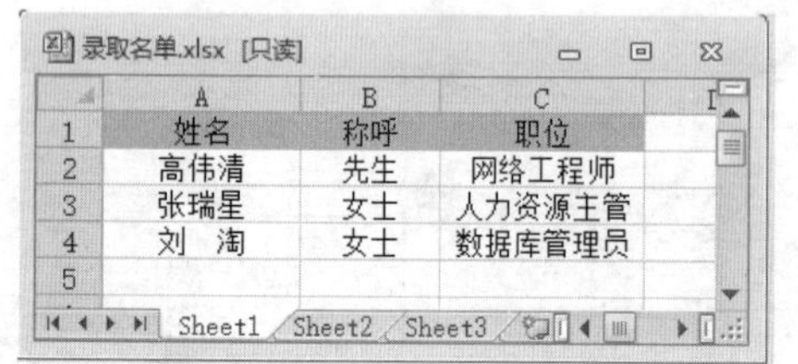

录取名单.xlsx [只读]

	A	B	C
1	姓名	称呼	职位
2	高伟清	先生	网络工程师
3	张瑞星	女士	人力资源主管
4	刘 淘	女士	数据库管理员
5			

Sheet1 Sheet2 Sheet3

图 2-13 在 Excel 中制作数据源

（1）制作数据源。打开 Excel 应用程序，在 Sheet1 工作表中，按图 2-13 所示的标准数据列表（由字段标题和若干条记录组成）形式输入内容，保存为“录取名单.xlsx”。

（2）制作主文档。创建一个 Word 文档，输入图 2-14 所示的内容。

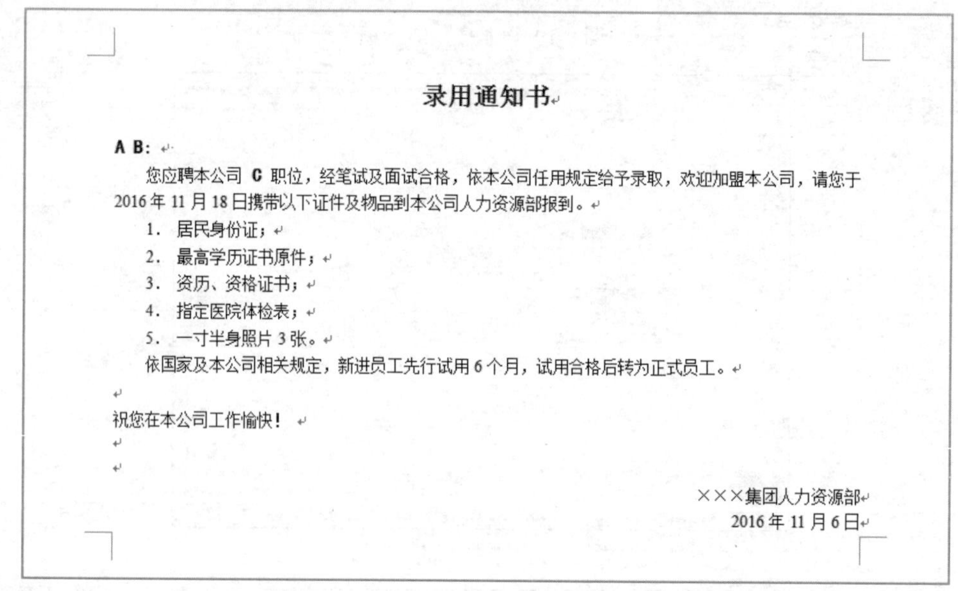

录用通知书

A B：

您应聘本公司 **C** 职位，经笔试及面试合格，依本公司任用规定给予录取，欢迎加盟本公司，请您于 2016 年 11 月 18 日携带以下证件及物品到本公司人力资源部报到。

1. 居民身份证；
2. 最高学历证书原件；
3. 资历、资格证书；
4. 指定医院体检表；
5. 一寸半身照片 3 张。

依国家及本公司相关规定，新进员工先行试用 6 个月，试用合格后转为正式员工。

祝您在本公司工作愉快！

×××集团人力资源部
2016 年 11 月 6 日

图 2-14 主文档内容

（3）选择数据源。在 Word 2016 功能区中，打开“邮件”选项卡。在“开始邮件合并”选项组中，单击“开始邮件合并”按钮，选择“普通 Word 文档”命令。单击“选择收件人”按钮，选择“使用现有列表”命令，在弹出的“选择数据源”对话框中选择“录取名单.xlsx”文件。在图 2-15 所示的“选择表格”对话框中，选择 Sheet1 工作表，单击“确定”按钮。

（4）插入合并域。在主文档中选择字母“A”，单击“编写和插入域”选项组中的“插入合并域”按钮。在图 2-16 所示的“插入合并域”对话框中，分别选择“域”列表中的“姓名”项，单击“插入”按钮。用同样的方法将主文档中的字母“B”和“C”替换为域“称呼”和“职位”，得到图 2-17 所示的结果。

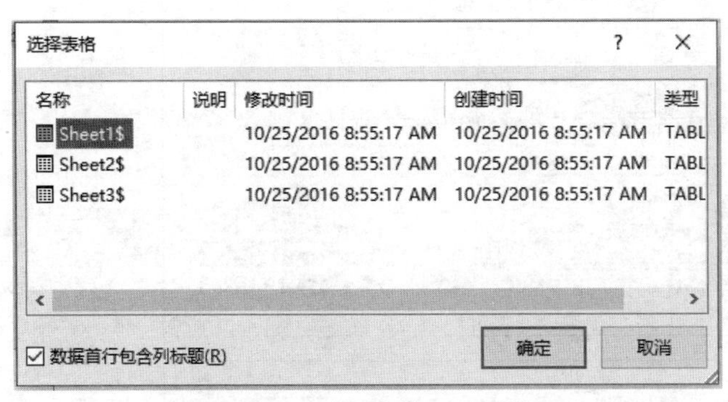

图 2-15　“选择表格”对话框

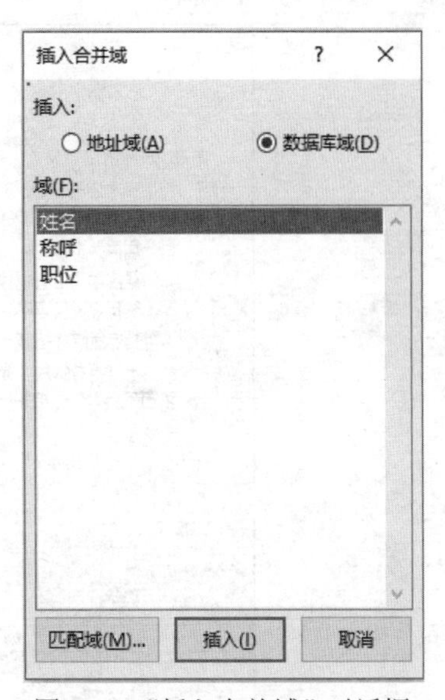

图 2-16　“插入合并域”对话框

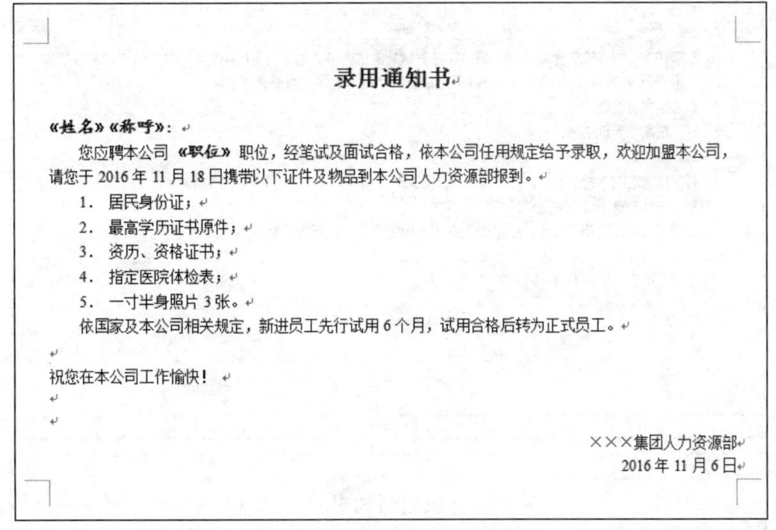

录用通知书

«姓名»«称呼»：

您应聘本公司 **«职位»** 职位，经笔试及面试合格，依本公司任用规定给予录取，欢迎加盟本公司，请您于 2016 年 11 月 18 日携带以下证件及物品到本公司人力资源部报到。

1．居民身份证；
2．最高学历证书原件；
3．资历、资格证书；
4．指定医院体检表；
5．一寸半身照片 3 张。

依国家及本公司相关规定，新进员工先行试用 6 个月，试用合格后转为正式员工。

祝您在本公司工作愉快！

×××集团人力资源部
2016 年 11 月 6 日

图 2-17　插入合并域的主文档

（5）合并到新文档。单击“完成并合并”按钮，选择“编辑单个文档”命令。在图 2-18 所示的“合并到新文档”对话框中，选择“全部”单选按钮，单击“确定”按钮，得到图 2-19 所示合并后的新文档。

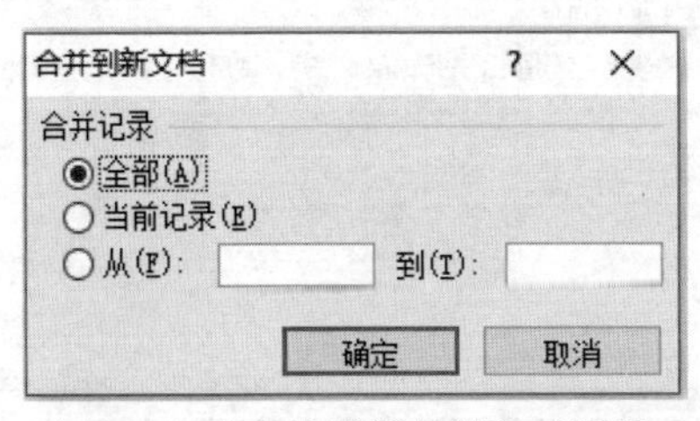

图 2-18　“合并到新文档”对话框

录用通知书

高伟清 先生：

您应聘本公司 **网络工程师** 职位，经笔试及面试合格，依本公司任用规定给予录取，欢迎加盟本公司，请您于 2016 年 11 月 18 日携带以下证件及物品到本公司人力资源部报到。

1. 居民身份证；
1. 最高学历证书原件；
2. 资历、资格证书；
3. 指定医院体检表；
4. 一寸半身照片 3 张。

依国家及本公司相关规定，新进员工先行试用 6 个月，试用合格后转为正式员工。

祝您在本公司工作愉快！

×××集团人力资源部
2016 年 11 月 6 日

录用通知书

张瑞星 女士：

您应聘本公司 **人力资源主管** 职位，经笔试及面试合格，依本公司任用规定给予录取，欢迎加盟本公司，请您于 2016 年 11 月 18 日携带以下证件及物品到本公司人力资源部报到。

1. 居民身份证；
2. 最高学历证书原件；
3. 资历、资格证书；
4. 指定医院体检表；
5. 一寸半身照片 3 张。

依国家及本公司相关规定，新进员工先行试用 6 个月，试用合格后转为正式员工。

祝您在本公司工作愉快！

×××集团人力资源部
2016 年 11 月 6 日

录用通知书

刘 淘 女士：

您应聘本公司 **数据库管理员** 职位，经笔试及面试合格，依本公司任用规定给予录取，欢迎加盟本公司，请您于 2016 年 11 月 18 日携带以下证件及物品到本公司人力资源部报到。

1. 居民身份证；
2. 最高学历证书原件；
3. 资历、资格证书；
4. 指定医院体检表；
5. 一寸半身照片 3 张。

依国家及本公司相关规定，新进员工先行试用 6 个月，试用合格后转为正式员工。

祝您在本公司工作愉快！

×××集团人力资源部
2016 年 11 月 6 日

图 2-19 邮件合并后生成的新文档

2.6　生成目录的简便方法

用 Word 自动生成目录不但快捷，而且便于修改。当更改文档结构、标题和内容后，只要更新域就会重新生成目录的标题和页码。

下面介绍一种自动生成目录的简便方法。

1. 设置标题

将光标定位到要设置为 1 级标题的行，右击，在弹出的快捷菜单中选择“段落”命令，打开图 2-20 所示的“段落”对话框。

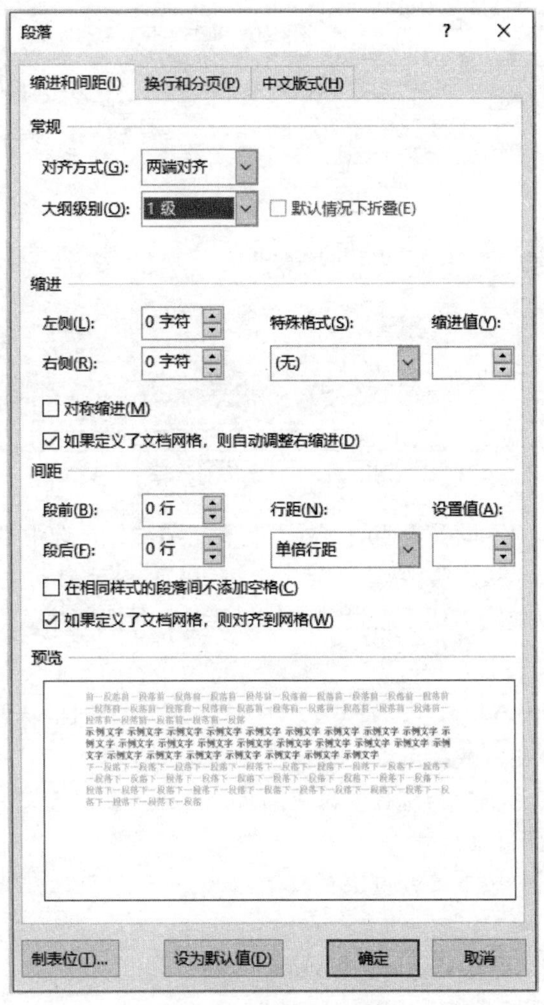

图 2-20　“段落”对话框

在“缩进和间距”选项卡的“常规”选项组中，单击“大纲级别”下拉列表，选择“1 级”，单击“确定”按钮。用同样的方法可以设置 2 级、3 级标题。

2. 插入目录

将光标定位到想要插入目录的位置，在“引用”选项卡的“目录”选项组中，单击“目录”按钮，选择“自定义目录”命令，打开图 2-21 所示的“目录”对话框。

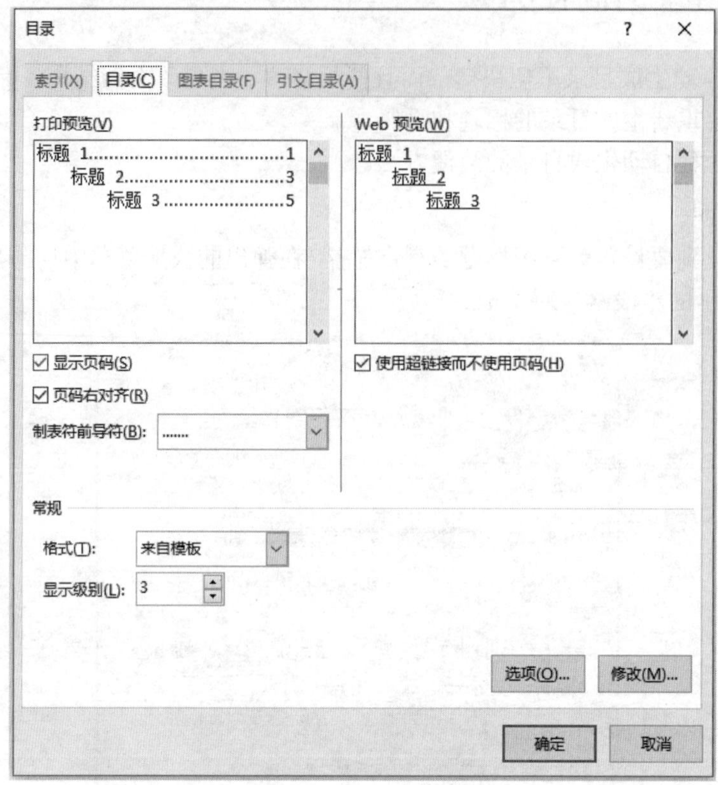

图 2-21 “目录”对话框

在“目录”对话框中，设置需要的格式、制表符前导符，选中“显示页码”“页码右对齐”复选框，指定“显示级别”，单击“确定”按钮，目录就自动生成了。

选中目录区，可以根据需要重新设置字体、字号、行距等格式。

3. 更新目录

目录应该与文档的内容相对应，如果文档发生了变化，目录的标题和页码也应随之改变。

右击目录区，在弹出的快捷菜单中选择“更新域”命令。

在“更新目录”对话框中，选择“只更新页码”或“更新整个目录”单选按钮，单击“确定”按钮，即可更新目录。

也可以选择目录后，按下 F9 键更新域。

2.7 设置各节不同的页码格式

假设某高校对本科生的毕业论文页码格式要求如下：

（1）封面、原创性声明、目录无页码；

（2）中英文摘要、引言页码用大写罗马数字，从“Ⅰ”开始；

（3）正文页码用阿拉伯数字，从“1”开始。

为了实现这样的效果，可进行以下操作：

（1）将光标定位到中文“摘要”的前一行，在“布局”选项卡的“页面设置”选项组中，单击“分隔符”按钮，在“分节符”类型中选择“下一页”命令，插入一个分节符。用同样的方法，在正文之前插入一个分节符，将整个文档分为 3 节。

（2）将光标定位在第 1 节（即封面所在的节）中，在“插入”选项卡的“页眉和页脚”选项组中，单击“页脚”按钮，选择“删除页脚”命令，删除本节的页脚。

（3）将光标定位在第 2 节（即中英文摘要所在的节）中，在“插入”选项卡的“页眉和页脚”选项组中，单击“页脚”按钮，插入“空白”页脚。

（4）在“页眉和页脚工具>设计”选项卡的“导航”选项组中，单击“链接到前一条页眉”按钮，断开本节与前一节页脚之间的链接。此时，Word 页面中将不再显示“与上一节相同”的提示信息。

（5）在“页眉和页脚”选项组中，单击“页码”按钮，选择“页面底端>普通数字 2”命令。

（6）在“页眉和页脚”选项组中，单击“页码”按钮，选择“设置页码格式”命令。在图 2-22 所示的“页码格式”对话框中，设置编号格式为罗马数字，起始页码为“I”，单击“确定”按钮。

（7）用同样的方式设置第 3 节（即正文所在的节）的页码格式为阿拉伯数字，起始页码为“1”。最后，在“页眉和页脚工具>设计”选项卡中，单击“关闭页眉和页脚”按钮，完成设置。

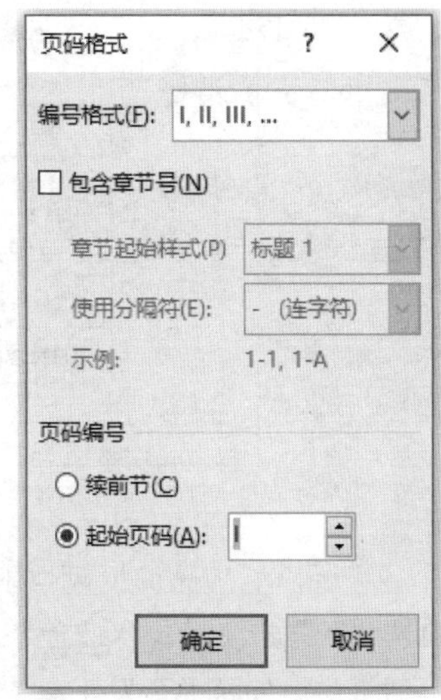

图 2-22　“页码格式”对话框

2.8　利用控件制作请假单

本节将制作一个图 2-23 所示的请假单。其中要用到 3 种不同类型的控件，以实现智能交互效果。

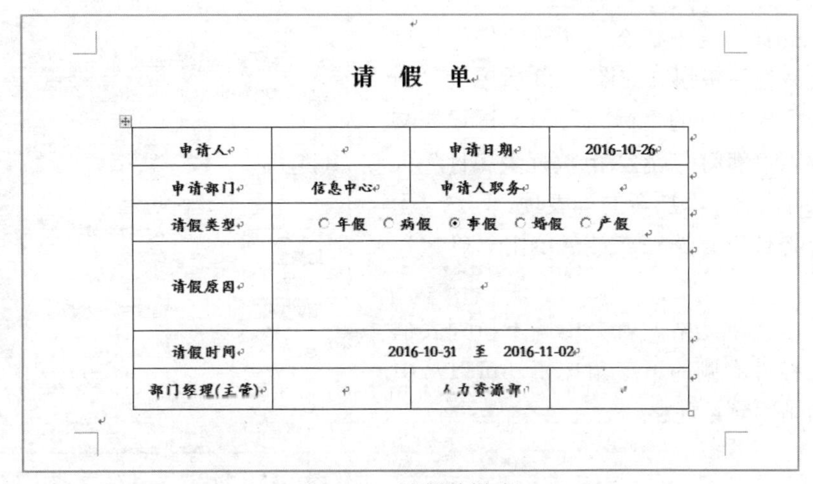

请　假　单

申请人		申请日期	2016-10-26
申请部门	信息中心	申请人职务	
请假类型	○年假 ○病假 ◉事假 ○婚假 ○产假		
请假原因			
请假时间	2016-10-31　至　2016-11-02		
部门经理(主管)		人力资源部	

图 2-23　请假单样式

1. 基础工作

首先，创建一个 Word 文档，根据实际需要进行纸张大小、纸张方向、页边距等页面设置。插入一个表格，进行必要的调整，输入其中的固定内容，得到图 2-24 所示的结果。

请　假　单

申请人		申请日期	
申请部门		申请人职务	
请假类型			
请假原因			
请假时间	至		
部门经理(主管)		人力资源部	

图 2-24　请假单初始框架

然后，在 Word 功能区中右击，在快捷菜单中选择“自定义功能区”命令。在“Word 选项”对话框中，勾选“开发工具”复选框，单击“确定”按钮，在 Word 功能区中显示“开发工具”选项卡。

2. 利用“下拉列表框”选取申请部门

将光标定位到“申请部门”对应的单元格。在“开发工具”选项卡的“控件”选项组中，单击“下拉列表内容控件”按钮，在单元格中添加一个控件。

保持该控件的选中状态，在“控件”选项组中单击“属性”按钮。在图 2-25 所示的“内容控件属性”对话框的“标题”和“标记”文本框中都输入“部门”。在“下拉列表属性”框中，删除原有内容，添加新的列表项。勾选“无法删除内容控件”复选框。最后单击“确定”按钮。

再次单击该单元格，就会出现下拉列表框控件。单击控件右侧的下三角按钮，可以从中选取列表项填写到单元格。

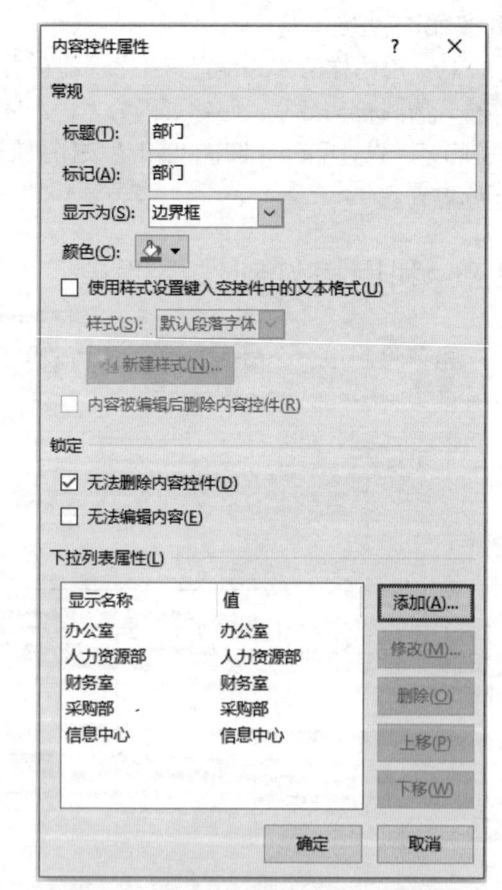

图 2-25　设置“下拉列表框”控件属性

3. 利用“选项按钮”指定请假类型

将光标定位到“请假类型”对应的单元格，在“开发工具”选项卡的“控件”选项组中，单击“旧式工具”按钮。在“ActiveX 控件”选项组中选择“选项按钮”命令，插入一个控件。

保持该控件的选中状态，在“控件”选项组中单击“属性”按钮。在“属性”对话框中设置 Caption 为“年假”、Width 属性为 50、GroupName 属性为“请假类型”。然后关闭“属性”对话框。

保持该控件的选中状态，按 Ctrl+C 快捷键，将光标移动到下一个放置选项按钮的位置，按 Ctrl+V 快捷键 4 次，得到 4 个同样的控件。将这 4 个控件的 Caption 属性分别修改为“病假”“事假”“婚假”“产假”。

最后，在“开发工具”选项卡的“控件”选项组中，单击“设计模式”按钮，退出设计状态。此后便可以通过单击不同的选项按钮来指定请假类型了。

4. 利用“日期选取器”快速填写日期

将光标定位到“申请日期”对应的单元格，在“开发工具”选项卡的“控件”选项组中，单击“日期选取器内容控件”按钮，在当前光标位置插入一个控件。

保持该控件的选中状态，在“控件”选项组中单击“属性”按钮。在图 2-26 所示的“内容控件属性”对话框的“标题”和“标记”文本框中输入“日期”。设置“日期显示方式”为“yyyy/M/d”格式。勾选“无法删除内容控件”复选框。最后单击“确定”按钮。

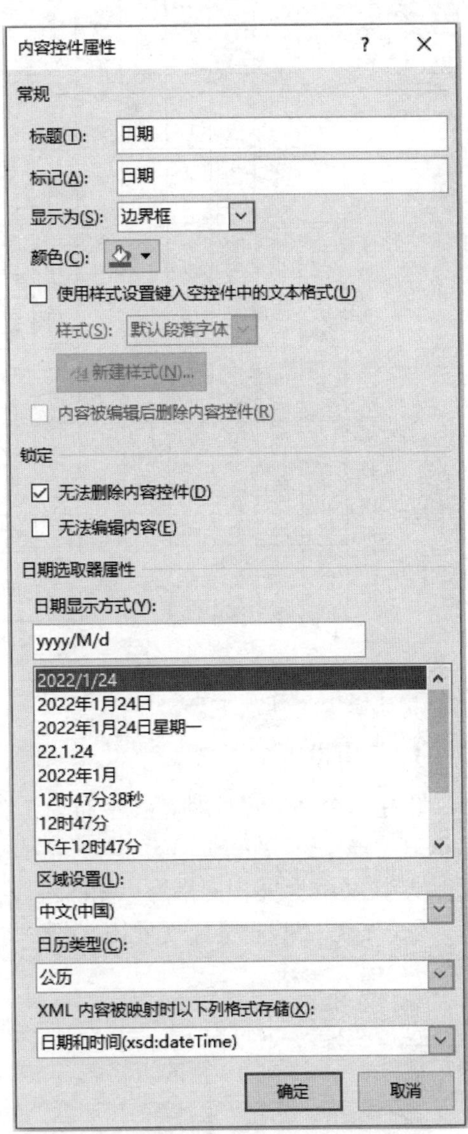

图 2-26　设置“日期选取器”控件属性

再次单击该单元格，就会出现日期选取器控件。单击控件右侧的下三角按钮，可以从中选取需要的日期填写到单元格。

保持该控件的选中状态，按 Ctrl+C 快捷键复制，再将光标定位到“请假时间”对应单元格的“至”字前后，分别按 Ctrl+V 快捷键，在指定位置添加 2 个同样的控件。最终得到图 2-23 所示的效果。

2.9　会议座次安排表

本节将在 Word 文档中，利用表格设计一个图 2-27 所示的会议座次安排表。

报告会座次安排

左																右
1排		记者席	记者席	记者席	记者席	校领导	校领导	校领导	校领导	校领导	校领导	校办	校办	校办	校办	1排
2排		音乐	音乐	音乐	音乐	离退处	离退处	离退处	离退处	离退处	离退处	宣传部	宣传部	宣传部	宣传部	2排
3排		信息	信息	信息	信息	组织部	组织部	组织部	组织部	组织部	组织部	基建处	基建处	基建处	基建处	3排
4排	历史	历史	历史	历史	历史	教务处	教务处	教务处	教务处	教务处	教务处	中文	中文	中文	中文	中文
5排	管理	管理	管理	管理	管理	生物	生物	生物	生物	生物	生物	计财处	计财处	计财处	计财处	计财处
6排	电教	电教	电教	电教	电教	物理	物理	物理	物理	物理	物理	附中	附中	附中	附中	附中
7排	图书馆	图书馆	图书馆	图书馆	图书馆	政法	政法	政法	政法	政法	政法	成教院	成教院	成教院	学报	学报
8排	图书馆	职教部	职教部	职教部	职教部	计算机	计算机	计算机	计算机	计算机	计算机	经济	经济	经济	经济	经济
9排	化学	化学	化学	化学	化学	数学	数学	数学	数学	数学	数学	环境	环境	环境	环境	环境
10排	科研处	科研处	科研处	科研处	科研处	外语	外语	外语	外语	外语	外语	外事处	外事处	保卫处	保卫处	保卫处

（右侧 4～10 排的排号标在表格右侧：4排、5排、6排、7排、8排、9排、10排）

图 2-27　会议座次安排表

具体实现方法如下：

1. 页面设置

创建一个 Word 文档，在“布局”选项卡的“页面设置”选项组中，单击右下角的对话框启动器按钮。在“页面设置”对话框中，设置适当的页边距，设置纸张方向为“横向”，纸张大小为 A4，文档网格为“无网格”。

输入标题“报告会座次安排”，水平居中对齐，设置适当的字体、字号。

2. 插入表格

将光标定位到标题的下一行，在“插入”选项卡的“表格”选项组中单击“表格”按钮，插入一个 20 列 10 行的表格。

选中表格，设置“宋体”、五号字。选中第 1 列的前 3 行，右击，在快捷菜单中选择“合并单元格”命令。用同样方式合并最后一列的前 3 行单元格。

输入座位排号和左右标记，得到图 2-28 所示的结果。

报告会座次安排

左	1排																	1排	右
	2排																	2排	
	3排																	3排	
4排																			4排
5排																			5排
6排																			6排
7排																			7排
8排																			8排
9排																			9排
10排																			10排

图 2-28　座位布局初始样式

3．边框线控制

选中左上角单元格，在“表格工具>设计”选项卡的“边框”选项组中，将边框设置为“无”。用同样方式，取消左侧排号标记单元格的上、中、下、左边框线，只保留右侧边框线。表格右侧对称处理。选中表格中对应于过道的两列，取消上、中、下边框线。得到图 2-29 所示的座位布局。

报告会座次安排

左	1排																	1排	右
	2排																	2排	
	3排																	3排	
4排																			4排
5排																			5排
6排																			6排
7排																			7排
8排																			8排
9排																			9排
10排																			10排

图 2-29　加工后的座位布局

4．表格内容及布局控制

在各座位对应的单元格中输入部门名称、设置字体颜色。

选中表格，在“表格工具>布局”选项卡的“单元格大小”选项组中，单击“分布列”按钮，平均分布各列宽度。再单击“宽度”右侧的微调按钮，适当调整列宽度。选中表格后，在“表格工具>布局”选项卡的“对齐方式”选项组中，设置“单元格对齐方式”为水平居中。

最后，选中表格，在“开始”选项卡的“段落”选项组中单击“居中”按钮，使整个表格在页面水平居中，得到图 2-27 所示的效果。

上机练习

1. 利用图 2-30 所示的 Excel 工资表数据，在 Word 文档中制作图 2-31 所示的工资条。

	A	B	C	D	E	F	G
1	姓名	岗位工资	技能工资	津贴	奖金	其他	实发工资
2	张三	700	300	260	300	200	1760
3	李四	320	280	260	500	200	1560
4	王五	390	330	260	500	200	1680
5	赵六	280	215	260	600	200	1555

图 2-30　Excel 工资表

姓名	岗位工资	技能工资	津贴	奖金	其他	实发工资
张三	700	300	260	300	200	1760

姓名	岗位工资	技能工资	津贴	奖金	其他	实发工资
李四	320	280	260	500	200	1560

姓名	岗位工资	技能工资	津贴	奖金	其他	实发工资
王五	390	330	260	500	200	1680

姓名	岗位工资	技能工资	津贴	奖金	其他	实发工资
赵六	280	215	260	600	200	1555

图 2-31　Word 中的工资条

2. 利用表格和选项按钮（ActiveX 控件），制作图 2-32 所示的“实习联系指导记录”表。要求能够通过选项按钮分别指定各个区域的联系形式和沟通方式。

实习联系指导记录

时　间		联　系 方　式	○ 网上聊天　◉ 电话　○ 走访 ○ 电子邮件　○ 会议　○ 其他	○ 教师主动沟通 ◉ 学生主动沟通
沟通的主要内容：（问题解决情况）				
时　间		联　系 方　式	◉ 网上聊天　○ 电话　○ 走访 ○ 电子邮件　○ 会议　○ 其他	◉ 教师主动沟通 ○ 学生主动沟通
沟通的主要内容：（问题解决情况）				

图 2-32　带有控件的表格

3. 用尽可能简单的方法，将 Word 中图 2-33 所示的表格行列互换（转置），得到图 2-34

所示的结果。

	食品	服装	电器
2011 年	5565	7667	8766
2012 年	5557	6832	8766
2013 年	5766	6566	9011
2014 年	6900	7676	8766
2015 年	5688	5559	6677
2016 年	6650	6575	7678

图 2-33　原始表格

	2011 年	2012 年	2013 年	2014 年	2015 年	2016 年
食品	5565	5557	5766	6900	5688	6650
服装	7667	6832	6566	7676	5559	6575
电器	8766	8766	9011	8766	6677	7678

图 2-34　转置后的表格

4. 在 Word 文档中，通过调整表格中单元格的间距，制作图 2-35 所示的学生座位表。

赵	钱	孙	李
周	吴	郑	王
冯	陈	褚	卫

图 2-35　学生座位表

查找和替换的应用

Word 2016 提供了强大的查找和替换功能，可以将用户从烦琐的人工修改中解脱出来，从而实现高效率的工作。

本章通过几个案例介绍 Word 的查找和替换应用技巧。

3.1 删除空白符号和空行

1. 删除空白符号

在 Word 文档中，空白符号包括半角空格、全角空格、不间断空格、1/4 长划线、制表符等。

用"查找和替换"功能，可以快速删除文档中的全部空白符号。方法是：

（1）按 Ctrl+Home 键将光标定位到文件头。在"开始"选项卡的"编辑"选项组中，单击"替换"按钮，或者按 Ctrl+H 键，打开"查找和替换"对话框。

（2）在"查找内容"文本框中输入"^w"，保持"替换为"文本框为空，取消"使用通配符"和"区分全/半角"复选框的选择，如图 3-1 所示。单击"全部替换"按钮，将会删除全部空白符号。

图 3-1 删除空白符号

取消“使用通配符”和“区分全/半角”复选框的选择时，“查找内容”文本框中的“^w”表示半角空格、全角空格、不间断空格以及制表符的任意组合。

可用复制、粘贴的方法指定查找内容，也可在“查找和替换”对话框中单击“特殊格式”按钮，设定查找内容。

2. 删除空行

所谓空行，是指段落中只有一个硬回车符或软回车符的情况。硬回车符是按 Enter 键生成的符号，也叫段落标记。软回车符是按 Shift+Enter 键的结果，也叫手动换行符。

用以下方法，可以快速删除文档中的全部空行。

（1）按 Ctrl+A 键选中全部文档，按 Ctrl+H 键打开“查找和替换”对话框。

（2）在“查找内容”文本框中输入“[^13^l]{2,}”，在“替换为”文本框中输入“^p”，勾选“使用通配符”复选框，如图 3-2 所示。单击“全部替换”按钮。

图 3-2　删除空行

在查找内容当中，“[]”表示指定字符之一，“^13”是硬回车的代码，“^l”是软回车的代码，“[^13^l]{2,}”的含义是查找至少 2 个硬回车符或软回车符。

3. 查找和替换代码

在“查找和替换”对话框中，查找和替换的内容可以用代码表示。表 3-1 列出了常用代码及其用法。

表 3-1　常用代码

目标内容	代　　码	不勾选“使用通配符”复选框	勾选“使用通配符”复选框
任意数字	^#	√	
任意英文字母	^$	√	
空白符号	^w	√	
半角空格	^32	√	√
段落标记	^p	√	
段落标记	^13	√	√
手动换行符	^l 或 ^11	√	√
制表符	^t	√	√

例如，查找空白符号，可以使用代码“^w”，但要取消“使用通配符”复选框的选择。查找制表符，可以使用代码“^t”，对“使用通配符”复选框状态无要求。

另外，代码“^&”表示“查找内容”文本框的内容，只能在“替换为”文本框中使用。

4. 查找和替换通配符

通配符是一组键盘字符，在进行查询时可用于表示一个或多个字符。例如，问号“?”代表单个任意字符，星号“*”代表多个任意字符。表 3-2 列出了 Word 常用通配符，并给出了每种通配符的示例供查阅。

表 3-2　常用通配符

目标内容	通配符	示　　例
单个任意字符	?	“?国”匹配“中国”“美国”“英国” “???国”匹配“孟加拉国”
多个任意字符	*	“*国”匹配“中国”“美国”“孟加拉国”
指定字符之一	[]	“[中美]国”匹配“中国”“美国” “[大中小]学”匹配“大学”“中学”或“小学” th[iu]g 匹配 thigh 和 thug
指定范围内的任意单个字符	[x-z]	[a-e]ay 匹配 bay、day [a-c]mend 匹配 amend、bmend、cmend [0-9]匹配任意单个数字 [a-zA-Z]匹配任意英文字母 [^1-^127]匹配所有西文字符
排除指定范围内的任意单个字符	[!x-z]	[!c-f]ay 匹配 bay、gay、lay，但不匹配 cay、day m[!a]st 匹配 mist、most，但不匹配 mast [!^1-^127]匹配所有中文汉字和中文标点
前一字符的个数	{n}	cho{1}se 匹配 chose cho{2}se 匹配 choose te{2}n 匹配 teen 而不匹配 ten
至少 n 个前一字符	{n,}	fe{1,}d 匹配 fed、feed
前一字符数范围	{n,m}	cho{1,2}匹配 chose、choose
一个以上的前一字符	@	cho@se 匹配 chose、choose

续表

目 标 内 容	通配符	示　　例
指定起始字符串	<	<ag 匹配 ago、agree、again <te 匹配 ten、tea
指定结尾字符串	>	er>匹配 ver、her、lover en>匹配 ten、pen、men
表达式	( )	查找“(America) (China)”，替换为“\2 \1”，则将“America China”替换为“China America”

3.2　获奖学生名单整理

在一个 Word 文档中，录入了获奖学生名单的原始资料，内容和格式如图 3-3 所示。

获奖学生名单

0931122 李荣平　0931138 武慧敏　0931328 孙佳庆 0931331 郭晓丹
0931335 司爽　　0931511 王佳琪　0931614 张婷 1031533郑　　聃
1031219　周游　　1031605 张永超　　1031615 吴琼 1031531左　雪
1031625 关丽妍 1131411鲁冰冰　1131511孔德旭
0931103 范琮皓　0931106 施文　0931124 刘冶 0931136 郑舒莹
0931125 王祯　0931120 杜荀　　0931213　魏 爽　0931226　张 立
0931234　王海飞　0931238　刘晶　　0931422　罗婷婷　0931423　张航
0931531　马瑛　　0931534　丛扬　0931536　陈宣竹　0931610　盛洁
0931621 胡雨晴　1031121 刘美婧　1031422 赵伟楠　　1031424 王雷

图 3-3　原始获奖学生名单

要求删除其中的学号和多余的空白字符，对学生名单重新编排，保证每行 5 个人名，行列整齐一致，得到图 3-4 所示的排版结果。

获奖学生名单

李荣平	武慧敏	孙佳庆	郭晓丹	司　爽
王佳琪	张　婷	郑　聃	周　游	张永超
吴　琼	左　雪	关丽妍	鲁冰冰	孔德旭
范琮皓	施　文	刘　冶	郑舒莹	王　祯
杜　荀	魏　爽	张　立	王海飞	刘　晶
罗婷婷	张　航	马　瑛	丛　扬	陈宣竹
盛　洁	胡雨晴	刘美婧	赵伟楠	王　雷

图 3-4　整理后的获奖学生名单

下面介绍一种实现方法，用到了查找和替换、文本转换成表格等功能。

具体步骤如下。

（1）将学号替换为分号。打开原始资料文档，选中需要整理的文本。按 Ctrl+H 键，在图 3-5 所示的“查找和替换”对话框中设置查找内容为“[0-9]{7,}”，替换为“;”，选中“使用通配符”复选框。然后单击“全部替换”按钮，将选中文本中的每个学号都替换为分号。

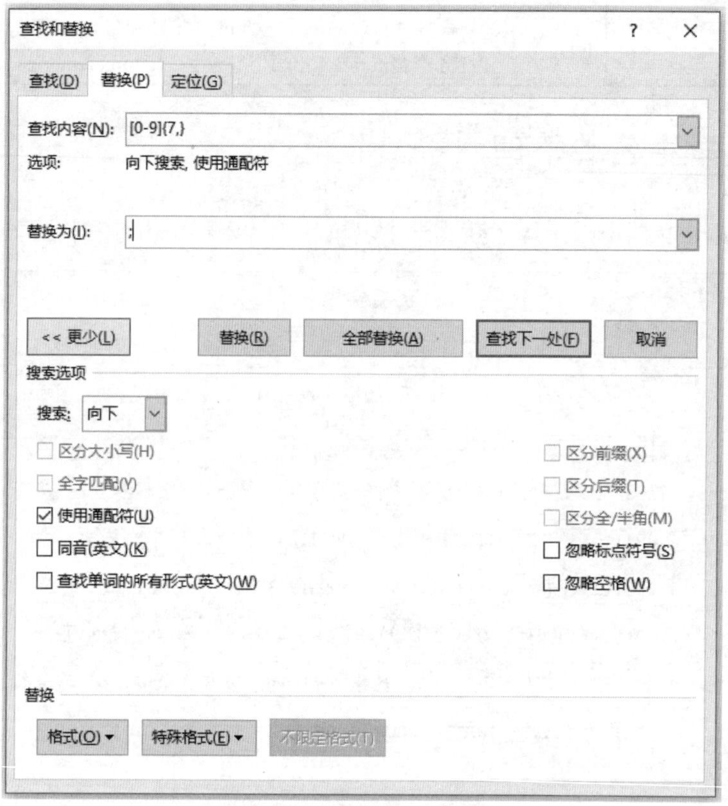

图 3-5　将学号替换为分号

在查找内容中，“[0-9]”表示 0 到 9 之间的任意单个字符，“{7,}”指定要查找字符的数量为“大于或等于 7”。

（2）删除空白符号。在“查找和替换”对话框中设置查找内容为“^w”，替换为空串，取消“使用通配符”和“区分全/半角”复选框的选择。单击“全部替换”按钮，删除全部半角空格、全角空格、不间断空格以及制表符等空白符号。

（3）删除段落标记。在“查找和替换”对话框中设置查找内容为“^p”，替换为空串。单击“全部替换”按钮，将选中文本中段落标记全部删除。

（4）重新设置段落标记，保证每行 5 个人名。在图 3-6 所示的“查找和替换”对话框中设置查找内容为“(;*;*;*;*;)”，替换为“^p\1”，选中“使用通配符”复选框。单击“全部替换”按钮，将选中文本中每 5 个人名的前面添加一个段落标记。

其中，“*”可以代表多个任意字符，“\n”代表要查找的表达式，使用时需要勾选“使用通配符”复选框。具体来说，“\1”代表查找框中输入的第 1 个表达式，“\2”代表查找框

图 3-6　添加段落标记

中输入的第 2 个表达式，以此类推。每个表达式用一对圆括号括起来。

例如，查找“(*)^13(*)^13(*^13)”，替换为“\1\2\3”，则会将 3 个非空段落合并成一个段落（即删除前两个段落标记），这里“\1”“\2”“\3”分别代表要查找的 3 个表达式“(*)”“(*)”“(*^13)”。

（5）将文本转换成表格。选中名单文本区，在“插入”选项卡的“表格”选项组中单击“表格”按钮，选择“文本转换成表格”命令。在图 3-7 所示的“将文字转换成表格”对话框中指定分隔符为“;”，单击“确定”按钮，得到一个 6 列 n 行的表格。

（6）设置表格属性。选中表格的空白列，将其删除。选中整个表格，适当调整表格的宽度。在“表格工具>布局”选项卡的“单元格大小”

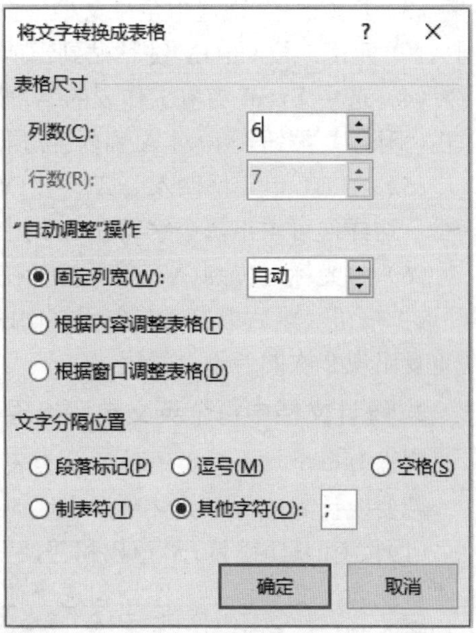

图 3-7　“将文字转换成表格”对话框

选项组中，单击“分布列”按钮，平均分布各列宽度。选中表格，在“开始”选项卡的“段落”选项组中，单击“分散对齐”按钮，使单元格内容分散对齐。右击选中的表格，在快捷菜单中选择“表格属性”命令，在“表格属性”对话框的“表格”选项卡中单击“选项”按钮，设置单元格左右边距均为 0.6 厘米。最后，选中表格，在“表格工具>设计”选项卡的“边框”选项组中，设置取消表格边框，得到图 3-4 所示的结果。

3.3 统计汉字或英文单词出现次数

1. 统计文档中每个汉字出现的次数

据资料介绍：某大学一位教授用 3 年多时间，将 4000 汉字著成一篇韵文《中华四千字文》，全文共 1000 句，用字 4000，无一字重复，涵盖了百科，又韵语成章，高难度的写作换来了识字教材的全方位突破，小学 6 年的识字量，可很快完成。

可能有人会产生疑问：《中华四千字文》中确实“无一字重复”吗？

对于这类问题，可以用 Word 和 Excel 的功能求解。基本思路是：把《中华四千字文》收录的全部汉字导入 Word 文档，让 Word 文档中的每个字符单独占据一行。然后复制到 Excel 工作表，再利用 Excel 的排序、计算功能求出每个汉字出现的次数。

具体实现方法如下：

（1）把《中华四千字文》收录的全部汉字复制到 Word 文档。

（2）按 Ctrl+H 键打开“查找和替换”对话框，在“查找内容”文本框中输入“^?”，在“替换为”文本框中输入“^&^p”，单击“全部替换”按钮，在每个字符后面添加一个段落标记，使每个字符独占一行。

其中，“^?”表示任意单个字符，“^&^p”表示查找到的字符后面添加一个段落标记。

（3）按 Ctrl+A 键选中全部文档，按 Ctrl+C 键复制。打开 Excel 应用程序，将光标定位到 A1 单元格，按 Ctrl+V 键粘贴到当前列。

（4）选中 Excel 当前工作表的 A 列，在“数据”选项卡的“排序和筛选”选项组中，单击“升序”按钮，对 A 列内容进行排序。

（5）在 B1 单元格输入公式“=COUNTIF(A:A,A1)”，并将公式向下填充到数据的最后一行。这样便可求出每个字符在 A 列中出现的次数。

（6）将光标定位到 A1 单元格，在“数据”选项卡的“排序和筛选”选项组中，单击“筛选”按钮。然后单击 B1 单元格中的下三角按钮，筛选出数值为“2”的记录，会发现重复出现 2 次的若干个汉字。

2. 统计文档中每个英文单词出现的次数

假设有一个《小学英语单词分类表》Word 文档，部分内容如图 3-8 所示。

若要统计其中每个英文单词出现的次数，可用以下方法实现。

（1）按 Ctrl+H 键打开“查找和替换”对话框。在“查找内容”文本框中输入“[!^1-^127]”，在“替换为”文本框中置空，勾选“使用通配符”复选框。单击“全部替换”按钮，删除文档中全部汉字和中文标点。

小学英语单词分类表

一、学习用品（school things）

pen 钢笔 pencil 铅笔 pencil-case 铅笔盒 ruler 尺子 book 书 bag 包 post card 明信片 newspaper 报纸 schoolbag 书包 eraser 橡皮 crayon 蜡笔 sharpener 卷笔刀 story-book 故事书 notebook 笔记本

Chinese book 语文书 English book 英语书 maths book 数学书 magazine 杂志 newspaper 报纸

dictionary 词典

二、 身体部位（body）

foot 脚 head 头 face 脸 hair 头发 nose 鼻子 mouth 嘴 eye 眼睛 ear 耳朵 arm 手臂 hand 手 finger 手指 leg 腿 tail 尾巴

三、 颜色（colours）

red 红 blue 蓝 yellow 黄 green 绿 white 白 black 黑 pink 粉红 purple 紫 orange 橙 brown 棕

四、 动物（animals）

cat 猫 dog 狗 pig 猪 duck 鸭 rabbit 兔子 horse 马 elephant 大象 ant 蚂蚁 fish 鱼

bird 鸟 snake 蛇

mouse 鼠 kangaroo 袋鼠 monkey 猴子 panda 熊猫 bear 熊 lion 狮 tiger 老虎

fox 狐狸 zebra 斑马

deer 鹿 giraffe 长颈鹿 goose 鹅 hen 母鸡 turkey 火鸡 lamb 小羊 sheep 绵羊

图 3-8　Word 文档部分内容

其中，“[!^1-^127]”表示所有非西文字符、段落标记及分节符等，即 ASCII 码在 1～127 范围之外的字符。

（2）按 Ctrl+H 键打开“查找和替换”对话框。在“查找内容”文本框中输入“^32{1,}”，在“替换为”文本框中输入“^p”，勾选“使用通配符”复选框。单击“全部替换”按钮，将单词之间的空格替换为段落标记，使每个单词独占一行。

其中，“^32{1,}”表示一个以上空格。

（3）按 Ctrl+H 键打开“查找和替换”对话框。在“查找内容”文本框中输入“/”，在“替换为”文本框中输入“^p”。单击“全部替换”按钮，将单词之间的“/”替换为段落标记。

（4）按 Ctrl+A 键选中全部文档，按 Ctrl+C 键复制。打开 Excel 应用程序，将光标定位到 A1 单元格，按 Ctrl+V 键粘贴到当前列。

（5）在 Excel 中，对当前工作表的 A 列内容进行排序。在 B 列输入公式“=COUNTIF(A:A,A_1)”，求出每个单词在 A 列中出现的次数。

3.4　全角/半角字符转换

在 Word 文档中，利用查找功能，可分别对字母、数字和标点符号进行全角/半角转换。

1. 对字母进行全/半角转换

（1）选中需要操作的区域，按 Ctrl+H 键打开“查找和替换”对话框，切换到“查找”选项卡，如图 3-9 所示。在“查找内容”文本框中输入“^$”，单击“在以下项中查找”按钮，执行“当前所选内容”命令，选中区域中的全部字母。

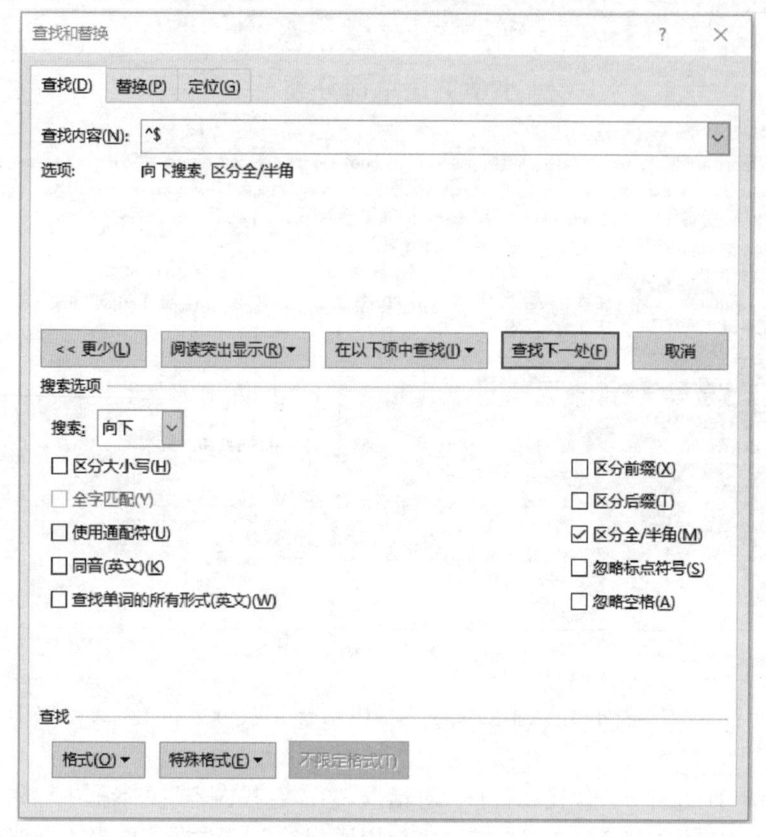

图 3-9 查找字母

其中，“^$”表示任意一个字母，不区分大小写。

（2）按 Esc 键关闭“查找和替换”对话框。在“开始”选项卡的“字体”选项组中，单击“更改大小写”按钮 Aa，在弹出的菜单中选择“全角”或“半角”命令。

2. 对数字进行全/半角转换

（1）选中需要操作的区域，按 Ctrl+H 键打开“查找和替换”对话框，切换到“查找”选项卡。在“查找内容”文本框中输入“^#”，单击“在以下项中查找”按钮，执行“当前所选内容”命令，选中区域中的全部数字。

其中，“^#”表示任意一个数字。

（2）按 Esc 键关闭“查找和替换”对话框。在“开始”选项卡的“字体”选项组中，单击“更改大小写”按钮 Aa，在弹出的菜单中选择“全角”或“半角”命令。

3. 中文标点转换为英文标点

（1）选中需要操作的区域，按 Ctrl+H 键打开“查找和替换”对话框，切换到“查找”选项卡。在“查找内容”文本框中输入“[，；：？！～（）]”，勾选“使用通配符”复选框，如图 3-10 所示。单击“在以下项中查找”按钮，选择“当前所选内容”命令，选中区域中指定的中文标点。

这里没有指定中文句号“。”，是因为它不能用全/半角转换的方式转换为英文句号“.”。

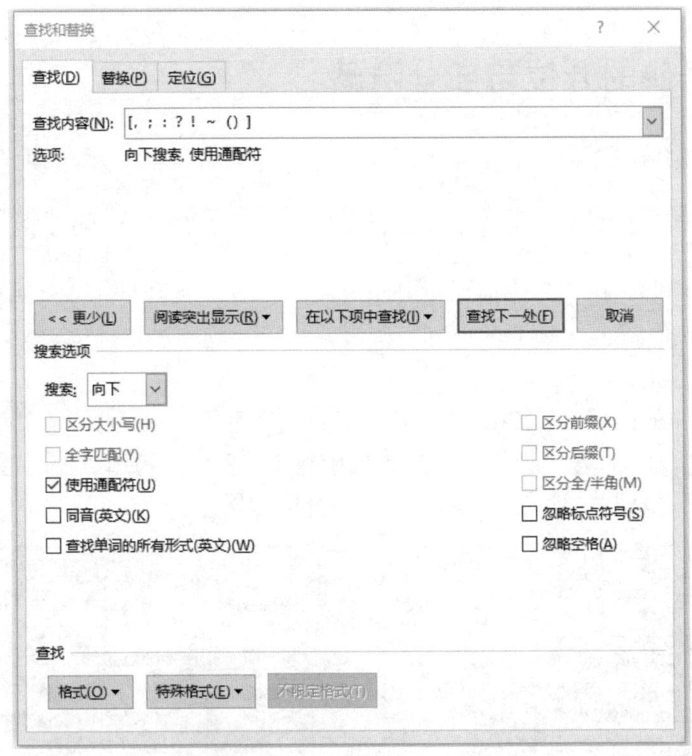

图 3-10　查找指定的中文标点

（2）按 Esc 键关闭“查找和替换”对话框。在“开始”选项卡的“字体”选项组中，单击“更改大小写”按钮，在弹出的菜单中选择“半角”命令，将选定的中文标点转换为英文标点。

（3）选中需要操作的区域，按 Ctrl+H 键打开“查找和替换”对话框。在“查找内容”文本框中输入“。”，在“替换为”文本框中输入“.”，单击“全部替换”按钮，将中文句号替换为英文句号。

4. 英文标点转换为中文标点

（1）选中需要操作的区域，按 Ctrl+H 键打开“查找和替换”对话框，切换到“查找”选项卡。在“查找内容”文本框中输入“[,;:\?\!~\(\)]”，勾选“使用通配符”复选框，单击“在以下项中查找”按钮，选择“当前所选内容”命令，选中区域中指定的英文标点。

其中，要查找已被定义为通配符的“?”“!”“(”“)”，需要在该字符的前面加上反斜杠“\”。

（2）按 Esc 键关闭“查找和替换”对话框。在“开始”选项卡的“字体”选项组中，单击“更改大小写”按钮，在弹出的菜单中选择“全角”命令，将选定的英文标点转换为中文标点。

（3）选中需要操作的区域，按 Ctrl+H 键打开“查找和替换”对话框。在“查找内容”文本框中输入“.”，在“替换为”文本框中输入“。”，单击“全部替换”按钮，将英文句号替换为中文句号。之所以这样做，同样是因为不能用全/半角转换的方式将英文句号转换为中文句号。

3.5　电话号码的升位与部分隐藏

1. 电话号码升位

电话的用户数量达到一定程度后，原有号码会出现不够用的情况，这时候就需要进行升位。

假设某地区将固定电话号码由 7 位升至 8 位，其升位规则是在原号码前加“8”。现要求将 Word 文档中如图 3-11 所示的电话号码表，按以上规则进行升位。

具体实现方法是：

选中需要操作的区域，按 Ctrl+H 键打开“查找和替换”对话框。在“查找内容”文本框中输入“([0-9]{7})”，在“替换为”文本框中输入“8\1”，勾选“使用通配符”复选框，单击“全部替换”按钮，将得到图 3-12 所示的升位结果。

办 公 室 ： 0431-7631515　7631919 （传真）
综合信息部 ： 0431-7628822　7639922 （传真）
7639911　7633030
招 标 部 ： 0431-7685533　7630988
7630688　7632020 （传真）
货 物 部 ： 0431-7632088　7638080
7623088 （传真）
工 程 部 ： 0431-7636611　7635511 （传真）
服 务 部 ： 0431-7635688　7636088
7639090 （传真）

图 3-11　升位前各部门电话

办 公 室 ： 0431-87631515　87631919 （传真）
综合信息部 ： 0431-87628822　87639922 （传真）
87639911　87633030
招 标 部 ： 0431-87685533　87630988
87630688　87632020 （传真）
货 物 部 ： 0431-87632088　87638080
87623088 （传真）
工 程 部 ： 0431-87636611　87635511 （传真）
服 务 部 ： 0431-87635688　87636088
87639090 （传真）

图 3-12　升位后各部门电话

其中，“([0-9]{7})”表示连续的 7 位数字，且定义为“表达式 1”。“8\1”在“表达式 1”的前面添加一个数字符号“8”。

2. 手机号部分隐藏

观众可通过手机参与电视互动节目，在公布获奖名单时，为了保护当事人隐私，通常会隐藏手机号的部分数字。

下面以 Word 文档中图 3-13 所示的模拟获奖手机号为例，介绍隐藏部分数字的方法。

选中需要操作的区域，按 Ctrl+H 键打开“查找和替换”对话框。在“查找内容”文本框中输入“([0-9]{3})([0-9]{4})([0-9]{4})”，在“替换为”文本框中输入“\1****\3”，勾选“使用通配符”复选框，单击“全部替换”按钮，将得到图 3-14 所示的结果。

13712343956　13412345056　13812340044
13512348749　13812343535　13912349121
13812347457　13312341827　13612343485

图 3-13　原始号码

137xxxx3956　134xxxx5056　138xxxx0044
135xxxx8749　138****3535　139****9121
138****7457　133****1827　136****3485

图 3-14　隐藏部分数字的号码

其中，“[0-9]”表示 0 到 9 中任意一位数字，“{3}”表示连续 3 个字符。“\1”和“\3”

分别代表“第 1 个表达式”和“第 3 个表达式”。

3.6 提取指定格式文本

在 Word 文档中，利用查找功能，可以迅速提取指定格式的文本。例如，要把一个 Word 文档中“宋体”“加粗”格式的文本提取到另一个 Word 文档，可按以下步骤进行操作：

（1）打开需要操作的文档，按 Ctrl+H 键打开“查找和替换”对话框，切换到“查找”选项卡。单击对话框左下角的“格式”按钮，选择“字体”命令。在图 3-15 所示的“查找字体”对话框中设置中文字体为“宋体”、字形为“加粗”，单击“确定”按钮。

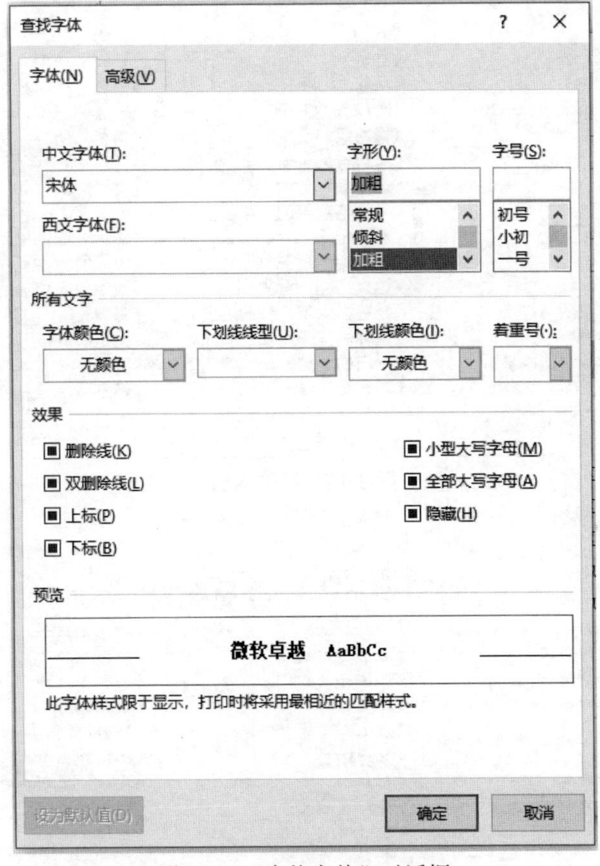

图 3-15 “查找字体”对话框

（2）在“查找和替换”对话框的“查找”选项卡中，单击“在以下项中查找”按钮，选择“主文档”命令，选中指定格式的文本。

（3）按 Esc 键关闭“查找和替换”对话框。右击被选中的文本，在弹出的快捷菜单中选择“复制”命令。

（4）新建一个空白文档。在“开始”选项卡的“剪贴板”选项组中，单击“粘贴”按钮，把剪贴板的内容粘贴到当前文档，达到提取指定格式文本之目的。

上机练习

1. 在 Word 文档中，试用尽可能简单的方法，将图 3-16 所示文本中的书名设置为倾斜的隶书字体，书名号“《》”字体不变，得到图 3-17 所示的结果。

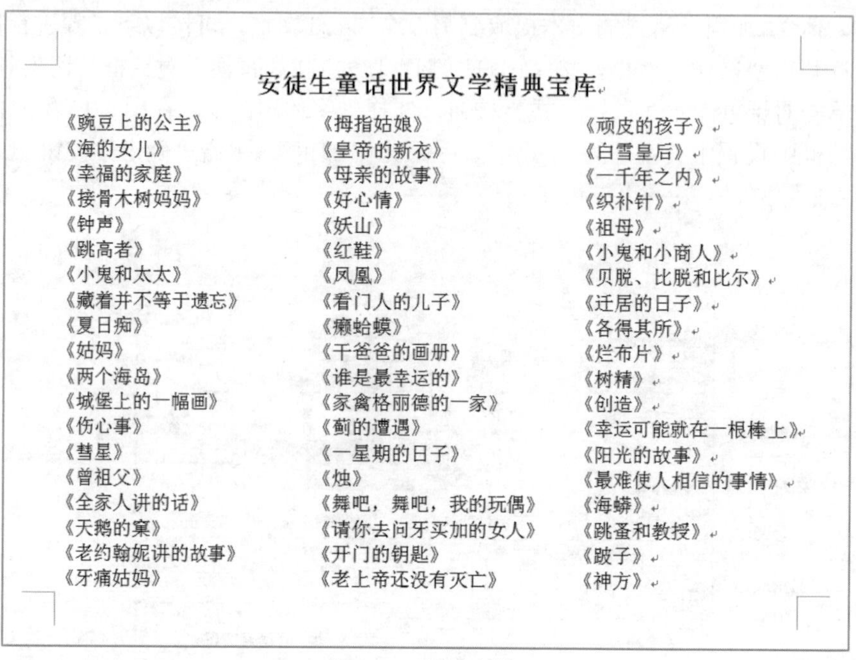

安徒生童话世界文学精典宝库

《豌豆上的公主》	《拇指姑娘》	《顽皮的孩子》
《海的女儿》	《皇帝的新衣》	《白雪皇后》
《幸福的家庭》	《母亲的故事》	《一千年之内》
《接骨木树妈妈》	《好心情》	《织补针》
《钟声》	《妖山》	《祖母》
《跳高者》	《红鞋》	《小鬼和小商人》
《小鬼和太太》	《凤凰》	《贝脱、比脱和比尔》
《藏着并不等于遗忘》	《看门人的儿子》	《迁居的日子》
《夏日痴》	《癞蛤蟆》	《各得其所》
《姑妈》	《干爸爸的画册》	《烂布片》
《两个海岛》	《谁是最幸运的》	《树精》
《城堡上的一幅画》	《家禽格丽德的一家》	《创造》
《伤心事》	《蓟的遭遇》	《幸运可能就在一根棒上》
《彗星》	《一星期的日子》	《阳光的故事》
《曾祖父》	《烛》	《最难使人相信的事情》
《全家人讲的话》	《舞吧，舞吧，我的玩偶》	《海蟒》
《天鹅的窠》	《请你去问牙买加的女人》	《跳蚤和教授》
《老约翰妮讲的故事》	《开门的钥匙》	《跛子》
《牙痛姑妈》	《老上帝还没有灭亡》	《神方》

图 3-16　原始文档

安徒生童话世界文学精典宝库

《豌豆上的公主》	《拇指姑娘》	《顽皮的孩子》
《海的女儿》	《皇帝的新衣》	《白雪皇后》
《幸福的家庭》	《母亲的故事》	《一千年之内》
《接骨木树妈妈》	《好心情》	《织补针》
《钟声》	《妖山》	《祖母》
《跳高者》	《红鞋》	《小鬼和小商人》
《小鬼和太太》	《凤凰》	《贝脱、比脱和比尔》
《藏着并不等于遗忘》	《看门人的儿子》	《迁居的日子》
《夏日痴》	《癞蛤蟆》	《各得其所》
《姑妈》	《干爸爸的画册》	《烂布片》
《两个海岛》	《谁是最幸运的》	《树精》
《城堡上的一幅画》	《家禽格丽德的一家》	《创造》
《伤心事》	《蓟的遭遇》	《幸运可能就在一根棒上》
《彗星》	《一星期的日子》	《阳光的故事》
《曾祖父》	《烛》	《最难使人相信的事情》
《全家人讲的话》	《舞吧，舞吧，我的玩偶》	《海蟒》
《天鹅的窠》	《请你去问牙买加的女人》	《跳蚤和教授》
《老约翰妮讲的故事》	《开门的钥匙》	《跛子》
《牙痛姑妈》	《老上帝还没有灭亡》	《神方》

图 3-17　处理后的文档

2. 请用查找和替换的方法，将 Word 文档所有数字中的句号替换为小数点。

3. 在 Word 文档中，有图 3-18 所示的名单表格。请用查找和替换的方法，在所有两个字的姓名中间加入一个全角空格。

李荣平	武慧敏	孙佳庆	郭晓丹	司爽
王佳琪	张婷	郑聃	周游	张永超
吴琼	左雪	关丽妍	鲁冰冰	孔德旭
范琮皓	施文	刘冶	郑舒莹	王祯
杜荀	魏爽	张立	王海飞	刘晶
罗婷婷	张航	马瑛	丛扬	陈宣竹
盛洁	胡雨晴	刘美婧	赵伟楠	王雷

图 3-18　名单表格

4. 在 Word 文档中，有图 3-19 所示的文本。请用查找和替换格式的方法，删除下画线上的文本，得到图 3-20 所示的结果。

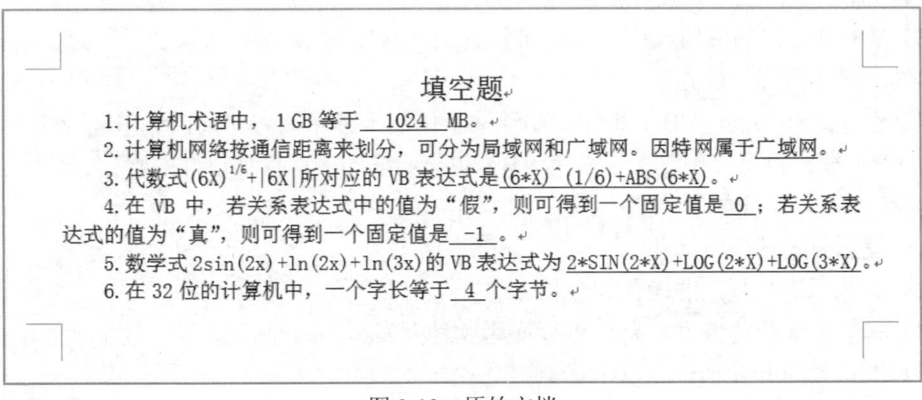

填空题

1. 计算机术语中，1 GB 等于 1024 MB。
2. 计算机网络按通信距离来划分，可分为局域网和广域网。因特网属于广域网。
3. 代数式 $(6X)^{1/6}+|6X|$ 所对应的 VB 表达式是(6*X)^(1/6)+ABS(6*X)。
4. 在 VB 中，若关系表达式中的值为“假”，则可得到一个固定值是 0 ；若关系表达式的值为“真”，则可得到一个固定值是 -1 。
5. 数学式 2sin(2x)+ln(2x)+ln(3x)的 VB 表达式为 2*SIN(2*X)+LOG(2*X)+LOG(3*X)。
6. 在 32 位的计算机中，一个字长等于 4 个字节。

图 3-19　原始文档

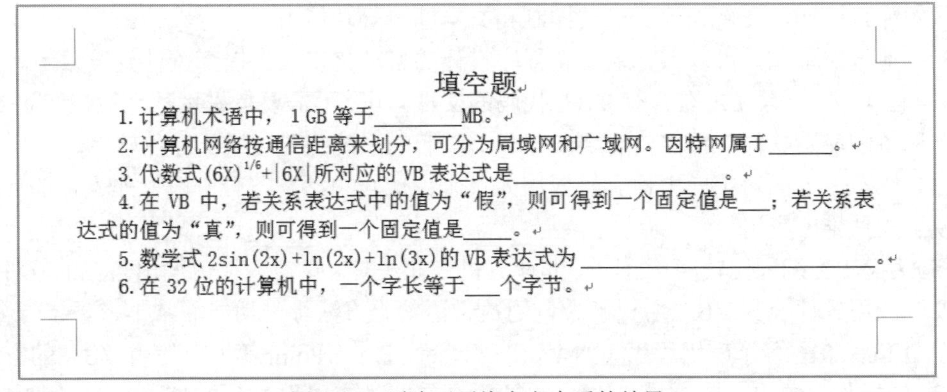

填空题

1. 计算机术语中，1 GB 等于________MB。
2. 计算机网络按通信距离来划分，可分为局域网和广域网。因特网属于______。
3. 代数式 $(6X)^{1/6}+|6X|$ 所对应的 VB 表达式是____________________。
4. 在 VB 中，若关系表达式中的值为“假”，则可得到一个固定值是___；若关系表达式的值为“真”，则可得到一个固定值是_____。
5. 数学式 2sin(2x)+ln(2x)+ln(3x)的 VB 表达式为 ____________________________。
6. 在 32 位的计算机中，一个字长等于___个字节。

图 3-20　删除下画线上文本后的结果

5. 用查找和替换格式的方法，将文档中所有加粗字体替换为红色字体。

第4章 VBA 基础

VBA（Visual Basic for Applications）是 Microsoft Office 集成办公软件的内置编程语言，是新一代标准宏语言。它是基于 VB（Visual Basic）发展起来的，与 VB 有很好的兼容性。VBA 寄生于 Office 应用程序，是 Office 的重要组件，利用它可以将烦琐、机械的日常工作自动化，从而极大提高用户的办公效率。

VBA 与 VB 主要有以下区别：

（1）VB 用于创建标准的应用程序，VBA 是使已有的应用程序（Office）自动化。

（2）VB 具有自己的开发环境，VBA 寄生于已有的应用程序（Office）。

（3）VB 开发出的应用程序可以是可执行文件（EXE 文件），VBA 开发的程序必须依赖于它的父应用程序（Office）。

尽管存在这些不同，VBA 和 VB 在结构上仍然十分相似。如果已经掌握 VB，就会发现学习 VBA 非常容易。反过来，学完 VBA 也会给学习 VB 打下很好的基础。

用 VBA 可以实现如下功能：

（1）使重复的任务自动化。

（2）对数据进行复杂的操作和分析。

（3）将 Office 作为开发平台，进行应用软件开发。

用 Office 作为开发平台有以下优点：

（1）VBA 程序只起辅助作用。许多功能 Office 已经提供，可以直接使用，简化了程序设计。例如，打印、文件处理、格式控制和文本编辑等功能不必另行设计。

（2）通过宏录制，可以部分地实现程序设计的自动化，大大提高软件开发效率。

（3）便于发布。只要发布含有 VBA 代码的文件即可，不需要考虑运行环境，因为 Office 是普遍配备的应用软件。不需要安装和卸载，不影响系统配置，属于绿色软件。

（4）Office 界面对于广大计算机应用人员来说比较熟悉，符合一般操作人员的使用习惯，便于软件推广应用。

（5）用 VBA 编程比较简单，即使非计算机专业人员，也可以很快编出自己的软件。而且 Office 应用软件及其 VBA 内置了大量函数、语句、方法等，功能非常丰富。

在 Office 2016 各个应用程序（如 Word、Excel、PowerPoint 等）中使用 VBA 的方式相同，语言的操作对象也大同小异。因此，只要学会在一种应用程序（如 Word）中使用 VBA，就能在其他应用程序中使用 VBA。

本章只介绍在 Word 环境下 VBA 的应用，包括宏的录制、编辑与使用，VBA 语法基础，过程以及面向对象程序设计的有关知识。

4.1 在 Word 文档中快速设置上标

在 Word 应用中，经常会遇到输入上标、下标等问题。例如，要输入 X^2，一般的操作方法是，先输入 X2，然后用鼠标或者键盘把要转换为上标的 2 选中，接下来在“开始”选项卡的“字体”选项组中，单击“上标”按钮 x^2。

如果偶尔需要输入上、下标，用这种方法还是比较方便的，但遇到需要录入大篇幅的上、下标情况时，这种操作方法就显得太烦琐和低效了。

下面给出一种方法，可以通过一个快捷键，将光标左边的字符设置为上标，然后恢复格式和光标位置，从而大大提高工作效率。

1. 准备工作

Office 2016 在默认情况下，不显示“开发工具”选项卡。为了使用 VBA 等功能，需要将该选项卡添加到功能区中。方法是：

（1）在“文件”选项卡中单击选择“选项”命令，在“Word 选项”对话框的左侧选择“自定义功能区”项。或者右击功能区，在快捷菜单中选择“自定义功能区”命令。

（2）在“Word 选项”对话框右侧的“主选项卡”列表框中，选中“开发工具”复选框。

2. 录制宏

在 Word 当前文档中，任意输入一些字符，并将光标置于某个字符右侧。在“开发工具”选项卡的“代码”选项组中，单击“录制宏”按钮。在图 4-1 所示的“录制宏”对话框中，指定“将宏保存在”当前文档（例如“文档 1”）。

图 4-1 “录制宏”对话框

然后单击“键盘”按钮，在图 4-2 所示的“自定义键盘”对话框中，设置“将更改保存在”当前文档。将光标定位到“请按新快捷键”对应的文本框，按下需要指定的快捷键，例如 Ctrl+Z，单击“指定”按钮确认快捷键，再单击“关闭”按钮开始录制宏。

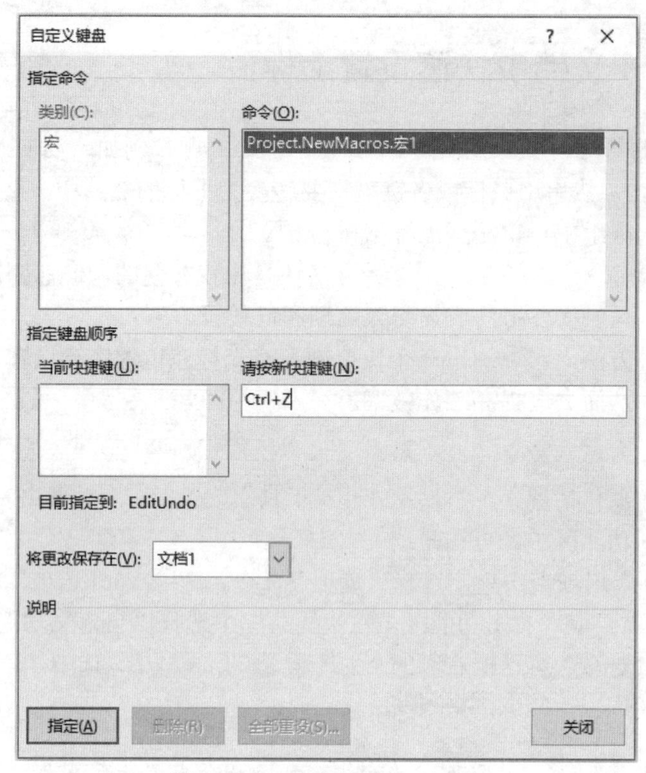

图 4-2 “自定义键盘”对话框

用“Shift + ←”键选中光标左边的一个字符，在“开始”选项卡“字体”选项组中，单击“上标”按钮 x^2。按“→”键，取消字符的选中状态，恢复光标位置。再次单击“上标”按钮 x^2，取消“上标”状态，恢复原格式。

最后，在“开发工具”选项卡的“代码”选项组中，单击“停止录制”按钮。

注意：为宏指定的快捷键会覆盖原有快捷键功能。例如，把 Ctrl+C 键指定给某个宏，那么 Ctrl+C 键就不再执行复制命令。因此，在定义新的快捷键时，尽量避开系统已定义的常用快捷键。在录制宏之前，要计划好操作步骤和命令。如果在录制宏的过程中进行了错误操作，则错误的操作也会被录制。

3. 运行宏

以上通过录制宏的方法编写了一个 VBA 程序，并且指定用 Ctrl＋Z 快捷键来执行这个程序。该程序的具体功能是：

（1）选中光标左边的一个字符；

（2）将选中的字符设置为上标；

（3）恢复光标位置；

（4）恢复字体格式。

之后，在当前文档编辑过程中，只要按 Ctrl＋Z 快捷键，就可以将光标左边的字符设置为上标，然后恢复格式和光标位置，继续输入其他内容。

例如，输入 $2^3+2^4=24$，可以通过以下操作完成：输入“23”，按 Ctrl＋Z；再输入“+24”，按 Ctrl＋Z；最后输入“=24”。

作为 VBA 的第一个应用例子，可暂时先不关心程序的具体代码，也不考虑程序的编写和完善，这些内容留待后面逐步学习。

4. 对宏的理解

宏（Macro）是一组 VBA 语句。可以视之为一个程序段，或一个子程序。在 Office 2016 中，宏可以直接编写，也可以通过录制形成。录制宏，实际上就是将一系列操作过程记录下来并由系统自动转换为 VBA 语句。这是目前最简单的编程方法，也是 VBA 最具特色的地方。用录制宏的办法编制程序，不仅使编程过程得到简化，还可以提示用户使用什么语句和函数，帮助其学习程序设计。当然，实际应用的程序不能完全靠录制宏，还需要对宏进一步加工和优化。

5. 宏的保存位置

在“录制宏”对话框中，可以指定将宏保存在当前文档或“所有文档（Normal.dotm）”。

将宏保存在当前文档，只有该文档被打开时，相应的宏才可以使用。通常情况下，应当将宏保存在当前文档，使之与特定文档关联。

Normal.dotm 是为宏而设计的一个特殊的隐藏文档。如果需要让某个宏在本台计算机的多个文档都能使用，就应当将宏保存于“所有文档(Normal.dotm)”中。

6. 设置宏安全性

有一种计算机病毒叫作“宏病毒”，它是利用“宏”来传播和感染的病毒。为了防御这种计算机病毒，Office 软件提供了一种安全保护机制，即设置“宏”的安全性。

在“开发工具”选项卡“代码”选项组中，单击“宏安全性”按钮，即可在弹出的对话框中设置不同的安全级别。安全级别越高，对宏的限制越严。

由于宏就是 VBA 程序，因此限制使用宏，实际上就是限制 VBA 代码的执行，这从安全角度考虑是应该的，但是如果这种限制妨碍了软件功能的发挥就值得考虑了。

其实，宏病毒只是众多计算机病毒的一种，可以与其他计算机病毒同样对待，用统一的防护方式和杀毒软件进行防治，而不必太在意 Office 本身“宏”的“安全性”。尤其是需要频繁使用带有 VBA 代码的应用软件时，完全可以把“宏”的安全性设置为“启用所有宏”。

4.2　在 Word 文档中插入多个文件的内容

在 Word 应用中，有时需要连续往当前文档中插入多个文件的内容，合并为一个文档。通常的做法是：在“插入”选项卡的“文本”选项组中，单击“对象”下三角按钮，选择“文件中的文字”命令。在“插入文件”对话框中选定目标文件，单击“插入”按钮。

重复上述操作，可插入需要的所有文件内容。如果文件很多，这种办法就显得枯燥而低效。而用 VBA 程序使上述工作自动化，可以大大减轻操作负担，提高工作效率。

假设有 3 个文本文件，文件名分别为“1.txt”“2.txt”“3.txt”，内容分别是《中华四千字文》的 3 个部分，放在 D 区根目录的“文本文件”文件夹，要求用 VBA 程序将它们自动合并到一个文档中。

本节给出具体实现方法，并介绍 VBA 的一些基础知识。

4.2.1 代码获取与加工

用一个不太熟悉的软件开发环境或语言编写程序，最初的困难可能是不知道用哪个语句和函数实现需要的功能。Office 2016 的宏录制可以使部分程序的设计自动化。将需要的操作过程录制为宏，就得到了相应的程序，其中该用哪些语句、函数一目了然，在此基础上进行加工，就可以得到更加完善的程序。

1. 代码获取

创建一个 Word 文档，在“文件”选项卡中选择“保存”或“另存为”命令，指定保存类型为“启用宏的 Word 文档（*.docm）”，将当前文档保存为“合并文件.docm”。

在“开发工具”选项卡的“代码”选项组中，单击“录制宏”按钮。在图 4-3 所示的对话框中，设置宏名为“方案 1”，将宏保存在当前文档“合并文件.docm”，单击“确定”按钮开始宏录制。

图 4-3　设置宏名和保存位置

在“开始”选项卡的“字体”选项组中，设置字号为“三号”。在“段落”选项组中，设置对齐方式为“居中”。输入文本“第 1 部分”，然后回车。

在“插入”选项卡的“文本”选项组中，单击“对象”按钮旁边的下三角按钮，选择“文件中的文字”命令。在“插入文件”对话框中选择特定的文件夹“文本文件”，指定文件类型为“所有文件（*.*）”，选定文件“1.txt”，单击“插入”按钮，按 Windows（默认）文本编码在当前文档中插入该文件的内容。然后单击“停止录制”按钮。

在“开发工具”选项卡的“代码”选项组中，单击“宏”按钮。在弹出的对话框中选“方案 1”，单击“运行”按钮，会自动完成上述格式控制、输入文本和插入文件的操作。

2. 代码化简

在“开发工具”选项卡的“代码”选项组中，单击“宏”按钮，然后在弹出的对话框中选“方案 1”，单击“编辑”按钮，进入 VB 编辑环境，会看到如下代码：

```
Sub 方案1()
'
' 方案1 宏
'
'
    Selection.Font.Size = 16
    Selection.ParagraphFormat.Alignment = wdAlignParagraphCenter
    Selection.TypeText Text:="第1部分"
    Selection.TypeParagraph
    ChangeFileOpenDirectory "D:\文本文件\"
    Selection.InsertFile FileName:="1.txt",Range:="",ConfirmConversions:= _
        False, Link:=False, Attachment:=False
End Sub
```

上述代码包括以下几部分：

（1）宏（子程序）开始和结束语句。

每个宏都以 Sub 开始，Sub 后面紧接着是宏的名称和一对括号。End Sub 是宏的结束语句。

（2）注释语句。

从单引号开始直到行末尾是注释内容。注释的内容是给人看的，与程序执行无关。

（3）实现具体功能的语句。

对照先前的操作，不难分析出各语句的功能：ChangeFileOpenDirectory 语句用来选择特定的文件夹。

通常情况下，VBA 的每个语句占一行，但如果一个语句太长，书写起来不方便，看上去也不整齐，可以将其分开写成几行。此时要用到空格加下画线“_”作为标记。在这段代码中，最后一条语句就使用了“_”标记。

另外，在录制宏的过程中，有些默认的操作、属性、参数会被录制下来，其实它们是可以省略的。也就是说，录制的宏可以化简。例如：

```
Selection.InsertFile FileName:="1.txt", Range:="", ConfirmConversions:= _
    False, Link:=False, Attachment:=False
```

可以化简为

```
Selection.InsertFile FileName:="1.txt"
```

经过整理、改进和化简，可以得到如下代码：

```
Sub 方案2()
    Selection.Font.Size = 16
    Selection.ParagraphFormat.Alignment = wdAlignParagraphCenter
    Selection.TypeText Text:="第1部分"
    Selection.TypeParagraph
    ChangeFileOpenDirectory ThisDocument.Path & "\文本文件\"
```

```
    Selection.InsertFile FileName:="1.txt"
End Sub
```

其中，用到了字符串连接运算符“&”，将当前路径名与字符串“\文本文件\”进行连接，形成一个新的全路径名，确定文件位置。

在“开发工具”选项卡的“代码”选项组中，单击“宏”按钮。在弹出的对话框中选择“方案 2”，单击“运行”按钮，同样会自动完成上述格式控制、输入文本和插入文件的操作。

3. 代码扩充和修改

前面的宏只设置了字号、对齐方式，输入了一行文字，插入了一个文本文件的内容。为了自动插入多个文本文件的内容，还需要对代码进行扩充和修改，得到如下形式：

```
Sub 方案3()
  ChangeFileOpenDirectory ThisDocument.Path & "\文本文件\"
  Selection.Font.Size = 16
  Selection.ParagraphFormat.Alignment = wdAlignParagraphCenter
  For k = 1 To 3
    Selection.TypeText Text:="第" & k & "部分"
    Selection.TypeParagraph
    Selection.InsertFile FileName:=k & ".txt"
  Next
End Sub
```

这里，在“方案 2”的基础上做了 4 点改动：

（1）加入了 For…Next 循环语句，将原来的部分语句作为循环体，使之能够被执行 3 次；

（2）将字符串常量“第 1 部分”，改成了由字符串连接运算符“&”、变量 k、字符串常量"第"和"部分"构成的字符串表达式，使得每次循环所输入的文本不同；

（3）用变量 k 的值作为文件名；

（4）将指定文件路径、设置字号和对齐方式的语句移到循环语句之前。

在“开发工具”选项卡的“代码”选项组中，单击“宏”按钮。在弹出的对话框中选择“方案 3”，单击“运行”按钮，会将 3 个文本文件内容插入到当前文档，在每个文件内容前面增加一行标注文字，并进行格式控制。

4. For…Next 语句

循环控制语句 For…Next 的语法形式如下：

```
For 循环变量=初值 To 终值 [Step 步长]
  [<语句组>]
  [Exit For]
  [<语句组>]
Next [循环变量]
```

循环语句执行时，首先为循环变量置初值，如果循环变量的值没有超过终值，则执行循环体，运行到Next时把步长加到循环变量上，若该值仍没有超过终值，则继续循环，直至循环变量的值超过终值时，才结束循环。

步长可以是正数、负数，为1时可以省略。

遇到Exit For时，退出循环。

可以将一个For…Next循环放置在另一个For…Next循环中，组成嵌套循环。每个循环中要使用不同的循环变量名。下面的循环结构是正确的：

```
For I = 1 To 10
    For J = 1 To 10
        For K = 1 To 10
            ...
        Next K
    Next J
Next I
```

许多操作都可以用录制宏来完成。但录制的宏不具备判断或循环功能，需要对录制的宏进行加工。

5. VB编辑器

在“开发工具”选项卡的“代码”选项组中单击“Visual Basic”按钮，或用Alt+F11快捷键，可以打开Visual Basic编辑器。Visual Basic编辑器，也叫VBE，是VBA的编辑环境。

在VBE中可以编辑、调试和运行宏，也可以定义模块、用户窗体和过程。

如果要删除宏，可在“开发工具”选项卡的“代码”选项组中单击“宏”按钮，然后在“宏名”列表框中选定要删除的宏，再单击“删除”按钮。

4.2.2 变量与数据类型

1. 变量

变量用于临时保存数据。程序运行时，变量的值可以改变。在VBA代码中可以用变量来存储数据或对象。例如：

```
MyName="北京"          '为变量赋值
MyName="上海"          '修改变量的值
```

前面已经在宏的代码中使用了变量，下面再举一个简单的例子说明变量的应用。

【例4-1】 在宏代码中使用变量。

在“开发工具”选项卡“代码”选项组中，单击“宏”按钮，在“宏”对话框中输入宏名“Hello”，指定宏的保存位置为当前文档，然后单击“创建”按钮，进入Visual Basic编辑器环境。输入如下代码：

```
Sub Hello()
  s_name = InputBox("请输入您的名字:")
  MsgBox "Hello," & s_name & "! "
```

```
End Sub
```

其中，Sub、End Sub 两行代码由系统自动生成，不需要手动输入。

在上述代码中，InputBox 函数显示一个信息输入对话框，输入的信息作为函数值返回，赋值给变量 s_name。MsgBox 显示一个对话框，用来输出信息，其中包含变量 s_name 的值。关于函数的详细内容请查看系统帮助信息。

在 Visual Basic 编辑器中，按 F5 键，或者单击工具栏的按钮，运行这个程序，显示一个图 4-4 所示的输入信息对话框。输入“LST”并单击“确定”按钮，显示图 4-5 所示的输出信息对话框。

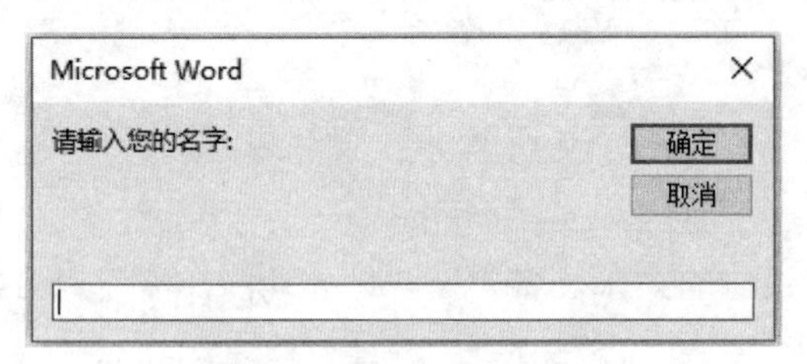

图 4-4　输入信息对话框

图 4-5　输出信息对话框

2．变量的数据类型

变量的数据类型决定变量允许保存何种类型的数据。表 4-1 列出了 VBA 支持的数据类型，同时列出了各种类型的变量所需要的存储空间和能够存储的数据范围。

表 4-1　数据类型

数据类型	存储空间	数值范围
Byte(字节)	1 字节	0～255
Boolean(布尔)	2 字节	True 或 False
Integer(整型)	2 字节	−32768～32767
Long(长整型)	4 字节	−2147483648～2147483647
Single(单精度)	4 字节	负值范围：−3.402823E38～−1.401298E−45 正值范围：1.401298E−45～3.402823E38
Double(双精度)	8 字节	负值范围：−1.79769313486232E308～−4.94065645841247E−324 正值范围：4.94065645841247E−324～1.79769313486232E308
Currency(货币)	8 字节	−922337203685477.5808～922337203685477.5807
Decimal(小数)	12 字节	不包括小数时: ±79228162514264337593543950335 包括小数时: ±7.9228162514264337593543950335
Date(日期时间)	8 字节	日期：100 年 1 月 1 日～9999 年 12 月 31 日 时间：00:00:00～23:59:59
Object(对象)	4 字节	任何引用对象
String(字符串)	字符串的长度	变长字符串：0～20 亿个字符 定长字符串：1～64K 个字符
Variant（数字）	16 字节	Double 范围内的任何数值
Variant（文本）	字符串的长度	数据范围和变长字符串相同

3．声明变量

变量在使用之前，最好进行声明，即定义变量的数据类型，这样可以提高程序的可读性和节省存储空间。当然这也不是绝对的，在不关心存储空间，而注重简化代码、突出重点的情况下，可以不声明直接使用变量。变量不经声明直接使用，系统会自动将变量定义为 Variant 类型。

通常使用 Dim 语句来声明变量。声明语句放到过程中，则该变量在过程内有效。声明语句放到模块顶部，则变量在模块中有效（过程、模块和工程等知识将在 4.4 节介绍）。

下面语句创建了变量 strName 并且将其指定为 String 数据类型。

```
Dim strName As String
```

为了使变量可被工程中所有的过程使用，要用如下形式的 Public 语句声明公共变量：

```
Public strName As String
```

变量的数据类型可以是表 4-1 中的任何一种。如果未指定数据类型，则默认为 Variant 类型。

变量名必须以字母开始，并且只能包含字母、数字和某些特定的字符，最大长度为 255 个字符。

可以在一个语句中声明几个变量。如在下面的语句中，变量 intX、intY、intZ 被声明为 Integer 类型。

```
Dim intX As Integer, intY As Integer, intZ As Integer
```

在下面的语句中，变量 intX 与 intY 被声明为 Variant 型，intZ 被声明为 Integer 型。

```
Dim intX, intY, intZ As Integer
```

可以用 Dim 和 Public 语句声明变量为对象类型。下面的语句声明了一个对象变量 tb。

```
Public tb As Object
```

需要用 Set 语句给对象变量赋值。

4．声明数组

数组是具有相同数据类型并共用一个名字的一组变量的集合。数组中的不同元素通过下标加以区分。

若数组的大小固定不变，则它是静态数组。若数组的大小在程序运行时可变，则它是动态数组。

数组的下标从 0 还是从 1 开始，可用 Option Base 语句进行设置。如果 Option Base 没有指定为 1，则数组下标默认从 0 开始。

数组要先声明后使用。下面这行代码声明了一个固定大小的数组，它是一个 11 行乘以 11 列的 Integer 型二维数组：

```
Dim MyArray(10,10) As Integer
```

其中，第 1 个参数表示第 1 个下标的上界，第 2 个参数表示第 2 个下标的上界，默认的下标下界为 0，数组中共有 11×11 个元素。

在声明数组时，不指定下标的上界，即括号内为空，则该数组为动态数组。动态数组可以在执行代码时改变大小。下面语句声明的就是一个动态数组：

```
Dim sngArray() As Single
```

动态数组声明后，可以用 ReDim 语句重新定义数组的维数以及每一维的上界。重新声明数组时，数组中存在的值一般会丢失。若要保存数组中原先的值，可以使用 ReDim Preserve 语句来扩充数组。例如，下列的语句将 varArray 数组扩充了 10 个元素，而数组中原来值并不丢失。

```
ReDim Preserve varArray(UBound(varArray) + 10)
```

其中，UBound(varArray)函数返回数组 varArray 原来的下标上界。

4.3 百钱买百鸡问题

本节先创建一个解决百钱买百鸡问题的程序，介绍程序中用到的有关语句，再研究 VBA 的运算符。

4.3.1 程序的创建与运行

假设公鸡每只 5 元，母鸡每只 3 元，小鸡 3 只 1 元。要求用 100 元钱买 100 只鸡，问公鸡、母鸡、小鸡可各买多少只？请编一个 VBA 程序求解。

分析：

设公鸡、母鸡、小鸡数分别为 x、y、z，则可列出方程组：

$$\begin{cases} x+y+z=100 \\ 5x+3y+z/3=100 \end{cases}$$

这里有 3 个未知数、2 个方程式，说明有多个解，可以用穷举法求解。

编程：

进入 Word 2016，在“开发工具”选项卡的“代码”选项组中单击“宏”按钮，在打开的“宏”对话框中输入宏名“百钱百鸡”，指定宏的位置为当前文档，单击“创建”按钮，进入 VB 编辑环境。

然后，输入如下代码。

```
Sub 百钱百鸡()
  For x = 0 To 19
    For y = 0 To 33
      z = 100 - x - y
      If 5 * x + 3 * y + z / 3 = 100 Then
        g = g & "公鸡" & x & ",母鸡" & y & ",小鸡" & z & Chr(10)
      End If
```

```
    Next
  Next
  MsgBox g
End Sub
```

因为公鸡、母鸡的最大数量分别为 19 和 33，所以采用双重循环结构，让 x 从 0 到 19、y 从 0 到 33 进行循环。每次循环求出一个 z 值，使得 x+y+z=100。如果满足条件 5x+3y+z/3=100，则 x、y、z 就是一组有效解，把这个解保存到字符串变量 g 中。循环结束后，用 MsgBox 函数输出全部有效解。

程序运行后的结果如图 4-6 所示。

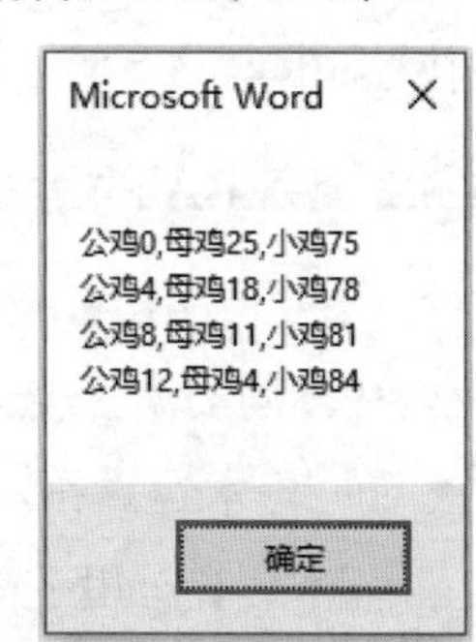

图 4-6 程序输出结果

在上面这段程序中，使用了 Chr 函数，把 ASCII 码 10 转换为对应的回车符。

程序中还用到了 If 语句。它是最常用的一种分支语句，符合人们通常的语言和思维习惯。例如：if（如果）绿灯亮，then(那么)可以通行，Else(否则)停止通行。

If 语句有 3 种语法形式：

```
(1) if <条件> then <语句 1> [else <语句 2>]
(2) if <条件> then
        <语句组 1>
    [else
        <语句组 2>]
    end if
(3) if <条件 1> then
        <语句组 1>
     [elseif <条件 2> then
        <语句组 2> ...
     else
        <语句组 n>]
    end if
```

<条件>是一个关系表达式或逻辑表达式。若值为 True，则执行紧接在关键字 then 后面的语句组。若<条件>的值为 False，则检测下一个 elseif<条件>或执行 else 关键字后面的语句组，然后继续执行下一个语句。

例如，根据一个字符串是否以字母 A 到 F、G 到 N 或 O 到 Z 开头来设置整数值。程序段如下：

```
strFirst = Mid(strMyString, 1, 1)
If strFirst >= "A" And strFirst <= "F" Then
   intVal = 1
ElseIf strFirst >= "G" And strFirst <= "N" Then
   intVal = 2
ElseIf strFirst >= "O" And strFirst <= "Z" Then
```

```
    intVal = 3
Else
    intVal = 0
End If
```

其中，用 Mid 函数返回 strMyString 字符串变量从第 1 个字符开始的一个字符。假如 strMyString="VBA"，则该函数返回"V"。

4.3.2 VBA 的运算符

VBA 中的运算符有 4 种：算术运算符、比较运算符、逻辑运算符和连接运算符，可用来组成不同类型的表达式。

1．算术运算符

算术运算符用于构建数值表达式或返回数值运算结果，各运算符的作用和示例见表 4-2。

表 4-2 算术运算符

符号	作 用	示 例	符号	作 用	示 例
+	加法	3+5=8	\	整除	19\6=3
−	减法、一元减	11−6=5、−6*3=−18	mod	取模	19 mod 6=1
*	乘法	6*3=18	^	指数	3^2=9
/	除法	10/4=2.5			

2．比较运算符

比较运算符用于构建关系表达式，返回逻辑值 True、False 或 Null(空)。常用的比较运算符名称和用法见表 4-3。

表 4-3 常用的比较运算符

符 号	名 称	用 法
<	小于	〈表达式 1〉<〈表达式 2〉
<=	小于或等于	〈表达式 1〉<=〈表达式 2〉
>	大于	〈表达式 1〉>〈表达式 2〉
>=	大于或等于	〈表达式 1〉>=〈表达式 2〉
=	等于	〈表达式 1〉=〈表达式 2〉
<>	不等于	〈表达式 1〉<>〈表达式 2〉

用比较运算符组成的关系表达式在符合相应的关系时，其结果为 True，否则为 False。如果参与比较的表达式有一个为 Null，则结果为 Null。

例如：当变量 A 的值为 3、B 的值为 5 时，关系表达式 A>B 的值为 False，A<B 的值为 True。

3．逻辑运算符

逻辑运算符用于构建逻辑表达式，返回逻辑值 True、False 或 Null(空)。常用的逻辑运算符名称和语法见表 4-4。

表 4-4　常用的逻辑运算符

符　号	名　称	语　法
And	与	〈表达式 1〉And〈表达式 2〉
Or	或	〈表达式 1〉Or〈表达式 2〉
Not	非	Not〈表达式〉

例如：

```
A = 10: B = 8: C = 6: D = Null      ' 设置变量初值

MyCheck = A > B And B > C          ' 返回 True
MyCheck = B > A And B > C          ' 返回 False
MyCheck = A > B And B > D          ' 返回 Null

MyCheck = A > B Or B > C           ' 返回 True
MyCheck = B > D Or B > A           ' 返回 Null

MyCheck = Not(A > B)               ' 返回 False
MyCheck = Not(B > A)               ' 返回 True
MyCheck = Not(C > D)               ' 返回 Null
```

4．连接运算符

字符串连接运算符有两个：“&”“+”。

其中“+”运算符既可用来计算数值的和，也可以用来做字符串的连接操作。不过，最好还是使用“&”运算符来做字符串的连接操作。如果“+” 运算符两边的表达式中混有字符串及数值，其结果会是数值的求和。如果都是字符串作“相加”，则返回结果才与“&”相同。

例如：

```
MyStr = "Hello" & " World"        ' 返回 "Hello World"
MyStr = "Check " & 123            ' 返回 "Check 123"
MyNumber = "34" + 6               ' 返回 40
MyNumber = "34" + "6"             ' 返回 "346"（字符串被串接起来）
```

5．运算符的优先级

按优先级由高到低的次序排列的运算符如下：

括号 → 指数 → 一元减 → 乘法和除法 → 整除 → 取模 → 加法和减法 → 连接 → 比较 → 逻辑（Not、And、Or）。

4.4　统计字符串出现次数

本节先介绍面向对象程序设计的有关概念，然后编写程序统计当前文档中指定字符串的出现次数，最后给出一些用 VBA 代码对 Word 文本进行控制的技术。

4.4.1 对象、属性、事件和方法

VBA 是面向对象的编程语言和开发工具，在软件开发过程中，经常要涉及对象、属性、事件和方法等概念，下面介绍这些概念以及它们之间的关系。

1. 对象

从软件开发角度讲，对象是一种将数据和操作过程结合在一起的数据结构，或者是一种具有属性和方法的集合体。每个对象都具有描述它特征的属性和附属于它的方法。属性用来表示对象的状态，方法是描述对象行为的过程。

在 Windows 软件中，窗口、菜单、文本框、按钮、下拉列表等都是对象。对象有大有小，有的可容纳其他对象，被称为容器对象，有的要放在别的对象当中，被称为控件。

VBA 中绝大多数对象具有可视性（Visual），即，有能看得见的直观属性，如大小、颜色、位置等。在软件设计时就能看见运行后的样子，即“所见即所得”。

对象是 VBA 程序的基础，几乎所有操作都与对象有关。Word 文档，文档中的段落、图片、表格、工具栏都是对象。

集合也是对象，该对象包含多个其他对象，通常这些对象属于相同的类型。通过使用属性和方法，可以修改单独的对象，也可修改整个对象集合。

2. 属性

属性就是对象的性质，如大小、位置、颜色、标题、字体等。为了实现软件的功能，也为了软件运行时界面美观、实用，必须设置对象的有关属性。

每个对象都有若干个属性，每个属性都有一个预先设置的默认值，多数不需要改动，只有部分属性需要修改。同一种对象在不同地方应用，需要设置或修改的属性也不同。

某些属性可以用鼠标拖动设置，如大小、位置等，也可以在属性窗口中设置。另一些则必须在属性窗口或程序中设置，如字体、颜色、标题等。

若要用程序设置属性的值，可在对象的后面紧接小数点、属性名称、赋值号及新的属性值。

下面语句的作用是为 Word 当前选中的文本设置字号。

```
Selection.Font.Size = 16
```

其中，Selection 为选中的文本对象，Font 为文本的字体对象，Size 是 Font 对象的一个属性，“=”是赋值号，16 是要设置的属性值。

读取对象的属性值，可以获取有关该对象的信息。下面语句读取当前文档第 1 个词并赋值给变量 s。

```
s = ActiveDocument.Words(1).Text
```

其中，ActiveDocument 为当前文档对象，Words(1)为当前文档中第 1 个词，也是对象，Text 是对象的一个属性。

3. 事件

所谓事件，就是可能发生在对象上的事情，是由系统预先定义并由用户或系统发起的

动作。事件作用于对象，对象识别事件并做出相应的反应。事件可以由系统引发，例如 Word 文档打开时，系统就引发一个 Open 事件。事件也可以由用户引发，例如单击按钮，会引发一个 Click 事件，拖动对象、改变大小，都会引发相应的事件。

在软件运行过程中，若对象发生某个事件，则需要做出相应的反应。例如单击“退出”按钮，则软件结束运行。

为了使对象在某一事件发生时能够做出预定的反应，需要针对这一事件编写相应的代码。这样，在软件运行时，只要事件发生，就执行对应的代码，完成相应的动作。事件不发生，则不执行。

4. 方法

方法是对象可以执行的动作。例如，Word 对象的 TypeText 方法用于在文档中输入文本。

下面两条语句先把当前文档的路径名与指定的文件名进行字符串连接，得到一个文件全路径名，送给变量 tkd，再用 Word 文档对象的 Open 方法打开指定的文件。

```
tkd = ThisDocument.Path & "\题库文档.docm"
Set Doc_tk = Documents.Open(tkd)
```

通常，方法是动作，属性是性质。

所谓面向对象程序设计，就是要设计一个个对象，再把这些对象用某种方式联系起来构成一个系统，即软件系统。

每个对象需要设计的不外乎属性，针对需要的事件编写程序代码，在编写代码时使用系统提供的语句、命令、函数和方法。

4.4.2　程序设计与优化

创建一个 Word 文档，输入或复制一些用于测试的文本。然后编写程序，实现在 Word 当前文档中统计指定字符串出现次数的功能。

1. 编写子程序 strcnt1

按 Alt+F11 键，进入 VB 编辑环境，插入一个模块。创建一个子程序 strcnt1，代码如下：

```
Sub strcnt1()
  Dim cnt As Integer
  Dim stt As String
  stt = InputBox("请输入要查找的字符串：", "提示")
  Selection.HomeKey Unit:=wdStory
  With Selection.Find
    .ClearFormatting
    .text = stt
    .Execute
    While .Found()
      cnt = cnt + 1
      .Execute
    Wend
  End With
```

```
  MsgBox "该字符串在文档中出现" & cnt & "次。"
End Sub
```

上述代码声明了两个变量 cnt 和 stt，通过 InputBox 函数输入要查找的字符串，赋值给变量 stt。用语句 Selection.HomeKey Unit:=wdStory 将光标定位到文件头，以便从头开始查找指定的字符串。

With 语句提取 Selection.find 对象，用 ClearFormatting 方法清除格式，用 Text 属性指定要查找的字符串，用 Execute 方法进行字符串查找。如果找到指定的字符串，则计数器 cnt 加 1，并继续查找下一处，直至全部找完为止。

最后，弹出一个消息框显示指定的字符串在文档中出现的次数。

运行子程序 strcnt1 后，输入要统计的字符串，将得到统计结果。

2．将 strcnt1 改为 strcnt2

对子程序 strcnt1 进行改进，得到子程序 strcnt2，代码如下：

```
Sub strcnt2()
  stt = Selection.text
  Selection.HomeKey Unit:=wdStory
  With Selection.Find
    .text = stt
    .Execute
    While .Found()
      cnt = cnt + 1
      .Execute
    Wend
  End With
  MsgBox "该字符串在文档中出现" & cnt & "次。"
End Sub
```

与子程序 strcnt1 相比，子程序 strcnt2 省略了变量声明语句，虽然会降低运行效率，但对此类问题来说，运行效率不是主要问题，而压缩代码量，有利于突出重点。strcnt2 没有使用 InputBox 函数指定字符串，而是用 Selection 对象的 text 属性直接取出当前文档中选定的文本作为要统计的字符串，这样可以提高操作效率。在 strcnt2 中还省略了 ClearFormatting 方法，这是因为系统查找功能的默认情况是“不限定格式”，所以程序的运行结果与 strcnt1 完全相同。

3．将 strcnt2 改为 strcnt3

对子程序 strcnt2 进行改进，得到子程序 strcnt3，代码如下：

```
Sub strcnt3()
  stt = Selection.text
  With ActiveDocument.Content.Find
    Do While .Execute(FindText:=stt)
      cnt = cnt + 1
    Loop
```

```
  End With
  MsgBox "该字符串在文档中出现" & cnt & "次。"
End Sub
```

上述子程序用 With ActiveDocument.Content.Find 提取当前文档内容的 find 对象，对其循环执行 Execute 方法并计数，最后输出指定字符串在文档中出现的次数。

其中，通过 Execute 方法的参数指定要查找的文本，通过 Execute 方法的返回值（True 或 False）判断查找是否成功。因而代码更紧凑，效率更高。

4.4.3　文本控制技术

下面，进一步介绍用 VBA 代码对 Word 文本进行控制的有关技术。

1. 将文本插入文档

使用 InsertAfter、InsertBefore 方法可以在 Selection 或 Range 对象之前、之后插入文字。

下面的程序在活动文档的末尾插入字符“###”。

```
Sub atA()
  ActiveDocument.Content.InsertAfter Text:="###"
End Sub
```

下面的程序在所选内容之前或光标位置之前插入字符“***”。

```
Sub atB()
  Selection.InsertBefore Text:="***"
  Selection.Collapse
End Sub
```

Range 或 Selection 对象在使用 InsertBefore、InsertAfter 方法之后，会扩展并包含新的文本。使用 Collapse 方法可以将 Selection 或 Range 折叠到开始或结束位置，即取消文本的选中状态，将光标定位到开始或结束位置。

2. 从文档取出文本

使用 Text 属性可以取出 Range 或 Selection 对象中的文本。

下面的程序取出并显示选定的文本。

```
Sub Snt()
  strT = Selection.Text
  MsgBox strT
End Sub
```

下面的程序取出活动文档中的第 1 个单词。

```
Sub SnFW()
  sFW = ActiveDocument.Words(1).Text
  MsgBox sFW
End Sub
```

3. 查找和替换

下面的程序在当前 Word 文档中查找并选定下一个出现的“VBA”。如果到达文档结尾时仍未找到，则停止搜索。

```
Sub fdw()
  With Selection.Find
    .Forward = True
    .Wrap = wdFindStop
    .Text = "VBA"
    .Execute
 End With
End Sub
```

下面的程序在活动文档中查找第 1 个出现的“VBA”。如果找到该单词，则设置加粗格式。

```
Sub fdw()
  With ActiveDocument.Content.Find
    .Text = "VBA"
    .Forward = True
    .Execute
    If .Found = True Then .Parent.Bold = True
  End With
End Sub
```

下面的程序将当前文档中所有单词“VBA”替换为“Visual Basic”。

```
Sub faR()
  With Selection.Find
    .Text = "VBA"
    .Replacement.Text = "Visual Basic"
    .Execute Replace:=wdReplaceAll
  End With
End Sub
```

下面的程序取消活动文档中的加粗格式。其中 Find 对象的 Bold 属性为 True，而 Replacement 对象的 Bold 属性为 False。若要查找并替换格式，可将查找和替换文字设为空字符串，并将 Execute 方法的 Format 参数设为 True。

```
Sub faF()
  With ActiveDocument.Content.Find
    .Font.Bold = True
    .Replacement.Font.Bold = False
    .Execute FindText:="", ReplaceWith:="", _
    Format:=True, Replace:=wdReplaceAll
  End With
End Sub
```

4. 将格式应用于文本

下面的程序使用 Selection 属性将字体和段落格式应用于选定文本。其中，Font 表示字体，ParagraphFormat 表示段落。

```
Sub FmtS()
  With Selection.Font
    .Name = "楷体_GB2312"
    .Size = 16
  End With
  With Selection.ParagraphFormat
    .LineUnitBefore = 0.5
    .LineUnitAfter = 0.5
  End With
End Sub
```

下面的程序定义了一个 Range 对象，它引用了活动文档的前 3 个段落，通过应用 Font 对象的属性来设置 Range 对象的格式。

```
Sub FmtR()
  Dim rgF As Range
  Set rgF = ActiveDocument.Range( _
    ActiveDocument.Paragraphs(1).Range.Start, _
    ActiveDocument.Paragraphs(3).Range.End)
  With rgF.Font
    .Name = "楷体_GB2312"
    .Size = 16
  End With
End Sub
```

4.5 输出“玫瑰花数”

本节先介绍工程、模块、过程之间的关系，过程的创建、子程序的设计与调用方法。之后给出一个应用案例，在 Word 文档中输出“玫瑰花数”。

4.5.1 工程、模块与过程

每个 VBA 应用程序都存在于一个“工程”中。工程下面可分为若干个“对象”“窗体”“模块”“类模块”。

在“开发工具”选项卡的“代码”选项组中单击“Visual Basic”按钮，或者按 Alt+F11 快捷键，进入 VB 编辑环境。在“视图”菜单中选择“工程资源管理器”命令，或在“标准”工具栏上单击“工程资源管理器”按钮，都可以打开“工程”任务窗格。这时，在“插入”菜单中选择“用户窗体”“模块”或“类模块”命令，或在“标准”工具栏上，单击相应的按钮，便可在“工程”中插入指定的项目。

选中某个“模块”或“类模块”后，单击工具栏的“属性窗口”按钮，可以在“属性窗口”中设置或修改名称。

双击任意一个项目，可在右边的窗格中查看或编写程序代码。VB 编辑器中的工程和代码界面如图 4-7 所示。

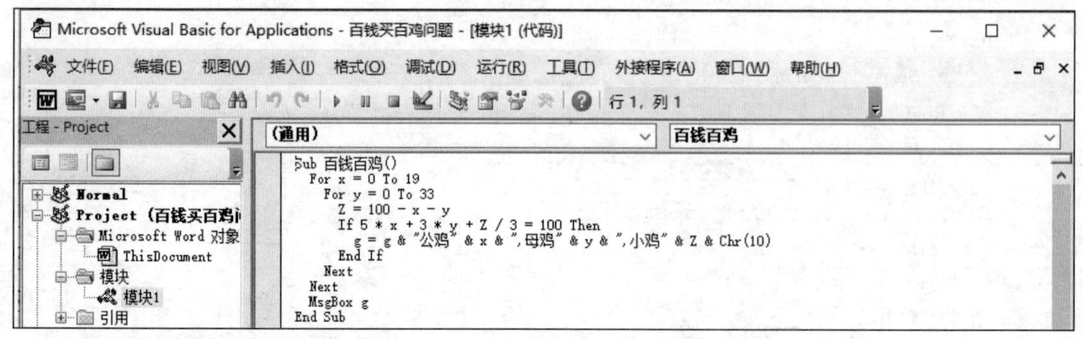

图 4-7　VB 编辑器窗口

每个 Word 对象、窗体、模块和类模块中都可以定义若干个“过程”。每个过程都有唯一的名字，过程中包含一系列语句。过程可以是函数、子程序或属性。

函数过程通常要返回一个值。但子程序过程只执行一个或多个操作，不返回数值。前面录制的宏，实际上就是子程序过程，宏名就是子程序名。用宏录制的方法可以得到子程序过程，但不能得到函数或属性过程。属性过程由一系列语句组成，用来为窗体、标准模块以及类模块创建属性。

创建过程通常有以下两种方法。

【方法 1】 直接输入代码。

（1）打开要编写过程的 Word 对象、窗体、模块或类模块。

（2）键入 Sub、Function 或 Property，分别创建 Sub、Function 或 Property 过程。系统会在后面自动加上一个 End Sub、End Function 或 End Property 语句。

（3）在其中键入过程的代码。

【方法 2】 用“添加过程”对话框。

（1）打开要编写过程的 Word 对象、窗体、模块或类模块。

（2）在“插入”菜单中选择“过程”命令，显示图 4-8 所示的“添加过程”对话框。

（3）在“添加过程”对话框的“名称”文本框键入过程的名称。选择要创建过程的类型，设置过程的范围。如果需要，还可以选中“把所有局部变量声明为静态变量”复选框。最后，单击“确定”按钮，进行代码编写。

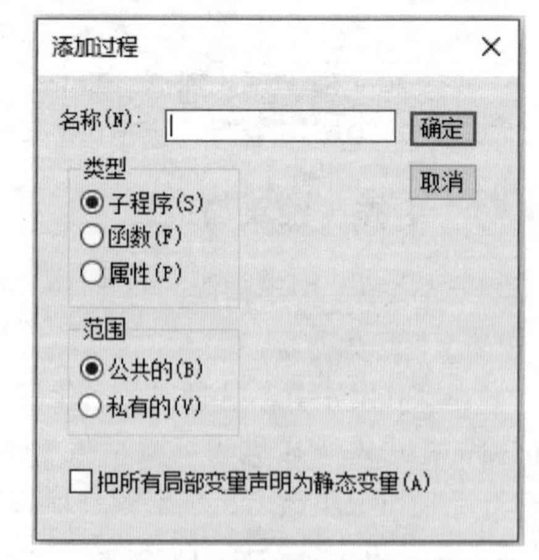

图 4-8 “添加过程”对话框

进入 Word 或打开一个文档，系统会自动创建一个工程，工程中包含 Word 对象。如有需要，可向工程中添加一个模块。

【例 4-2】 创建一个显示消息框的过程。

（1）在 Word 中，选择“开发工具”选项卡“代码”选项组的“Visual Basic”命令，打开 VB 编辑器窗口。

（2）在工具栏上单击“工程资源管理器”按钮，或按 Ctrl+R 键，在 VB 编辑器的左侧打开“工程”窗格。

（3）在“工程”窗格的空白处右击，在快捷菜单中选择“插入>模块”命令，或在“标准”工具栏上单击“模块”按钮，或选择“插入>模块”菜单命令，将一个模块添加到工程中。

（4）在“插入”菜单中选择“过程”命令，打开图 4-8 所示的“添加过程”对话框。

（5）输入“显示消息框”作为过程名。在“类型”选项组中，选择“子程序”单选按钮。单击“确定”按钮，在模块中添加一个新的过程。可以在代码窗口中直接输入或修改过程，而不是通过菜单添加过程。

（6）在过程中输入语句，得到下面的代码段：

```
Public Sub 显示消息框()
  Msgbox "这是一个测试用的过程"
End Sub
```

在输入 Msgbox 命令过程中，系统会自动提示有关参数信息。

要运行一个过程，可以使用“运行”菜单的“运行子程序/用户窗体”命令，也可以使用工具栏按钮或按 F5 快捷键。

模块与过程随 Word 文档一起保存，保存类型应为“启用宏的 Word 文档”。

4.5.2　子程序的设计与调用

每个子程序都以 Sub 开头，End Sub 结尾。

语法格式如下：

```
[Public|Private] Sub 子程序名([<参数>])
   [<语句组>]
   [Exit Sub]
   [<语句组>]
End Sub
```

Public 关键字可以使子程序在所有模块中有效。Private 关键字使子程序只在本模块中有效。如果没有指定，默认情况是 Public。

子程序可以带参数。

Exit Sub 语句的作用是退出子程序。

【例 4-3】 下面是一个求矩形面积的子程序。它带有两个参数 L 和 W，分别表示矩形的长和宽。

```
Sub mj(L, W)
  If L = 0 Or W = 0 Then Exit Sub
```

```
  MsgBox L * W
End Sub
```

上述子程序首先判断两个参数，如果任意一个参数值为零，则直接退出子程序，不做任何操作。否则，计算出矩形面积 L*W，并将面积显示出来。

调用子程序用 Call 语句。对上述子程序执行

```
Call mj(8,9)
```

其输出结果为 72。而执行

```
Call mj(8,0)
```

则不输出任何结果。

Call 语句用来调用一个 Sub 过程。语法形式如下：

```
[Call] <过程名> [<参数列表>]
```

其中，关键字 Call 可以省略。如果指定了这个关键字，则<参数列表>必须加上括号。如果省略 Call 关键字，也必须要省略<参数列表>外面的括号。

因此，Call mj(8,9)可以改为 mj 8,9

【例 4-4】 在 Word 中编写一个 VBA 子程序，输出所有的“玫瑰花数”到当前文档中。

所谓“玫瑰花数”，也叫“水仙花数”，指一个三位数，其各位数字立方和等于该数本身。

进入 Word，在 VB 编辑环境中，插入一个模块，创建如下子程序过程：

```
Sub 玫瑰花数()
  For n = 100 To 999
    i = n \ 100
    j = n \ 10 - i * 10
    k = n Mod 10
    If (n = i * i * i + j * j * j + k * k * k) Then
      Selection.TypeText Text:=n & Chr(9)
    End If
  Next
End Sub
```

上述子程序用循环语句对所有三位数，分别取出百、十、个位数字保存到变量 i、j、k 中，如果各位数字立方和等于该数本身，则将该数输出到 Word 当前文档。

其中：

n\100，将 n 除以 100 取整，得到百位数；

n\10–i*10，得到十位数；

n Mod 10，将 n 除以 10 取余，得到个位数。

Selection.TypeText 语句在 Word 文档输出指定的文本 n 和一个制表符，Chr 函数将 ASCII 码 9 转换为对应的制表符。

在 Visual Basic 编辑器中，按 F5 键运行这个程序后，在当前文档中得到图 4-9 所示的结果。

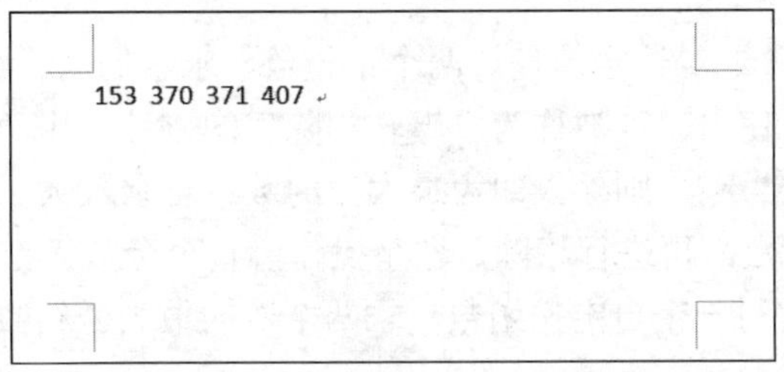

图 4-9　在文档中输出的“玫瑰花数”

4.6　求最大公约数

VBA 提供了大量的内置函数。例如字符串函数 Mid、数学函数 Sqr 等。内置函数在编程时可以直接引用，非常方便。但有时也需要按自己的要求编写函数，即自定义函数。

4.6.1　自定义函数的设计与调用

1. Function 语句

用 Function 语句可以定义函数，其语法形式如下：

```
[Public|Private] Function 函数名([<参数>]) [As 数据类型]
  [<语句组>]
  [函数名=<表达式>]
  [Exit Function]
  [<语句组>]
  [函数名=<表达式>]
End Function
```

关键词 Public 和 Private 用来指定函数的作用域。

函数名末尾可使用 As 子句声明返回值的数据类型，参数也可指定数据类型。若省略数据类型说明，系统会自动根据赋值确定。

Exit Function 语句的作用是退出 Function 过程。

下面这个自定义函数可以求出半径为 R 的圆的面积：

```
Public Function area(R As Single) As Single
  area = 3.14 * R ^ 2
End Function
```

该函数也可简化为：

```
Function area(R)
  area = 3.14 * R ^ 2
End Function
```

如果要计算半径为 5 的圆的面积，可调用函数 area(5)。假设 A 是一个已赋值为 3 的变量，area(A+5)将求出半径为 8 的圆的面积。

2. “辗转相除”法

下面编写 VBA 程序，对给定的任意两个正整数，求它们的最大公约数。

求最大公约数可以使用一种被称为“辗转相除”的方法。用两个数中较大的数除以较小的数取余，如果余数为零，则除数即为最大公约数；若余数大于零，则将原来的除数作为被除数，余数作为除数，再进行相除、取余操作，直至余数为零。

可以在 Word 中编写一个自定义函数，求两个数的最大公约数，并在文档中测试这个函数。

3. 在 Word 文档中建立表格

创建一个 Word 文档，保存为“求最大公约数.docm”。

在文档中创建一个表格，设置表头、边框线，输入一些用于测试的数据。得到图 4-10 所示的界面。

第一个整数	第二个整数	两数的最大公约数
24	16	
56	128	
12468	78	
286	56	
3	96	
39	9	

图 4-10　Word 文档中的表格

4. 编写自定义函数

进入 VB 编辑环境，插入一个模块，编写一个自定义函数 hcf，代码如下：

```
Function hcf(m, n)
  If m < n Then
    t = m: m = n: n = t       '让大数在 m、小数在 n 中
  End If
  r = m Mod n                 '对 m 和 n 取模，值放到 r 中
  Do While r > 0              '辗转相除
    m = n
    n = r
    r = m Mod n
  Loop
  hcf = n                     '返回最大公约数 n
End Function
```

上述自定义函数的两个参数 m 和 n，是要求最大公约数的两个正整数。

在函数中，首先对两个形参进行判断，让大数在 m 中、小数在 n 中。然后用 m 除以 n 得到余数 r。如果余数 r 大于零，则将原来的除数 n 作为被除数 m，余数 r 作为除数 n，再重复上述过程，直到余数 r=0 为止。此时，除数 n 就是最大公约数，作为函数值返回。

这里，用到了 Do…Loop 循环语句。它有以下两种形式：

```
(1) Do[{While|Until}<条件>]
      [<过程语句>]
      [Exit Do]
      [<过程语句>]
    Loop
(2) Do
      [<过程语句>]
      [Exit Do]
      [<过程语句>]
    Loop [{While|Until}<条件>]
```

其中，While 和 Until 的作用正好相反。使用 While，当<条件>为 True 时继续循环。使用 Until，当<条件>为 True 时，结束循环。

把 While 或 Until 放在 Do 子句中，则先判断后执行。把 While 或 Until 放在 Loop 子句中，则先执行后判断。

5. 调用自定义函数

自定义函数与内置函数的调用方法相同。为了调用自定义函数 hcf，求出表格中每对整数的最大公约数，可以在模块中编写如下子程序：

```
Sub 最大公约数()
  Set tbl = ActiveDocument.Tables(1)
  For i = 2 To 7
    m = Val(tbl.Cell(i, 1))
    n = Val(tbl.Cell(i, 2))
    tbl.Cell(i, 3) = hcf(m, n)
  Next
End Sub
```

在上述子程序中，首先用 Set 语句把当前文档中的第 1 个表格赋值给对象变量 tbl。然后用 For…Next 循环语句，对表格从第 2 行到第 7 行进行遍历。取出该行第 1 列、第 2 列的字符，用 Val 函数转换为数值，分别赋值给变量 m 和 n。再用自定义函数 hcf 求出 m 和 n 的最大公约数，填写到该行第 3 列单元格。

运行子程序“最大公约数”后，将会在 Word 当前文档的表格中得到图 4-11 所示的结果。

第一个整数	第二个整数	两数的最大公约数
24	16	8
56	128	8
12468	78	6
286	56	2
3	96	3
39	9	3

图 4-11　调用自定义函数 hcf 得到的结果

4.6.2 代码调试

1. 代码的运行、中断和继续

在 VB 编辑环境中运行一个子程序过程或用户窗体，有以下几种方法：

【方法 1】 使用“运行”菜单的“运行子过程/用户窗体”命令。

【方法 2】 单击工具栏的“运行子过程/用户窗体”按钮。

【方法 3】 用 F5 快捷键。

在执行代码时，可能会由于以下原因而中断执行：

（1）发生运行时错误。

（2）遇到一个断点或 Stop 语句。

（3）人为中断执行。

如果要人为中断执行，可用以下几种方法：

【方法 1】 选择“运行”菜单的“中断”命令。

【方法 2】 用 Ctrl+Break 快捷键。

【方法 3】 使用工具栏中的“中断”按钮。

【方法 4】 选择“运行”菜单的“重新设置”命令。

【方法 5】 使用工具栏中的“重新设置”按钮。

要继续执行，可用以下几种方法：

【方法 1】 在“运行”菜单中选择“继续”命令。

【方法 2】 按 F5 键。

【方法 3】 使用工具栏中的“继续”按钮。

2. 跟踪代码的执行

为了分析代码，查找逻辑错误原因，需要跟踪代码的执行。跟踪的方式有以下几种：

（1）逐语句。跟踪代码的每一行，并逐语句跟踪过程。这样就可查看每个语句对变量的影响。

（2）逐过程。将每个过程当成单个语句。使用它代替“逐语句”以跳过整个过程调用，而不是进入调用的过程。

（3）运行到光标处。

要跟踪执行代码，可以在“调试”菜单中选择“逐语句”“逐过程”“运行到光标处”命令，或使用相应的快捷键 F8、Shift+F8、Ctrl+F8。

在跟踪过程中，只要将鼠标指针移到任意一个变量名上，就可以看到该变量当时的值，由此分析程序是否有错。也可以选择需要的变量，添加到监视窗口进行监视。

3. 设置与清除断点

可在特定语句上设置一个断点以中断程序的执行，不需要中断时再清除断点。将光标定位到需要设置断点的代码行，然后用以下方法可以设置或清除断点：

【方法 1】 在“调试”菜单中选择“切换断点”命令。

【方法 2】 按 F9 键。

【方法 3】 在对应代码行的左边界标识条上单击。

以上方法均会在代码行和左边界标识条上设置断点标记。清除断点则标记消失。

要清除应用程序中的所有断点，可在“调试”菜单中选择“清除所有断点”命令。

4.7　处理表格与对象

本节先介绍一些通过 VBA 代码使用 Word 对象的技术，然后给出几个表格和 Word 对象处理的应用案例。

4.7.1　使用 Word 对象

1. 选定文档中的对象

使用 Select 方法可选定文档中的对象。下面的程序选定活动文档中的第 1 个表格。

```
Sub SeleT()
  ActiveDocument.Tables(1).Select
End Sub
```

下面的程序选定活动文档中的前 4 个段落。Range 方法用于创建一个引用前 4 个段落的对象，然后将 Select 方法应用于该对象。

```
Sub SelR()
  ActiveDocument.Range( _
  ActiveDocument.Paragraphs(1).Range.Start, _
  ActiveDocument.Paragraphs(4).Range.End).Select
End Sub
```

2. 将 Range 对象赋给变量

下列语句将活动文档中的第 1 个和第 2 个单词分别赋给变量 Range1 和 Range2。

```
Set Range1 = ActiveDocument.Words(1)
Set Range2 = ActiveDocument.Words(2)
```

可以将一个 Range 对象变量的值送给另一个 Range 对象变量。例如，下列语句将名为 Range1 的区域变量赋值给 Range2 变量。

```
Set Range2 = Range1
```

这样，两个变量代表同一对象。

下列语句使用 Duplicate 属性创建一个 Range1 对象的新副本 Range2。

```
Set Range2 = Range1.Duplicate
```

3. 修改文档的某一部分

Word 包含 Characters、Words、Sentences、Paragraphs、Sections 对象，用这些对象代表

字符、单词、句子、段落和节等文档元素。

例如：

下列语句将活动文档中第 1 个单词设为大写。

```
ActiveDocument.Words(1).Case = wdUpperCase
```

下列语句将第 1 节的下边距设为 0.5 英寸。

```
Selection.Sections(1).PageSetup.BottomMargin = InchesToPoints(0.5)
```

下列语句将活动文档的字符间距设为 2 倍。

```
ActiveDocument.Content.ParagraphFormat.Space2
```

若要修改由一组文档元素（字符、单词、句子、段落或节）组成的某区域的文字，需要创建一个 Range 对象。

下面的程序创建一个 Range 对象，引用活动文档的前 10 个字符，然后利用该对象设置字符的字号。

```
Sub SetTC()
  Dim rgTC As Range
  Set rgTC = ActiveDocument.Range(Start:=0, End:=10)
  rgTC.Font.Size = 20
End Sub
```

4. 引用活动文档元素

要引用活动的段落、表格、域或其他文档元素，可使用 Selection 属性返回一个 Selection 对象。然后通过 Selection 对象访问文档元素。

下列语句将边框应用于选定内容的第 1 段。

```
Selection.Paragraphs(1).Borders.Enable = True
```

下面的程序将底纹应用于选定内容中每张表格的首行。For Each…Next 循环用于在选定内容的每张表格中循环。

```
Sub SATR()
  Dim tbl As Table
  If Selection.Tables.Count >= 1 Then
    For Each tbl In Selection.Tables
      tbl.Rows(1).Shading.Texture = wdTexture30Percent
    Next tbl
  End If
End Sub
```

5. 处理表格

下面的程序在活动文档的开头插入一张 4 列 3 行的表格。For Each…Next 结构用于循环遍历表格中的每个单元格。InsertAfter 方法用于将文字添至表格单元格。

```
Sub CNT()
  Set docA = ActiveDocument
  Set tblN = docA.Tables.Add(Range:=docA.Range(Start:=0, End:=0), _
      NumRows:=3, NumColumns:=4)
  C = 1
  For Each celT In tblN.Range.Cells
      celT.Range.InsertAfter "内容" & C
      C = C + 1
  Next celT
End Sub
```

下面的程序返回并显示文档中第 1 张表格的第 1 行中每个单元格的内容。

```
Sub RetC()
  Set tbl = ActiveDocument.Tables(1)
  For Each cel In tbl.Rows(1).Cells
    Set rng = cel.Range
    rng.MoveEnd Unit:=wdCharacter, Count:=-1 '取消一个非正常字符
    MsgBox rng.Text
  Next cel
End Sub
```

6. 处理文档

在下面的程序中，使用 Add 方法新建一个文档并将 Document 对象赋给一个对象变量。然后设置该 Document 对象的属性。

```
Sub NewD()
  Set docN = Documents.Add
  docN.Content.Font.Name = "楷体_GB2312"
End Sub
```

下列语句用 Documents 集合的 Open 方法打开 d 区根目录中名为 test.docx 的文档。

```
Documents.Open FileName:="d:\test.docx"
```

下列语句用 Document 对象的 SaveAs 方法在 d 区根目录中保存活动文档，命名为 tmp.docx。

```
ActiveDocument.SaveAs FileName:="d:\tmp.docx"
```

下列语句用 Documents 对象的 Close 方法关闭并保存名为 tmp.docx 的文档。

```
Documents("tmp.docx").Close SaveChanges:=wdSaveChanges
```

4.7.2　Word 表格计算

在 Word 中创建一个职工工资表格，并输入基本数据，如图 4-12 所示。

姓名	工资	奖金	津贴	补助	加班	取暖费	水电费	扣款	总额
田新雨	1000	1500	800	800	0	-100	-46.5	0	
李杰	1000	1500	800	800	0	-100	-33.8	-35	
沈磊	1000	1500	800	700	0	-100	-23.5	0	
祁才颂	800	1300	400	700	0	-100	-78.7	0	
管锡凤	800	1300	0	800	0	-100	-66.5	-35	
叶旺海	700	1200	0	800	0	-100	-33.2	0	

图 4-12　职工工资表

进入 VB 编辑环境，编写一个计算工资总额子程序，代码如下：

```
Sub 计算工资总额()
  Set tbl = ActiveDocument.Tables(1)
  For i = 2 To 7
    For j = 2 To 9
      c = c + Val(tbl.Cell(i, j))
    Next
    tbl.Cell(i, 10) = c
    c = 0
  Next
End Sub
```

上述程序将当前文档的第 1 张表格用对象变量 tbl 表示，用双重循环结构的程序对表格每行的第 2 列至第 9 列数据求算术和，添加到第 10 列。程序运行后的结果如图 4-13 所示。

姓名	工资	奖金	津贴	补助	加班	取暖费	水电费	扣款	总额
田新雨	1000	1500	800	800	0	-100	-46.5	0	3953.5
李杰	1000	1500	800	800	0	-100	-33.8	-35	3931.2
沈磊	1000	1500	800	700	0	-100	-23.5	0	3876.5
祁才颂	800	1300	400	700	0	-100	-78.7	0	3021.3
管锡凤	800	1300	0	800	0	-100	-66.5	-35	2698.5
叶旺海	700	1200	0	800	0	-100	-33.2	0	2566.8

图 4-13　程序运行后的结果

4.7.3　互换表格行列数据

本小节要在 Word 中，分别用 VBA 程序实现图 4-14 和图 4-15 所示的表格行列数据形式的相互转换。

A	B	C	D

图 4-14　表格及数据行

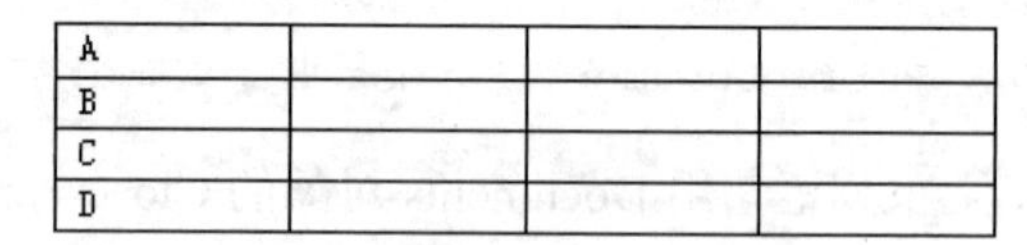

A			
B			
C			
D			

图 4-15　表格及数据列

1. Word 文档设计

创建一个 Word 文档，保存为“互换表格行列数据.docm”。在文档中插入一个表格，在表格的第 1 行输入用于测试的数据。

在“开发工具”选项卡的“控件”选项组中，单击“旧式工具”按钮，选择“命令按钮(ActiveX控件)",在当前文档表格的后面添加2个命令按钮。右击第1个命令按钮,在弹出的快捷菜单中选择"属性"命令,在"属性"对话框中设置按钮的Caption属性为"行转列"。用同样的方法设置第2个命令按钮的Caption属性为"列转行"。得到图4-16所示的Word文档内容。

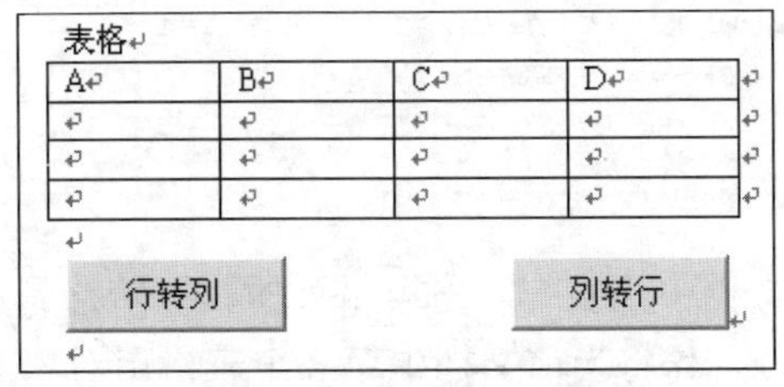

图4-16 Word文档内容

2."行转列"子程序设计

右击"行转列"命令按钮,在弹出的快捷菜单中选择"查看代码"命令,进入VB编辑环境,为该按钮的Click事件编写如下代码:

```
Private Sub CommandButton1_Click()
  Set tb = ActiveDocument.Tables(1)                               '设置对象变量
  n = tb.Columns.Count                                            '求表格的列数
  tb.Cell(1, 2).Select                                            '选中单元格
  For i = 2 To n                                                  '按表格2-n列循环
    Selection.SelectCell                                          '选中单元格
    Selection.Cut                                                 '剪切
    Selection.MoveDown Unit:=wdLine, Count:=i-1                   '光标下移i-1行
    Selection.MoveLeft Unit:=wdCharacter, Count:=i-1              '光标左移i-1列
    Selection.Paste                                               '粘贴单元格
    Selection.MoveRight Unit:=wdCharacter, Count:=i               '右移i列
    Selection.MoveUp Unit:=wdLine, Count:=i - 1                   '上移i-1行
  Next i
End Sub
```

上述代码用于将当前文档中第1个表格第1行的数据转移到第1列。

首先将当前文档中第1个表格用对象变量tb表示,求出表格的列数,选中表格1行2列单元格。然后用For循环语句,将表格第1行从第2列到第n列单元格的数据,转移到第1列从第2行到第n行单元格中。用剪切、粘贴的方法转移每个数据。

3."列转行"子程序设计

右击"列转行"命令按钮,在弹出的快捷菜单中选择"查看代码"命令,为该按钮的Click事件编写如下代码:

```
Private Sub CommandButton2_Click()
  Set tb = ActiveDocument.Tables(1)                               '设置对象变量
  n = tb.Rows.Count                                               '求表格的行数
  tb.Cell(2, 1).Select                                            '选中单元格
  For i = 2 To n                                                  '按表格2-n列循环
```

```
        Selection.SelectCell                                      '选中单元格
        Selection.Cut                                             '剪切
        Selection.MoveRight Unit:=wdCharacter, Count:=i-1         '右移 i-1 列
        Selection.MoveUp Unit:=wdLine, Count:=i - 1               '上移 i-1 行
        Selection.Paste                                           '粘贴单元格
        Selection.MoveDown Unit:=wdLine, Count:=i                 '光标下移 i 行
        Selection.MoveLeft Unit:=wdCharacter, Count:=i-1          '光标左移 i-1 列
    Next i
End Sub
```

上述代码用于将当前文档中第 1 个表格第 1 列的数据转移到第 1 行。

与“行转列”程序类似，先将当前文档中第 1 个表格用对象变量 tb 表示，求出表格的行数，选中表格 2 行 1 列单元格。然后用 For 循环语句，将表格第 1 列从第 2 行到第 n 行单元格的数据，转移到第 1 行从第 2 列到第 n 列单元格中。也是用剪切、粘贴的方法转移每个数据。

4. 运行与测试

打开文档“互换表格行列数据.docm”，在图 4-16 所示的界面中，单击“行转列”按钮，得到图 4-15 所示的结果，再单击“列转行”按钮，将数据还原为一行。

4.7.4　统计单元格中“A”的数量

本小节将编写一个 VBA 程序，统计 Word 表格各单元格中“A”的数量。统计规则如下：

（1）如果单元格的内容为“1A,2A,3A”的形式，则“A”的数量为 3；

（2）如果单元格的内容为“1A-5A”的形式，等同于“1A,2A,3A,4A,5A”，则“A”的数量为 5。

1. Word 文档设计

创建一个 Word 文档，在文档中插入一个表格，在表格中输入用于测试的数据。

在“开发工具”选项卡的“控件”选项组中，单击“旧式工具”按钮，选择 ActiveX 控件中的“命令按钮”，在表格的后面添加一个命令按钮。右击命令按钮，在弹出的快捷菜单中选择“属性”命令，在“属性”对话框中设置按钮的 Caption 属性为“统计各单元格 A 的数量”。得到图 4-17 所示的 Word 文档内容。

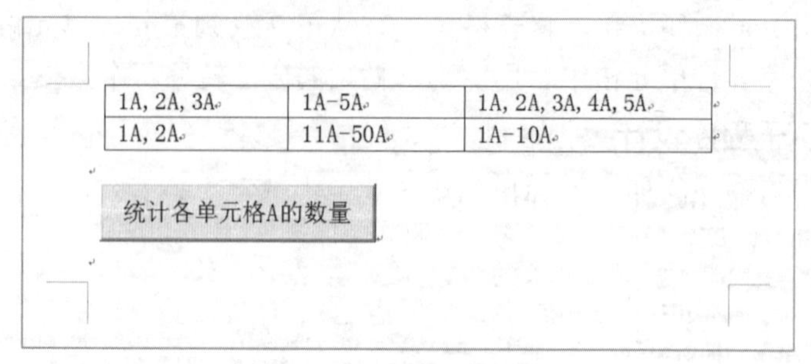

1A, 2A, 3A	1A-5A	1A, 2A, 3A, 4A, 5A
1A, 2A	11A-50A	1A-10A

图 4-17　Word 文档内容

2. 子程序设计

右击“统计各单元格 A 的数量”命令按钮，在弹出的快捷菜单中选择“查看代码”命令，进入 VB 编辑环境，为该按钮的 Click 事件编写如下代码：

```
Private Sub CommandButton1_Click()
  Selection.EndKey Unit:=wdStory
  Set tb = ActiveDocument.Tables(1)
  For i = 1 To tb.Rows.Count
    For j = 1 To tb.Columns.Count
      tt = tb.Cell(i, j).Range.Text
      p = InStr(tt, "-")
      If p > 0 Then
        n1 = Val(tt)
        n2 = Val(Mid(tt, p + 1))
        k = n2 - n1 + 1
      Else
        k = 0
        p = InStr(tt, "A")
        Do While p > 0
          k = k + 1
          p = InStr(p + 1, tt, "A")
        Loop
      End If
      s = i & "行" & j & "列单元格有" & k & "个“A”" & Chr(10)
      Selection.TypeText Text:=s
    Next
  Next
End Sub
```

上述代码将分别统计 Word 当前文档第 1 个表格各单元格中“A”的数量。

首先定位光标到文档末尾，将当前文档中第 1 个表格用对象变量 tb 表示，然后用双重循环语句，对表格的每个单元格进行处理。

为每个单元格取出文本字符串，用变量 tt 表示。如果 tt 中包含字符“-”，则分别取出 tt 最左边的有效数字和紧靠“-”右边的有效数字，转换为数值，其差值加 1 即为该单元格“A”的数量；如果 tt 中不包含字符“-”，则用 InStr 函数和 Do While 语句对字符串 tt 中的“A”进行计数。最后，用 Selection.TypeText 语句在当前文档输出该单元格中“A”的数量。

3. 运行子程序

在图 4-17 所示的 Word 文档中，单击“统计各单元格 A 的数量”命令按钮，将得到图 4-18 所示的结果。

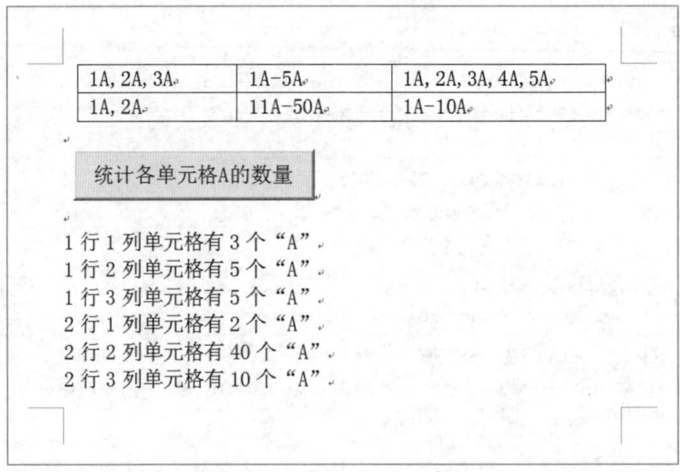

图 4-18　程序运行后的输出结果

4.7.5　自动添加图注

本小节在 Word 中编写一个程序，为当前文档的所有图片按顺序添加图注。图注的形式为“图 1-1”“图 1-2”等。

1. 创建文档

创建一个 Word 文档，保存为“自动添加图注.docm”。在文档中输入一些用于测试的文本并插入若干图片。

2. 编写程序

进入 VB 编辑环境，在当前工程中双击 ThisDocument 对象，在其中编写一个通用子程序 PicIndex，代码如下：

```
Sub PicIndex()
  k = ActiveDocument.InlineShapes.Count                  '求当前文档的图片个数
  For j = 1 To k
    ActiveDocument.InlineShapes(j).Select                '选中第 j 个图片
    Selection.Range.InsertAfter Chr(13) & "图 1-" & j '在后面插入回车符和图注
  Next j
End Sub
```

上述子程序首先求出当前文档的图片数量，用变量 k 表示。然后用 For 语句让循环控制变量 j 从 1 到 k 循环。第 j 次循环时，选中第 j 个图片，在其后面插入一个回车符和一个图注。

3. 运行程序

打开文件“自动添加图注.docm”，在“开发工具”选项卡的“代码”选项组中，单击“宏”按钮，在“宏”对话框中选择 picIndex，单击“运行”按钮，当前文档的每个图片下面将自动依次添加形如“图 1-1”“图 1-2”等的图注。

上机练习

1. 分别录制 4 个宏，并将它们的快捷键指定为 Ctrl+1、Ctrl+2、Ctrl+3、Ctrl+4，将 Word 文档当前光标右边的字符改为大写、小写、全角、半角，并且光标移到下一个字符。

2. 编写 VBA 程序，删除 Word 当前文档选定部分的空白行。

3. 编写 VBA 程序，删除 Word 当前文档选定部分的多余空格，只在单词之间保留 1 个空格。

4. 编写 VBA 程序，删除 Word 当前文档选定部分中的指定字符串。

5. 在 Word 中编写程序，输出所有“对等数”。“对等数”是指一个三位数，其各位数字的和与各位数字的积的积等于该数本身。例如：144＝(1+4+4)*(1*4*4)。

6. 假设 100 匹马驮 100 担货，大马 1 匹驮 3 担，中马 1 匹驮 2 担，小马 2 匹驮 1 担。请编写程序，在 Word 当前文档输出大、中、小马可能的数目。

7. 在 Word 中编写程序实现如下功能：输入一个正整数并赋给变量 n（n≤6）后，输出 n 行由大写字母 A 开始的三角形字符阵列。例如，程序运行后，分别输入 4、5、6 并赋给变量 n，将得到图 4-19 所示的结果。

8. 在 Word 中编写一个尽可能简单的程序，输出图 4-20 所示的数字方阵。

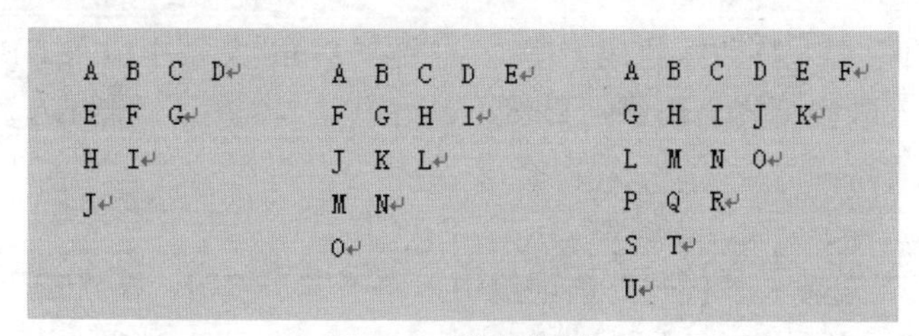

图 4-19　字符阵列

```
13 14 15 16
 9 10 11 12
 5  6  7  8
 1  2  3  4
```

图 4-20　数字方阵

第5章 VBA 应 用

本章通过以下几个案例介绍 VBA 应用技术：国标汉字的输入和代码获取，文本查找，表格操作，图文框应用，状态栏控制，网页信息处理等。

5.1 快速输入国标汉字

我国于 1981 年颁布了信息交换用汉字编码基本字符集的国家标准，即 GB2312，对 6763 个汉字、628 个图形字符进行了统一编码，为信息处理和交换奠定了基础。虽然 Office 2016 中文版支持超大字符集，但在多数情况下，人们用计算机处理的汉字一般都没有超出基本集这 6763 个汉字。

由于某种特殊应用（如打印字帖、打印区位码表等），需要在 Word 文档中输入 GB2312 的全部汉字。一个个从键盘输入既慢又容易出错，显然不是好办法。编写一个 VBA 程序，可以轻松地解决这个问题。

具体做法如下：

进入 Word，在“开发工具”选项卡“代码”选项组中单击“宏”按钮，在“宏”对话框中输入宏名“输入国标汉字”，指定宏的位置为当前文档，单击“创建”按钮，进入 VB 编辑环境，创建以下程序：

```
Sub 输入国标汉字()
   For m = 176 To 247
      For n = 161 To 254
         nm = "&H" & Hex(m) & Hex(n)
         Selection.TypeText Text:=Chr(nm)
      Next
   Next
End Sub
```

这是一个双重循环结构程序，外层循环得到汉字内码的高位（范围是 176 到 247 之间的整数），内层循环得到汉字内码的低位（范围是 161 到 254 之间的整数）。循环体中，将内码的高位和低位以十六进制数字符形式拼接，即得到一个汉字的完整内码，用 Chr 函数将内码转换为汉字，用 Selection.TypeText 方法输入到当前文档。

运行上述程序，便可在当前文档中得到 GB2312 的全部汉字。

5.2　查汉字区位码

为保证汉字信息输入的准确性，有些场合要使用汉字的区位码。例如，填报中考、高考志愿表时，关键内容的汉字信息需要同时填写对应的区位码。通常，区位码可以查表得到，但是如果手头暂时没有区位码表，怎么查找每个汉字的区位码呢？下面的 VBA 程序可以解决这个问题。

进入 Word，在“开发工具”选项卡“代码”选项组中单击“宏”按钮，在“宏”对话框中输入宏名“查汉字区位码”，指定宏的位置为当前文档，单击“创建”按钮，进入 VB 编辑环境，创建以下程序：

```
Sub 查汉字区位码()
   nm = Hex(Asc(Selection.Text))     '内码（4 位十六进制形式）
   nm_h = "&H" & Left(nm, 2)         '内码（高 2 位）
   nm_l = "&H" & Right(nm, 2)        '内码（低 2 位）
   qm = nm_h - 176 + 16              '得到区码
   wm = nm_l - 161 + 1               '得到位码
   wm = IIf(wm < 10, "0" & wm, wm)   '2 位数表示
   MsgBox qm & wm                    '显示区位码
End Sub
```

上述程序段首先取出选定文本（单个汉字），用 ASC 函数求出汉字的内码，用 Hex 函数将汉字的内码转换为 4 位十六进制字符串型数据。然后用 Left 和 Right 函数分别取出内码的高 2 位和低 2 位（用十六进制字符串表示）。最后将内码的高 2 位和低 2 位分别转换为区码和位码并显示出来。

由于位码可能是 1 位数，也可能是 2 位数，因此为使格式规整，可用 IIf 函数统一转换为 2 位数。IIf 函数可以根据条件的真假，返回不同的值，语法形式为：

```
IIf(条件表达式, 条件为 True 时的返回值, 条件为 False 时的返回值)
```

当变量 wm 的值小于 10 时，函数 IIf(wm < 10, "0" & wm, wm)返回一个在 wm 的值前面加上一个字符“0”而形成的字符串。当变量 wm 的值大于或等于 10 时，则返回 wm 自身的值。

要查询某个汉字的区位码，可先在 Word 中选中这个汉字，然后运行“查汉字区位码”子程序，就可得到该汉字的区位码。例如，“博”字的区位码为 1809，“达”字的区位码为 2079。

5.3　免试生筛选

某高校计算机系要对学生进行软件开发能力考核。规定：如果“计算机导论”“数据库应用”“C 语言”“数据结构”“VB 程序设计”“多媒体技术”“汇编语言”“计算机网络”这 8 门课程的考试成绩中，有 2 门以上（含 2 门）排在全年级前 10%以内，则“软件开发能力”成绩记为 A 等，不必另行参加考核。

假设有一个 Word 文档，其中有 8 个表格，每个表格的内容为一门课成绩排在全年级前 10%以内的学生名单和相关信息。图 5-1 给出了其中 2 门课对应的表格结构和内容。

学号	班级	姓名	计算机导论
0012431	4	张伟	98.0
0012212	2	陈强	94.0
0012248	2	张红军	94.0
0012104	1	殷春花	92.0
0012145	1	陈立杰	91.0
0012423	4	朱艳平	91.0
0012229	2	何庆新	90.0
0012245	2	董雪	90.0
0012417	4	毛怀勇	88.0
0012105	1	张彦军	87.0
0012112	1	刘丹	87.0
0012316	3	侯萍	87.0
0012426	4	李鸿亮	87.0
0012333	3	栾丽静	86.0
0012424	4	姜艳艳	86.0
0012211	2	张艳芬	85.0
0012318	3	张坦	85.0
0012342	3	李倩	85.0
0012422	4	关金萍	85.0
0012108	1	陈艳超	84.0
0012236	2	刘洪伟	84.0
0012304	3	江超	84.0

学号	班级	姓名	数据库应用
0012105	1	张彦军	92.0
0012423	4	朱艳平	90.0
0012112	1	刘丹	88.0
0012417	4	毛怀勇	88.0
0012421	4	庄延锋	88.0
0012110	1	张亚荣	86.0
0012114	1	赵鑫章	86.0
0012137	1	张雨	86.0
0012424	4	姜艳艳	86.0
0012438	4	王海	86.0
0012248	2	张红军	85.0
0012303	3	任慧	85.0
0012348	3	秦帅	85.0
0012149	1	刘闯	84.0
0012342	3	李倩	84.0
0012131	1	奚丽娜	83.0
0012205	2	逯博	83.0
0012212	2	陈强	83.0
0012305	3	白银玲	83.0
0012313	3	王婷	83.0
0012107	1	李闯	82.0
0012133	1	鞠向伟	82.0

图 5-1　排在全年级前 10%的单科成绩信息

为了列出符合免试条件的学生名单，需要把 8 个表格中出现过 2 次以上的学生姓名挑选出来。虽然用“查找”等操作可以完成这一任务，但效率不高。下面介绍一种用 VBA 程序提高效率的方法。

1. 编写程序

打开含有图 5-1 所示的 8 门课成绩信息的 Word 文档，进入 VB 编辑环境，在当前工程中插入一个模块。

在模块中输入语句 Dim stt As String，声明一个模块级变量。然后，建立以下 3 个子程序：

```
Sub 查次数()
  stt = Selection.Text                          '选中的文本
  Selection.Find.Text = stt                     '作为查找的内容
  Selection.HomeKey Unit:=wdStory               '到文件头
  Selection.Find.Execute                        '进行查找
  While Selection.Find.Found()                  '找到，计数，继续
    k = k + 1
    Selection.Find.Execute
  Wend
  MsgBox "该文本出现 " & k & " 次"              '显示次数
  Selection.Find.Wrap = wdFindContinue          '回绕查找（光标回原位）
  Selection.Find.Execute
End Sub
Sub 下一处()
  Selection.Find.Text = stt                     '上一个操作选中的文本
```

```
    Selection.Find.Wrap = wdFindContinue '回绕查找
    Selection.Find.Execute
  End Sub
  Sub 删除()
    Selection.SelectRow                           '选中表格当前行
    Selection.Rows.Delete                         '删除表格当前行
  End Sub
```

“查次数”子程序用来在当前文档中查找并显示选定文本出现的次数，然后光标回到原处。“下一处”子程序用来将光标定位到选定文本下一次出现的位置。“删除”子程序用来删除表格当前行。

2. 在快速访问工具栏中添加按钮

为了便于操作，可在 Word 当前文档的快速访问工具栏中添加 3 个按钮，分别用来执行“查次数”“下一处”“删除”子程序。添加方法如下：

（1）右击 Word 的快速访问工具栏，在快捷菜单中选择“自定义快速访问工具栏”命令，打开图 5-2 所示的“Word 选项”对话框。在“从下列位置选择命令”下拉列表框中选择“宏”项，在“自定义快速访问工具栏”下拉列表中选择“用于‘免试生筛选.docm’”，将左侧列表框中的 3 个宏添加到右侧列表框。

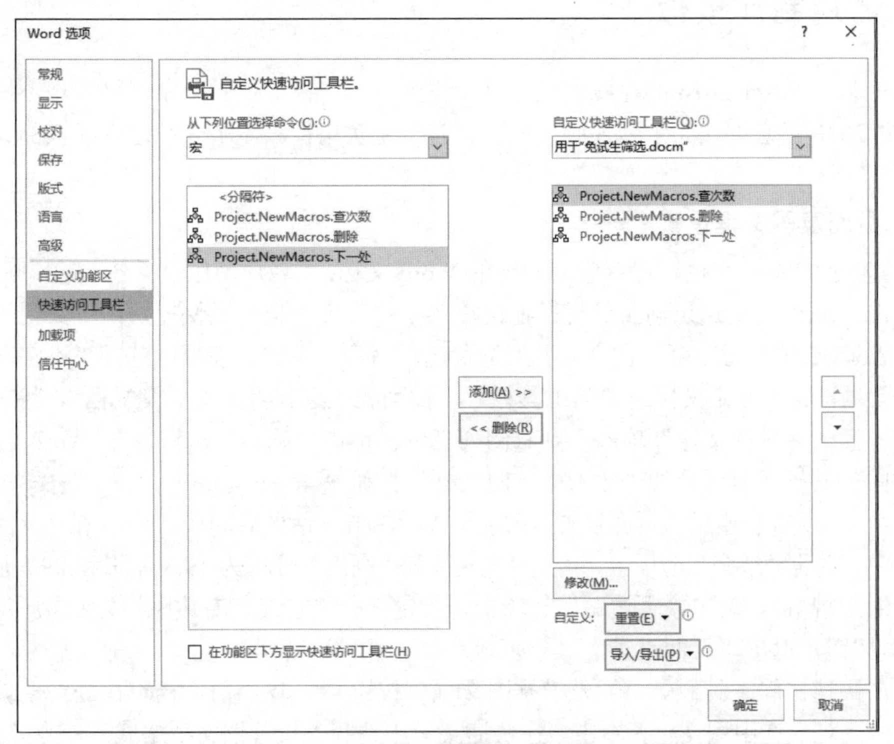

图 5-2 “Word 选项”对话框

（2）在右侧列表框中选中一个宏，单击列表框下面的“修改”按钮。在图 5-3 所示的“修改按钮”对话框中，指定按钮的图标符号、修改显示名称，然后单击“确定”按钮。

用同样方法对另外 2 个宏进行修改，最后单击“Word 选项”对话框的“确定”按钮，Word 当前文档的快速访问工具栏中就会出现添加的这 3 个按钮。

图 5-3 “修改按钮”对话框

3. 名单筛选

在文档中选定一个学号或姓名，单击快速访问工具栏上“查次数”按钮，显示它在文档中出现的次数。如果次数等于 1，就说明该生不符合免试条件，可直接单击“删除”按钮进行删除。如果次数大于 1，则说明该生符合免试条件，应该保留该生一条记录，删除其余的记录。方法是单击“下一处”和“删除”按钮，直至将多余的记录全部删除，再单击“下一处”按钮，将光标定位到原处，以便处理下一条信息。依次处理每条记录，最后保留的就是符合免试条件的学生名单。

5.4 名片制作模板

尽管利用 Word 2016 的在线模板可以制作名片，但操作比较复杂，格式也不够灵活。用 Word 2016 的宏创建一个名片制作模板，有一定实用性。本节介绍这个模板的设计和使用方法。

1. 页面及图文框设置

创建一个 Word 文档，保存为启用宏的 Word 文档：“名片制作模板.docm”。

右击 Word 的快速访问工具栏，在快捷菜单中选择“自定义快速访问工具栏”命令，打开“Word 选项”对话框。在“从下列位置选择命令”下拉列表框中选择“不在功能区中的命令”项，在“自定义快速访问工具栏”下拉列表中选择“用于所有文档”，将左侧列表框中的“插入横排图文框”项添加到右侧列表框。单击“确定”按钮，在 Word 左上角的快速访问工具栏上即可看到“插入横排图文框”按钮。

在“布局”选项卡的“页面设置”选项组中，单击对话框启动按钮。在“页面设置”对话框中，选定“纸张”选项卡，指定“宽度”和“高度”分别为 19.5 厘米和 29.5 厘米（标准名片纸张规格）。选定“页边距”选项卡，指定上、下、左、右边距均为 0.7 厘米。单击“确定”按钮，退出“页面设置”。

单击快速访问工具栏的“插入横排图文框”按钮，在当前文档空白处拖动鼠标，添加一个图文框。选中图文框，右击，在快捷菜单中选择“设置图文框格式”命令。在图 5-4 所示的“图文框”对话框中，设置宽度为固定值 8.6 厘米、高度为固定值 5.4 厘米（标准名片规格）。单击“确定”按钮，退出“图文框”设置。

选中图文框，右击，在快捷菜单中选择“边框和底纹”命令。在“边框和底纹”对话框的“边框”选项卡中，设置“无”边框，单击“确定”按钮，将图文框的边框取消。

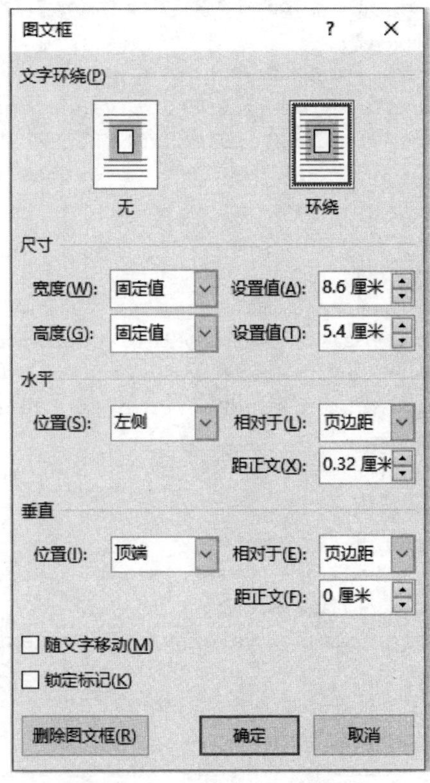

图 5-4 “图文框”对话框

2. 编写代码

进入 VB 编辑环境，插入一个模块，编写一个“复制及排版”子程序，代码如下：

```
Sub 复制及排版()
  Selection.Cut                                            '剪切选中的图文框
  For k = 1 To 10                                          '粘贴 10 次
    Selection.Paste
  Next
  Selection.MoveLeft Unit:=wdItem                          '选中第 1 个图文框
  With Selection.Frames(1)
    .HorizontalPosition = wdFrameLeft                      '水平相对于页边距、左侧
    .RelativeHorizontalPosition = wdRelativeHorizontalPositionMargin
    .VerticalPosition = wdFrameBottom                      '垂直相对于页边距、底端
    .RelativeVerticalPosition = wdRelativeVerticalPositionMargin
  End With
  Selection.MoveLeft Unit:=wdItem                          '选中第 2 个图文框
  With Selection.Frames(1)
    .HorizontalPosition = wdFrameRight                     '水平相对于页边距、右侧
    .RelativeHorizontalPosition = wdRelativeHorizontalPositionMargin
    .VerticalPosition = wdFrameBottom                      '垂直相对于页边距、底端
    .RelativeVerticalPosition = wdRelativeVerticalPositionMargin
  End With
```

```
Selection.MoveLeft Unit:=wdItem                      '选中第 3 个图文框
With Selection.Frames(1)
  .HorizontalPosition = wdFrameRight                 '水平相对于页边距、右侧
  .RelativeHorizontalPosition = wdRelativeHorizontalPositionMargin
  .VerticalPosition = CentimetersToPoints(17.7) '垂直相对于页面、17.7 厘米
  .RelativeVerticalPosition = wdRelativeVerticalPositionPage
End With
Selection.MoveLeft Unit:=wdItem                      '选中第 4 个图文框
With Selection.Frames(1)
  .HorizontalPosition = wdFrameLeft                  '水平相对于页边距、左侧
  .RelativeHorizontalPosition = wdRelativeHorizontalPositionMargin
  .VerticalPosition = CentimetersToPoints(17.7) '垂直相对于页面、17.7 厘米
  .RelativeVerticalPosition = wdRelativeVerticalPositionPage
End With
Selection.MoveLeft Unit:=wdItem                      '选中第 5 个图文框
With Selection.Frames(1)
  .HorizontalPosition = wdFrameLeft                  '水平相对于页边距、左侧
  .RelativeHorizontalPosition = wdRelativeHorizontalPositionMargin
  .VerticalPosition = wdFrameCenter                  '垂直相对于页边距、居中
  .RelativeVerticalPosition = wdRelativeVerticalPositionMargin
End With
Selection.MoveLeft Unit:=wdItem                      '选中第 6 个图文框
With Selection.Frames(1)
  .HorizontalPosition = wdFrameRight                 '水平相对于页边距、右侧
  .RelativeHorizontalPosition = wdRelativeHorizontalPositionMargin
  .VerticalPosition = wdFrameCenter                  '垂直相对于页边距、居中
  .RelativeVerticalPosition = wdRelativeVerticalPositionMargin
End With
Selection.MoveLeft Unit:=wdItem                      '选中第 7 个图文框
With Selection.Frames(1)
  .HorizontalPosition = wdFrameRight                 '水平相对于页边距、右侧
  .RelativeHorizontalPosition = wdRelativeHorizontalPositionMargin
  .VerticalPosition = CentimetersToPoints(6.4)   '垂直相对于页面、6.4 厘米
  .RelativeVerticalPosition = wdRelativeVerticalPositionPage
End With
Selection.MoveLeft Unit:=wdItem                      '选中第 8 个图文框
With Selection.Frames(1)
  .HorizontalPosition = wdFrameLeft                  '水平相对于页边距、左侧
  .RelativeHorizontalPosition = wdRelativeHorizontalPositionMargin
  .VerticalPosition = CentimetersToPoints(6.4)   '垂直相对于页面、6.4 厘米
  .RelativeVerticalPosition = wdRelativeVerticalPositionPage
End With
Selection.MoveLeft Unit:=wdItem                      '选中第 9 个图文框
With Selection.Frames(1)
  .HorizontalPosition = wdFrameRight                 '水平相对于页边距、右侧
  .RelativeHorizontalPosition = wdRelativeHorizontalPositionMargin
  .VerticalPosition = wdFrameTop                     '垂直相对于页边距、顶端
  .RelativeVerticalPosition = wdRelativeVerticalPositionMargin
```

```
    End With
    Selection.MoveLeft Unit:=wdItem                        '选中第 10 个图文框
    With Selection.Frames(1)
      .HorizontalPosition = wdFrameLeft                    '水平相对于页边距、左侧
      .RelativeHorizontalPosition = wdRelativeHorizontalPositionMargin
      .VerticalPosition = wdFrameTop                       '垂直相对于页边距、顶端
      .RelativeVerticalPosition = wdRelativeVerticalPositionMargin
    End With
  End Sub
```

在上述子程序中，首先把选中的图文框剪切下来，再粘贴 10 次，得到 10 个相同的图文框。然后，依次选中每个图文框，设置不同的水平和垂直位置，使这 10 个图文框均匀排列到整个页面。

3. 使用方法

用以上方法创建的“名片制作模板.docm”，可以作为一个应用软件，需要时随时打开，用它来设计、打印名片。具体使用方法如下：

（1）打开“名片制作模板.docm”。

（2）在图文框中输入名片的具体内容，设置字体字号，进行排版，可以插入图片和进行艺术加工，设计出一张名片样板。

（3）选中名片样板图文框。

（4）运行“复制及排版”子程序，Word 便自动将设计好的名片样板复制 10 份并均匀地排列在整个页面上。

（5）将整个页面内容打印输出到名片纸上。

（6）用裁纸机将每页纸上的 10 张名片裁剪下来。

5.5　在状态栏中显示进度条

利用 Word 状态栏，可以制作动态的进度条。将这一技术应用到软件当中，能够直观地显示工作进度，改善用户长时间等待的心理状态。

创建一个 Word 文档，保存为“在状态栏中显示进度条.docm”。

进入 VB 编辑环境，在当前工程中插入一个模块，在模块中编写一个“显示进度”子程序，代码如下：

```
Sub 显示进度()
  wtm = "当前进度："
  kk = "◇◇◇◇◇◇◇◇◇◇◇◇◇◇◇◇◇◇◇◇◇◇◇◇◇◇◇◇◇◇"
  sk = "◆◆◆◆◆◆◆◆◆◆◆◆◆◆◆◆◆◆◆◆◆◆◆◆◆◆◆◆◆◆"
  ck = Len(kk)                                '进度条长度
  n = 500                                     '循环次数
  m = 1 + n \ ck                              '每循环 m 次，刷新进度条 1 次
  For k = 1 To n                              '循环
    Selection.TypeText Text:=Rnd              '模拟要执行的操作
    Selection.TypeParagraph
```

```
    If k Mod m = 0 Then                            'k为m的整数倍
      c = k \ m                                    '进度格数量
      p = Left(sk, c) & Right(kk, ck - c)          '调整进度格
      Application.StatusBar = wtm & p              '更改系统状态栏的显示
    End If
    DoEvents                                       '转让控制权给操作系统
  Next
  Application.StatusBar = False                    '恢复系统状态栏
End Sub
```

上述子程序首先用变量 wtm 保存字符串“当前进度:”。定义两个变量 kk 和 sk，分别保存由空心菱形块和实心菱形块组成的字符串，并求出字符串的长度 ck。

然后，用变量 n 表示循环次数，变量 m 表示经过多少次循环才刷新一次进度条，用 For 语句进行 n 次循环。

每次循环除了模拟要执行的操作（在当前文档输出一个随机数并换行）外，还要判断循环变量 k 能否被 m 整除。若 k 能被 m 整除，即 k 为 m 的整数倍，则求出进度条应有的实心菱形块数量，从 sk 和 kk 字符串左右两边分别取出一定数量的字符，拼成新的字符串用 p 表示，并将 p 与变量 wtm 的值拼接后显示在系统的状态栏上。语句 DoEvents 转让控制权给操作系统，起到刷新屏幕作用。

最后，恢复系统状态栏。

运行“显示进度”子程序，会在当前 Word 文档输出模拟数据，并在状态栏上动态显示进度条，如图 5-5 所示。

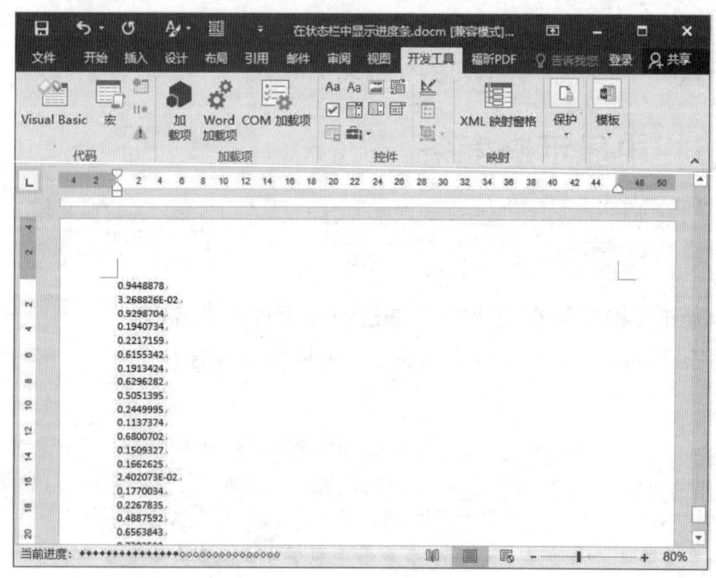

图 5-5　Word 状态栏上的进度条

5.6　哥德巴赫猜想问题

公元 1742 年，德国数学家哥德巴赫提出了著名的猜想：任何一个大于或等于 6 的偶数，

都可以表示成两个素数之和。例如，6＝3＋3、8＝3＋5、10＝5＋5、…、100＝3＋97＝11＋89＝17＋83，等等。在这些具体的例子中，可以看出哥德巴赫猜想都是成立的。有人甚至逐一验证了 3300 万以内的所有偶数，竟然没有一个不符合哥德巴赫猜想的。随着计算机技术的发展，数学家们发现哥德巴赫猜想对于更大的数依然成立。可是自然数是无限的，谁知道会不会在某一个足够大的偶数上，突然出现哥德巴赫猜想的反例呢？因此用逐一验证的方法显然不可取。

本节绝无证明哥德巴赫猜想之意，只是出于好奇，通过 VBA 程序，在一定范围内验证哥德巴赫猜想。目的是激发学习兴趣，提高程序设计技巧和应用能力。

1. 编写自定义函数

判断一个数是否为素数，可以用一个自定义函数来实现。

创建一个 Word 文档，保存为“哥德巴赫猜想问题.docm”。按 Alt+F11 快捷键，进入 VB 编辑环境。插入一个模块，编写一个自定义函数 isprime，代码如下：

```
Function isprime(n)
  For k = 2 To Sqr(n)
    If n Mod k = 0 Then
      isprime = False
      Exit Function
    End If
  Next
  isprime = True
End Function
```

上述自定义函数的功能是判断自变量 n 是否为素数。如果 n 是素数，函数的返回值为 True，否则，函数的返回值为 False。方法是用 2 到 Sqr(n)之间的所有整数去试除 n，如果这些数都不能整除 n，则 n 是素数，否则 n 不是素数。

2. 编写子程序

在模块中编写一个“哥德巴赫猜想”子程序，代码如下：

```
Sub 哥德巴赫猜想()
  wtm = "当前进度："
  kk = "◇◇◇◇◇◇◇◇◇◇◇◇◇◇◇◇◇◇◇◇◇◇◇◇◇◇◇◇◇◇◇◇"
  sk = "◆◆◆◆◆◆◆◆◆◆◆◆◆◆◆◆◆◆◆◆◆◆◆◆◆◆◆◆◆◆◆◆"
  ck = Len(kk)                                   '进度条长度
  n = 500                                        '循环次数
  m = 1 + n \ ck                                 '每循环 m 次，刷新进度条 1 次
  i = 2000                                       '偶数起始值
  For k = 1 To n                                 '循环
    j = 3
    Do
      If isprime(j) And isprime(i - j) Then
        Selection.EndKey Unit:=wdStory           '光标定位到文档尾
        Selection.TypeText Text:=i & "=" & j & "+" & i - j & Chr(10)
        Exit Do
      End If
```

```
      j = j + 1
    Loop
    If k Mod m = 0 Then                       'k为m的整数倍
      c = k \ m                               '进度格数量
      p = Left(sk, c) & Right(kk, ck - c)     '调整进度格
      Application.StatusBar = wtm & p         '更改系统状态栏的显示
    End If
    DoEvents                                  '转让控制权给操作系统
    i = i + 2                                 '下一个偶数
  Next
  Application.StatusBar = False               '恢复系统状态栏
End Sub
```

上述子程序是在 5.5 节介绍的“显示进度”子程序的基础上编写的，目的是在输出验证信息的同时显示进度条。

用灰底标注的代码是在“显示进度”子程序中新增或修改的部分。在这部分代码中，变量 i 用于存放被验证的偶数，从 2000 开始，用 For 循环语句，对 n 个偶数逐一进行验证。

针对每个偶数 i，让变量 j 从 3 开始，用 Do 循环语句，通过自定义函数 isprime 判断 j 和 i-j 是否为素数。若 j 和 i–j 都是素数，则将光标定位到当前文档的末尾，输出一个等式和回车符，并退出 Do 循环。若 j 和 n–j 中至少有一个不为素数，则 j 加 1 后进行下一轮循环。这样，2000 开始的 n 个偶数，都可以被表示为两个素数之和的形式。偶数的起始值和个数可以随意设定。

3．运行与测试

打开“哥德巴赫猜想问题.docm”文档，运行“哥德巴赫猜想”子程序，在 Word 当前文档中将得到图 5-6 所示的结果。其中可以看到，每个偶数都被表示为两个素数之和的形式，状态栏上会动态显示进度条。

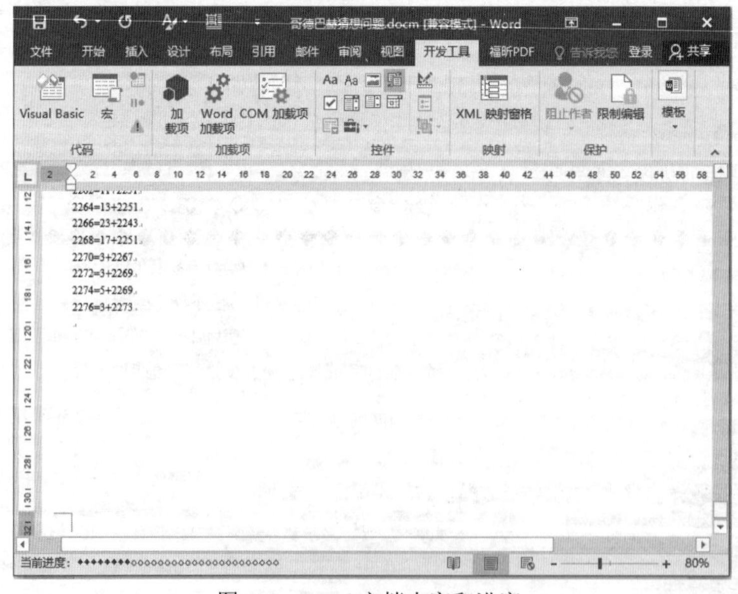

图 5-6　Word 文档内容和进度

5.7　自动获取网站数据

本节设计一个软件，用 VBA 程序自动将《人民日报》近三天首版的文章标题提取到 Word 文档。

1. 程序设计

创建一个 Word 文档，保存为“自动获取网站数据.docm”。

进入 VB 编辑环境，插入一个模块，编写一个“获取网站信息”子程序，代码如下：

```
Sub 获取网站信息()
  For k = 0 To 2
    rq = Date - k                                  '确定日期
    rq = Format(rq, "yyyy-mm\/dd")                 '将日期转换为特定格式字符串
    Selection.TypeText (rq & ": " & vbCrLf)        '输出日期提示
    ul = "http://paper.people.com.cn/rmrb/html/" & rq & "/nbs.D110000renmrb_01.htm"
    Set dor = Documents.Open(ul)                   '打开网页（以 Word 为编辑器）
    n = dor.Tables.Count                           '求表格数量
    dor.Tables(n).Select                           '选中最后一张表格
    Selection.Copy                                 '复制表格
    dor.Close (wdDoNotSaveChanges)                 '关闭网页文档
    DoEvents                                       '转让控制权
    Selection.EndKey Unit:=wdStory                 '光标定位到文档末尾
    Selection.PasteAndFormat (wdFormatPlainText)     '粘贴无格式文本
  Next
  For Each i In ActiveDocument.Paragraphs            '遍历当前文档的每个段落
    If Len(Trim(i.Range)) < 5 Then i.Range.Delete    '删除无意义段落
  Next
  MsgBox "完成！"
End Sub
```

上述子程序包括 2 个部分。

第 1 部分，用 For 循环语句，让循环变量 k 从 0 到 2 循环，执行 3 次循环体，每次提取《人民日报》一天的首版文章标题到 Word 当前文档。

具体操作过程是：

（1）将系统当前日期减去 k，得到一个日期值，用 Format 函数将日期转换为特定格式的字符串，在 Word 当前文档中输出日期提示信息。

（2）将日期插入到网页地址中，形成指定日期的《人民日报》首版网址，用 Open 方法在一个新的 Word 文档中打开网页。

（3）求出新文档中表格数量，选中最后一张表格，将表格复制到剪贴板，然后关闭该文档，转让控制权给操作系统。

（4）光标定位到当前文档末尾，将剪贴板内容的无格式文本，即首版文章标题，粘贴到当前文档。

第 2 部分，用 For Each 语句，对当前文档的每个段落进行处理，将无意义的段落删除。

2. 运行与测试

打开“自动获取网站数据.docm”文档，运行“获取网站信息”子程序，系统将自动从网上获取近 3 天《人民日报》首版的文章标题，保存到 Word 当前文档，并自动删除无意义的段落，使内容更加紧凑。

例如，系统当前日期为 2016 年 11 月 3 日，程序运行后，Word 当前文档将得到图 5-7 所示的内容。

2016-11/03：
习近平同几内亚总统孔戴会谈
学习贯彻党的十八届六中全会精神
中央宣讲团动员会在京召开
李克强对吉尔吉斯斯坦进行正式访问
《关于新形势下党内政治生活的若干准则》《中国共产党党内监督条例》发布
2016-11/02：
全面贯彻党的十八届六中全会精神
抓好改革重点落实改革任务
习近平总书记会见中国国民党主席洪秀柱
习近平会见缅甸国防军总司令
2016-11/01：
习近平会见比利时首相米歇尔
坚持标本兼治综合治理系统建设
统筹推进安全生产领域改革发展
习近平会见法国外长艾罗
李克强同比利时首相米歇尔举行会谈
强化党内监督是全面从严治党重要保障
人大常委会第二十四次会议在京举行
政协常委会第十八次会议开幕

图 5-7 Word 文档内容

利用这种技术，可以获取其他网站的特定信息，实现收集信息工作的自动化。

上机练习

1. 在 Word 中，编写一个尽可能简短的循环程序，自动生成一个图 5-8 所示的“ASCII 码与英文字母对照表”。

2. 在 Word 中，用双重循环程序创建一个图 5-9 所示的“九九表”。

3. 在 Word 中编写一个 VBA 程序，输出 1000 以内的素数，得到图 5-10 所示的结果。所谓素数，也叫质数，是大于 1 的自然数，除了 1 和自身外，不能被其他自然数整除。

```
65---A          97---a
66---B          98---b
67---C          99---c
68---D          100---d
69---E          101---e
70---F          102---f
71---G          103---g
72---H          104---h
73---I          105---i
74---J          106---j
75---K          107---k
76---L          108---l
77---M          109---m
78---N          110---n
79---O          111---o
80---P          112---p
81---Q          113---q
82---R          114---r
83---S          115---s
84---T          116---t
85---U          117---u
86---V          118---v
87---W          119---w
88---X          120---x
89---Y          121---y
90---Z          122---z
```

图 5-8　ASCII 码与英文字母对照表

```
1*1=1
1*2=2  2*2=4
1*3=3  2*3=6  3*3=9
1*4=4  2*4=8  3*4=12 4*4=16
1*5=5  2*5=10 3*5=15 4*5=20 5*5=25
1*6=6  2*6=12 3*6=18 4*6=24 5*6=30 6*6=36
1*7=7  2*7=14 3*7=21 4*7=28 5*7=35 6*7=42 7*7=49
1*8=8  2*8=16 3*8=24 4*8=32 5*8=40 6*8=48 7*8=56 8*8=64
1*9=9  2*9=18 3*9=27 4*9=36 5*9=45 6*9=54 7*9=63 8*9=72 9*9=81
```

图 5-9　Word 文档中的“九九表”

```
2 3 5 7 11 13 17 19 23 29 31 37 41 43 47 53 59 61 67 71
73 79 83 89 97 101 103 107 109 113 127 131 137 139 149 151
157 163 167 173 179 181 191 193 197 199 211 223 227 229 233
239 241 251 257 263 269 271 277 281 283 293 307 311 313 317
331 337 347 349 353 359 367 373 379 383 389 397 401 409 419
421 431 433 439 443 449 457 461 463 467 479 487 491 499 503
509 521 523 541 547 557 563 569 571 577 587 593 599 601 607
613 617 619 631 641 643 647 653 659 661 673 677 683 691 701
709 719 727 733 739 743 751 757 761 769 773 787 797 809 811
821 823 827 829 839 853 857 859 863 877 881 883 887 907 911
919 929 937 941 947 953 967 971 977 983 991 997
```

图 5-10　Word 文档中 1000 以内的素数

4. 编写 VBA 程序，在 Word 文档中输出 Fibonacci（斐波那契）数列的前 30 项。该数列的前 2 个数是 1，第 3 个数是前 2 个数之和，以后每个数都是其前 2 个数之和，即 1，1，2，3，5，8，13，以此类推。

5. 设计一个软件，用 VBA 程序自动从网站上将《光明日报》近 3 天首版的文章标题提取到 Word 文档。假设系统当前日期为 2016 年 11 月 21 日，程序运行后，Word 当前文档应得到图 5-11 所示的内容。

2016-11/21：
- 习近平出席亚太经合组织工商领导人峰会并发表主旨演讲
- 习近平会见俄罗斯总统普京
- 习近平会见美国总统奥巴马
- 习近平会见越南国家主席陈大光
- 习近平会见菲律宾总统杜特尔特
- 习近平会见哥伦比亚总统桑托斯

2016-11/20：
- 习近平抵达利马出席亚太经合组织第二十四次领导人非正式会议并对秘鲁进行国事访问
- 习近平同厄瓜多尔总统科雷亚共同出席中厄合作项目揭牌仪式和视频连线活动
- 三峡升船机：领先世界的“国威工程”
- 天宫二号部分实验装置和样品已交科学家研究
- 为滦南湿地建保护区点赞

2016-11/19：
- 习近平同厄瓜多尔总统科雷亚举行会谈
- 习近平抵达基多开始对厄瓜多尔进行国事访问
- 中共中央 国务院 中央军委对天宫二号和神舟十一号载人飞行任务圆满成功的贺电
- 大力弘扬载人航天精神
- 让科研人员有“面子”也有“里子”

图 5-11 Word 文档内容

控件与工具栏

在开发 Office 应用软件时，可以在 Word 文档中放置命令按钮、复选框、组合框等控件。可以建立用户窗体，在用户窗体中放置需要的控件。还可以创建自定义工具栏和菜单栏，在其中添加控件。

本章结合一些案例介绍在 VBA 中使用控件、窗体和工具栏的方法。

6.1 在文档中使用列表框控件

本节结合一个实例介绍在 Word 文档中添加控件、设置属性和编写事件过程的有关技术。

1. 向文档中添加控件

若要向 Word 文档中添加控件，可在“开发工具”选项卡“控件”选项组中，单击“旧式工具”按钮，再单击要添加的控件。

用这种方法，在 Word 文档中放置两个 ActiveX 控件：一个列表框 ListBox1 和一个命令按钮 CommandButton1，并根据需要调整大小和位置。

2. 设置控件属性

在设计模式下，右击控件，然后选择快捷菜单的“属性”命令，打开“属性”窗口。在属性窗口中，属性的名称显示在左边一列，属性的值显示在右边一列，在此可以设置属性值。

这里，设置命令按钮 CommandButton1 的 Caption 属性为“添加列表项”。

3. 命令按钮编程

右击命令按钮，在弹出的快捷菜单中选择“查看代码”命令，进入 VB 编辑环境，输入如下代码：

```
Private Sub CommandButton1_Click()
  With ListBox1
    Do While .ListCount >= 1        '列表框包含列表项
      .RemoveItem (0)               '删除第 1 个列表项
    Loop
    .AddItem "North"                '添加列表项
    .AddItem "South"
    .AddItem "East"
```

```
    .AddItem "West"
  End With
End Sub
```

上述程序对列表框控件 ListBox1 进行控制。先用循环语句和 RemoveItem 方法删除列表框中原有的列表项，再用 AddItem 方法添加 4 个列表项。

在“开发工具”选项卡“控件”选项组中，单击“设计模式”按钮，退出设计模式。然后单击文档上的“添加列表项”命令按钮，可以看到列表框中添加了列表项。

4. 列表框编程

右击列表框，在快捷菜单中选“查看代码”命令，进入 VB 编辑环境，输入如下代码：

```
Private Sub ListBox1_Change()
  With ActiveDocument.Content
    .InsertAfter Chr(10)
    .InsertAfter ListBox1.Value
  End With
End Sub
```

当在列表框中选择的列表项发生改变时，上述程序就会被执行。

程序用 InsertAfter 方法在 Word 当前文档的末尾插入一个回车符后，再把列表框中当前被选中的列表项插入到文档的末尾。

退出设计模式，在列表框中选择任意一个列表项，该列表项就会被添加到文档末尾。

所有的控件都有一组预定义事件。例如，单击命令按钮时，该命令按钮就引发一个 Click 事件。在列表框中选择一个新的列表项时，该列表框就会引发一个 Change 事件。编写事件处理过程，可以完成相应的操作。

要编写控件的事件处理过程，除了前面提到的方法外，还可以双击控件进入代码编辑环境，从“过程”下拉列表框内选择事件，再进行编码。

过程名包括控件名和事件名。例如，命令按钮 Command1 的 Click 事件的过程名为 Command1_Click。

6.2 用户窗体及控件示例

用户窗体是人机交互的界面。在利用 Office 开发应用软件时，多数情况下可以不需要建立用户窗体，而直接使用系统工作界面。但是，如果需要专门的数据输入、输出和操作界面，用户窗体还是有用的。

1. 创建用户窗体

在 Word 中创建用户窗体，可以在 VB 编辑器中实现。

在 VB 编辑环境中，单击工具栏上的“用户窗体”按钮或者在“插入”菜单选择“用户窗体”命令，便会插入一个用户窗体，同时打开一个“工具箱”窗口。

向“用户窗体”中添加控件，可在“工具箱”中找到需要的控件，将该控件拖放到窗体上。

右击某一控件，然后选择“属性”命令，显示出属性窗口。属性的名称显示在该窗口的左侧，在属性名称的右侧可以设置属性的值。

下面创建一个具体的用户窗体并添加控件。

进入 VB 编辑环境，打开“工程资源管理器”窗口，插入一个用户窗体 UserForm1。在窗体上放置两个命令按钮 CommandButton1 和 CommandButton2，放置一个文字框 TextBox1。适当调整这些控件的大小和位置。

右击命令按钮 CommandButton1，在弹出的菜单中选“属性”命令，设置 Caption 属性值为“显示”。用同样的方法设置 CommandButton2 的 Caption 属性值为“清除”。

2. 用户窗体和控件编程

双击“显示”命令按钮，输入如下代码：

```
Private Sub CommandButton1_Click()
  TextBox1.Text = "你好，欢迎学习 VBA! "
End Sub
```

用户窗体运行后，单击“显示”按钮，产生 Click 事件，执行上述过程。该过程通过设置使文字框的 Text 属性显示一行文字。

双击“清除”命令按钮，为其 Click 事件编写如下代码：

```
Private Sub CommandButton2_Click()
  TextBox1.Text = ""
End Sub
```

上述过程将文字框的 Text 属性设置为空串，即清除文字。

最后，双击用户窗体，为其 Activate 事件编写如下代码：

```
Private Sub UserForm_Activate()
   Me.Caption = "欢迎"
End Sub
```

Activate 事件在窗体激活时产生。通过代码设置窗体的 Caption 属性为“欢迎”。Me 代表当前用户窗体。

3. 运行用户窗体

在 VB 编辑环境中，选择“运行”菜单的“运行子过程/用户窗体”命令，或按 F5 键，运行该窗体。会看到窗体的标题已改为“欢迎”。单击“显示”按钮，得到图 6-1 所示结果。

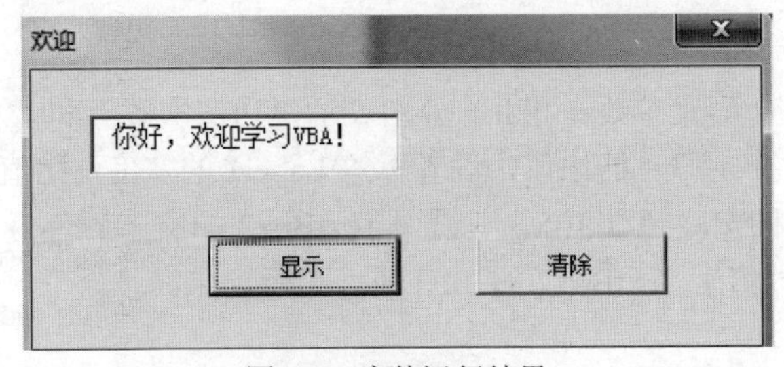

图 6-1　窗体运行结果

单击“清除”命令按钮，文字框的内容被清除。

6.3 进度条窗体的设计

开发应用软件时，可以使用窗体实现一些特殊功能。下面给出一个用窗体实现进度条的例子。

1．设置用户窗体和控件

创建一个 Word 文档，进入 VB 编辑环境，在当前工程中添加一个用户窗体 UserForm1。设置窗体的 Height、Width 属性分别为 60 和 240，ShowModal 属性为 False，Caption 属性为“进度条”。

在窗体上添加一个文字框 TextBox1，作为进度条的白色背景。设置其 Height、Width、Left、Top 属性分别为 18、220、8 和 8，TabStop 属性为 False，Text 属性为空白。背景颜色 BackColor 属性采用默认的“白色”，BackStyle 属性采用默认的 1（不透明），SpecialEffect 属性采用默认的 2（凹下）。

在窗体上添加一个文字框 TextBox2，用来显示进度的百分比。设置其 Height、Width、Left、Top 属性分别为 18、40、98 和 12，TabStop 属性为 False，TextAlign 属性为 2（水平居中），BackStyle 属性为 0（透明），SpecialEffect 属性为 0（平面）。

在窗体上添加一个标签 Label1，作为进度条。设置其 Height、Width、Left、Top 属性分别为 18、0、8 和 8，Caption 属性为空白，BackColor 属性为“蓝色”。

2．编写子程序 jd

若要在窗体中显示进度条和完成的百分比，可在当前文档中编写一个通用子程序 jd，代码如下：

```
Sub jd(h, lr)
  UserForm1.Label1.Width = Int(h / lr * 220)    '显示进度条
  If UserForm1.Label1.Width > 105 Then          '进度到达显示数值
    UserForm1.TextBox2.ForeColor = &HFFFFFF     '数值设置为白色
  Else
    UserForm1.TextBox2.ForeColor = &HFF0000     '数值设置为蓝色
  End If
  pct = Int(h / lr * 100)                       '进度值
  pct = IIf(pct < 10, " " & pct & "%", pct & "%")
  UserForm1.TextBox2.Text = pct                 '显示进度值
End Sub
```

上述子程序的 2 个形式参数 h 和 lr，分别表示“当前次数”和“总次数”。

在子程序中，根据 h 和 lr 的比值，设置标签 Label1 的宽度，比值为 1 时，达到最大宽度 220。如果 Label1 的宽度超过 105，则设置 TextBox2 的文本颜色为“白色”，否则为“蓝色”，进度的百分比数值用 TextBox2 的 Text 属性显示出来。

3．测试进度条

若要测试这个进度条窗体，可在当前文档中添加一个命令按钮 CommandButton1，设置其 Caption 属性为“显示进度条”，为这个命令按钮的 Click 事件编写如下代码：

```
Private Sub CommandButton1_Click()
  UserForm1.Show      '显示用户窗体
  cnt = 10000         '循环次数控制
  For m = 1 To cnt
    Call jd(m, cnt)
    DoEvents          '转让控制权给操作系统
  Next
  Unload UserForm1   '卸载用户窗体
End Sub
```

退出设计模式，单击“显示进度条”按钮，屏幕上将显示图 6-2 和图 6-3 所示的进度信息。可以看出，当进度到达显示的数值后，数值为白色，否则数值为蓝色。

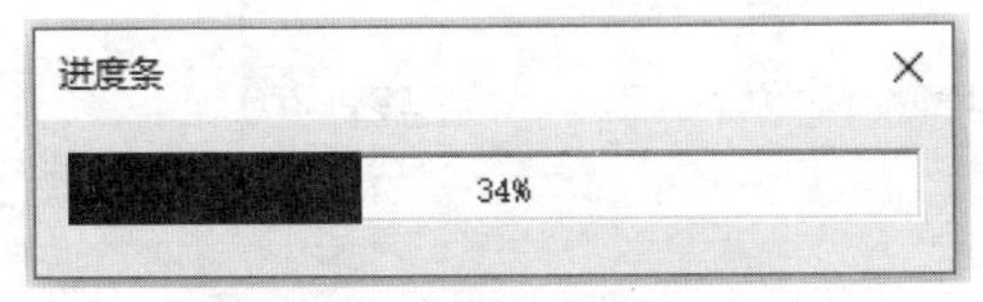

图 6-2　进度到达显示数值前

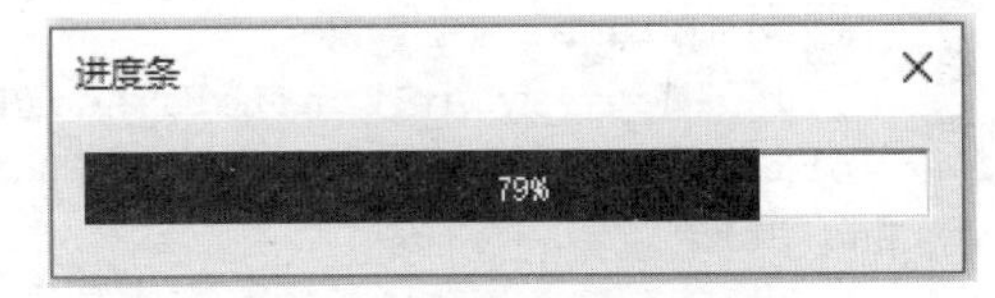

图 6-3　进度到达显示数值后

6.4　创建自定义工具栏

本节结合几个实例，介绍用 VBA 程序添加、修改工具栏及其控件的技术。

在 Microsoft Office 中，工具栏、菜单栏和快捷菜单统称为命令栏（CommandBar）。通过 VBA 程序，可以为应用程序创建和修改命令栏，为命令栏添加按钮、文字框和组合框等控件。

在工具栏中，每个按钮控件都有按下（True）和未按下（False）两种状态。要改变按钮控件的状态，可为 State 属性赋予适当的值。要改变按钮的外观，可用 CopyFace 和 PasteFace 方法。CopyFace 方法将某个特殊按钮的图符复制到剪贴板，PasteFace 方法将按钮图符从剪贴板粘贴到指定的按钮上。要让按钮执行某个子程序，可设置它的 OnAction 属性。

表 6-1 列举了命令栏按钮常用的属性和方法。

表 6-1　命令栏按钮常用的属性和方法

属性或方法	说　明
CopyFace	将指定按钮的图符复制到“剪贴板”上
PasteFace	将“剪贴板”上的图符粘贴到指定按钮上
ID	代表按钮内置函数的值
State	按钮的外观或状态

续表

属性或方法	说　明
Style	按钮图符是显示其图标还是显示其标题
OnAction	指定在单击按钮、显示菜单或更改组合框控件的内容时运行的过程
Visible	对象是否可见
Enabled	对象是否有效

1. 改变按钮外观

创建一个Word文档，在文档中添加两个命令按钮CommandButton1和CommandButton2，设置其Caption属性分别为“创建工具栏”和“删除工具栏”。

右击“创建工具栏”按钮，在快捷菜单中选择“查看代码”命令，为该按钮的Click事件编写如下代码：

```
Private Sub CommandButton1_Click()
  Set myBar = CommandBars.Add(Name:="cbt")
  myBar.Visible = True
  Set oldc = myBar.Controls.Add(Type:=msoControlButton, ID:=23)
  oldc.OnAction = "ChangeFaces"
End Sub
```

上述代码首先用Add方法创建一个工具栏，命名为cbt，并用对象变量myBar表示。然后让工具栏可见。接下来在工具栏上添加一个按钮，设置按钮的ID值为23（对应于“打开”按钮）。最后通过按钮的OnAction属性，指定其执行的过程为ChangeFaces。

用同样的方式，为“删除工具栏”按钮的Click事件编写如下代码：

```
Private Sub CommandButton2_Click()
  CommandBars("cbt").Delete
End Sub
```

其中只有一条语句，该语句用Delete方法删除工具栏cbt。

进入VB编辑环境，在文档对象ThisDocument中编写一个通用子程序ChangeFaces，代码如下：

```
Sub ChangeFaces()
  Set newc = CommandBars.FindControl(Type:=msoControlButton, ID:=19)
  newc.CopyFace
  Set oldc = CommandBars("cbt").Controls(1)
  oldc.PasteFace
End Sub
```

ChangeFace过程首先找到Word系统中ID为19的工具栏按钮，然后用CopyFace方法将该按钮的图符复制到剪贴板，再用PasteFace方法将其粘贴到cbt工具栏的按钮上。从而改变按钮外观。

退出设计模式，单击Word文档上的“创建工具栏”按钮，功能区中会增加一个“加载项”选项卡，其中有一个“自定义工具栏”选项组，上面有一个按钮 。单击这个按钮，外观变为 。单击 Word 文档上的“删除工具栏”按钮，功能区中的“加载项”选项卡消失。

2. 使用图文按钮

创建一个 Word 文档，进入 VB 编辑环境。在当前工程的 Microsoft Word 对象中，双击 ThisDocument。在代码编辑窗口上方的“对象”下拉列表中，选择 Document，在“过程”下拉列表中选择 Open，为文档的 Open 事件编写如下代码：

```
Private Sub Document_Open()
  Set tbar = Application.CommandBars.Add(Temporary:=True)
  With tbar.Controls.Add(Type:=msoControlButton)
    .Caption = "统计"                    '按钮标题
    .FaceId = 16                         '按钮图符
    .Style = msoButtonIconAndCaption     '图文型按钮
    .OnAction = "tj"                     '执行的过程
  End With
  With tbar.Controls.Add(Type:=msoControlButton)
    .Caption = "增项"
    .FaceId = 12
    .Style = msoButtonIconAndCaption
    .OnAction = "zx"
  End With
  tbar.Visible = True
End Sub
```

文档被打开时，产生 Open 事件，执行上述代码。

这段代码首先创建一个自定义工具栏，设置临时属性（关闭当前文档后，工具栏自动删除）。然后在工具栏上添加两个图文型按钮，分别设置按钮的标题、图符和要执行的过程。

在 Word 对象 Document 中编写以下两个通用过程：

```
Sub tj()
  MsgBox "统计功能！"
End Sub
Sub zx()
  MsgBox "增项功能！"
End Sub
```

之后，当打开该文档时，Word 功能区中会自动出现一个“加载项”选项卡，其中有一个“自定义工具栏”选项组，上面有两个图文按钮 统计 和 增项，单击按钮可显示相应的提示信息。

3. 使用组合框

可以将编辑框、下拉式列表框和组合框等控件添加到 Word 工具栏中。设计组合框，需要用到表 6-2 所示的属性和方法。

表 6-2　组合框常用属性和方法

属性或方法	说　明
Add	在命令栏中添加控件，可设置 Type 参数为 msoControlEdit、msoControlDropdown 或 msoControlComboBox
AddItem	在下拉式列表框或组合框中添加列表项
Caption	为组合框控件指定标签。若 Style 属性设置为 msoComboLabel，则该标签在控件旁显示
Style	确定指定控件的标题是否显示在该控件旁：msoComboLabel 显示；msoComboNormal 不显示
OnAction	指定当改变组合框控件的内容时要运行的过程

创建一个 Word 文档，在文档中添加一个命令按钮 CommandButton1，设置其 Caption 属性为“创建工具栏”。右击“创建工具栏”按钮，在快捷菜单中选择“查看代码”命令，为该按钮的 Click 事件编写如下代码：

```
Private Sub CommandButton1_Click()
  Set myBar = CommandBars.Add(Temporary:=True)
  myBar.Visible = True
  Set newCombo = myBar.Controls.Add(Type:=msoControlComboBox)
  With newCombo
    .AddItem "Q1"
    .AddItem "Q2"
    .AddItem "Q3"
    .AddItem "Q4"
    .Style = msoComboLabel
    .Caption = "请选择一个列表项："
    .OnAction = "stq"
  End With
End Sub
```

上述代码首先创建一个自定义工具栏，设置临时属性，使其可见。然后在工具栏上建立一个组合框，添加 4 个列表项，在旁边显示标题，指定当改变组合框控件的内容时要运行的过程为 stq。

在 CommandButton1_Click 过程的前面插入以下语句，声明一个模块级对象变量 newCombo，用来表示自定义工具栏上的组合框。

```
Dim newCombo As Object
```

最后，在 Word 对象 Document 中编写一个通用子程序 stq，代码如下：

```
Sub stq()
  k = newCombo.ListIndex
  MsgBox "选择了组合框的第" & k & "项！"
End Sub
```

上述子程序通过模块级变量 newCombo 引用工具栏上的组合框，由组合框的 ListIndex 属性得到选项的序号，用 MsgBox 显示相应的信息。

退出设计模式，单击 Word 文档上的“创建工具栏”按钮，功能区中会增加一个“加载项”选项卡，其中有一个“自定义工具栏”选项组，上面有一个组合框，组合框的左边显示标题“请选择一个列表项:”。在组合框中选择任意一个列表项，将会显示相应的提示信息。

4. 获取内置按钮属性

获取系统工具栏内置按钮的相关属性，对于利用系统资源开发应用软件具有一定意义。本节将编写 VBA 程序，列出 Word 中前 200 个内置按钮的 ID 值和对应的标题。

创建一个 Word 文档，进入 VB 编辑环境，插入一个模块，编写如下子程序：

```
Sub OutputIDs()
  Set cbr = CommandBars.Add(Temporary:=True)    '创建一个临时工具栏
  cbr.Visible = True                            '让工具栏可见
  For K = 1 To 200
    On Error Resume Next                        '错误发生时，转到下一语句
    cbr.Controls.Add ID:=K                      '添加工具栏按钮
  Next
  On Error GoTo 0                               '恢复错误处理
  For Each btn In cbr.Controls                  '输出按钮的ID和标题
    Selection.TypeText btn.ID
    Selection.TypeText btn.Caption
    Selection.TypeText vbCr                     '换行
  Next
End Sub
```

上述子程序首先创建一个临时工具栏并使其可见，以便将内置按钮添加到这个工具栏上。

然后，用 For 语句让变量 K 从 1 到 200 进行循环，每次循环在临时工具栏上添加一个 ID 为 K 的按钮。

这里需要注意的是，内置按钮的 ID 并不是连续的，找不到对应的内置按钮时，语句 cbr.Controls.Add 就会出错，因此要在程序里面添加一条错误处理语句。

最后，用 For Each 循环语句把临时工具栏上所有按钮的 ID 值、标题输出到 Word 当前文档，每个按钮的属性信息占一行。

运行子程序 OutputIDs，功能区中会增加一个“加载项”选项卡，其中有若干内置按钮，在 Word 当前文档中将列出工具栏上所有按钮的 ID 值和标题。

上机练习

1. 创建一个 Word 文档，进入 VB 编辑环境，插入一个用户窗体。在用户窗体上放置一个标签“请输入要统计的字符串:”、一个空白文字框、一个“区分大小写”复选框和一

个“统计”命令按钮，如图 6-4 所示。然后为按钮的 Click 事件编写程序，使得窗体运行后，单击命令按钮，能够统计文字框中字符串在 Word 当前文档中出现的次数。复选框用来区分大小写。

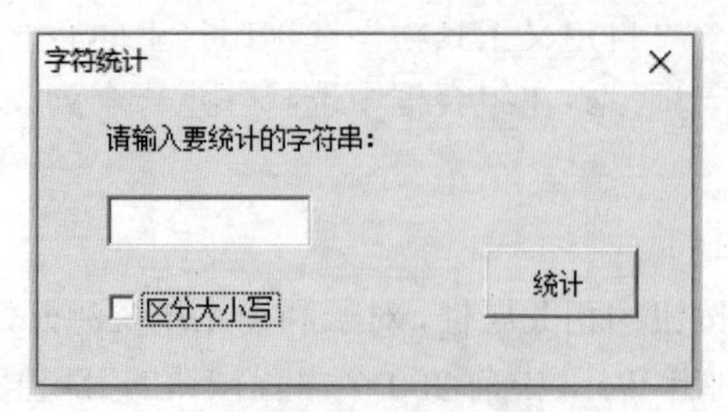

图 6-4　窗体及控件

2. 在 Word 中编写程序，将 200～400 范围内的每个偶数表示为两个素数之和的形式，输出到当前文档。要求用 6.3 节介绍的进度条窗体显示进度。

第7章 日期与时间

本章给出几个与日期和时间有关的应用案例，其中用到了CDate、DateDiff、DateAdd、DateSerial、WeekDay、IsDate等函数，涉及表格、控件等操作。

7.1 计算员工的工龄

本节将在Word文档中创建一个图7-1所示的表格，填写基本数据，在表格下面添加一个命令按钮。编写命令按钮对应的程序，自动填写每个员工的工龄。

姓名	参加工作时间	工龄
员工1	1975-3-18	
员工2	1982-8-7	
员工3	1978-12-31	
员工4	1999-4-2	
员工5	2000-3-9	
员工6	2012-7-1	

计算工龄

图7-1　Word文档中的表格和按钮

1. 创建Word文档

创建一个Word文档，在当前文档中创建一个表格，填写表头文字，填充表头底纹，输入用于测试的员工姓名和参加工作时间数据。

在“开发工具”选项卡“控件”选项组中，单击“旧式工具”按钮，在Word文档中放置一个命令按钮CommandButton1，设置其Caption属性为“计算工龄”，得到图7-1所示的界面。

2. 编写程序

在“开发工具”选项卡的“控件”选项组中，单击“设计模式”按钮进入设计模式，右击“计算工龄”命令按钮，在弹出的快捷菜单中选择“查看代码”命令，进入VB编辑环境，为该按钮的Click事件编写如下代码：

```
Private Sub CommandButton1_Click()
  Set tb = ActiveDocument.Tables(1)
  For i = 2 To 7
    a = tb.Cell(i, 2)
    b = Len(a)
```

```
      c = Left(a, b - 1)
      d = CDate(c)
      f = DateDiff("yyyy", d, Now)
      tb.Cell(i, 3) = f
    Next i
  End Sub
```

上述程序首先将当前文档中第 1 张表格用对象变量 tb 表示，然后用 For 语句对表格从第 2 行到第 7 行进行循环。取出每行第 2 列单元格的内容，用 Left 函数去掉最后一个无效字符，用 Cdate 函数转换为日期型数据送给变量 d，用 DateDiff 函数求出系统当前日期与 d 的年份差，作为工龄填入当前行第 3 列单元格。

3. 运行程序

在“开发工具”选项卡的“控件”选项组中，单击“设计模式”按钮设计模式。在当前文档中单击“计算工龄”命令按钮，表格的每行将自动填入对应的工龄信息，得到图 7-2 所示的结果。

姓名	参加工作时间	工龄
员工 1	1975-3-18	41
员工 2	1982-8-7	34
员工 3	1978-12-31	38
员工 4	1999-4-2	17
员工 5	2000-3-9	16
员工 6	2012-7-1	4

计算工龄

图 7-2　填入工龄信息的表格

7.2　计算生肖和干支

本节将在 Word 文档中创建一个表格，添加一个“填写生肖和干支”命令按钮，如图 7-3 所示。编写命令按钮程序，根据表格中的年份，计算并填写对应的生肖和干支。

年份	生肖	干支
1956		
1958		
2012		

填写生肖和干支

图 7-3　Word 文档中的表格和按钮

1. 创建 Word 文档

创建一个 Word 文档，在文档中插入一个表格，填写表头文字，设置表头底纹，输入用于测试的年份数据。

在“开发工具”选项卡“控件”选项组中，单击“旧式工具”按钮，在 Word 文档中放置一个命令按钮 CommandButton1，设置其 Caption 属性为“填写生肖和干支”，得到

图 7-3 所示的界面。

2．编写求生肖的函数

进入 VB 编辑环境，在当前工程中双击 ThisDocument 对象，编写一个通用自定义函数“生肖”，代码如下：

```
Function 生肖(v_date)
  v_year = CInt(v_date)
  shu = "鼠牛虎兔龙蛇马羊猴鸡狗猪"
  生肖 = Mid(shu, ((v_year - 4) Mod 12) + 1, 1)
End Function
```

上述函数的形式参数 v_date 为某个年份，返回值为对应的生肖。

在函数体中，将给定的年份转换为整数，送给变量 v_ year。由表达式((v_ year – 4) Mod 12) + 1，确定在字符串 shu 中的位置，从字符串 shu 中取出一个汉字即为对应的生肖。

3．编写求干支的函数

在 ThisDocument 对象中编写一个通用自定义函数“干支”，代码如下：

```
Function 干支(v_date)
  v_year = CInt(v_date)
  tiangan = "甲乙丙丁戊己庚辛壬癸"
  dizhi = "子丑寅卯辰巳午未申酉戌亥"
  tg = Mid(tiangan, ((v_year - 4) Mod 10) + 1, 1)
  dz = Mid(dizhi, ((v_year - 4) Mod 12) + 1, 1)
  干支 = tg & dz
End Function
```

上述函数的形式参数 v_date 为某个年份，返回值为对应的干支。

在函数体中，将给定的年份转换为整数，送给变量 v_ year。

由表达式((v_ year – 4) Mod 10) + 1，确定在字符串 tiangan 中的位置，从字符串 tiangan 中取出一个汉字，得到对应的天干。

由表达式((v_ year – 4) Mod 12) + 1，确定在字符串 dizhi 中的位置，从字符串 dizhi 中取出一个汉字，得到对应的地支。

将天干与地支拼接起来得到干支作为函数值返回。

4．编写命令按钮程序

在“开发工具”选项卡的“控件”选项组中，单击“设计模式”按钮进入设计模式，右击“填写生肖和干支”命令按钮，在弹出的快捷菜单中选择“查看代码”命令，进入 VB 编辑环境，为该按钮的 Click 事件编写如下代码：

```
Private Sub CommandButton1_Click()
  Set tb = ActiveDocument.Tables(1)          '将表格用变量表示
  For i = 2 To 4                             '对表格 2 至 4 行循环
    y = tb.Cell(i, 1)                        '取出单元格的内容
    y = Left(y, 4)                           '取出年份
```

```
    tb.Cell(i, 2) = 生肖(y)
    tb.Cell(i, 3) = 干支(y)
  Next i
End Sub
```

上述子程序首先将当前文档的第 1 个表格用对象变量 tb 表示，以便于引用。

用 For 语句对表格从第 2 行到第 4 行进行循环。取出每行第 1 列单元格的前 4 个字符（年份），分别调用以上 2 个自定义函数，求出对应的生肖填入当前行第 2 列单元格，求出对应的干支填入当前行第 3 列单元格。

5. 运行程序

在"开发工具"选项卡的"控件"选项组中，单击"设计模式"按钮退出设计模式。在当前文档中单击"填写生肖和干支"命令按钮，表格的每行将自动填入对应的生肖和干支信息，得到图 7-4 所示的结果。

年份	生肖	干支
1956	猴	丙申
1958	狗	戊戌
2012	龙	壬辰

图 7-4　填入生肖和干支信息的表格

7.3　计算退休日期

一个 Word 文档中录入了图 7-5 所示的员工信息。要求做以下两件事：

姓名	性别	出生日期	退休日期	距退休时间
员工 1	男	1952/6/28		
员工 2	男	1956/3/25		
员工 3	男	1936/5/31		
员工 4	男	1959/1/6		
员工 5	女	1984/6/8		
员工 6	女	1958/9/13		
员工 7	女	1977/10/17		
员工 8	女	1952/8/6		
员工 9	女	1960/10/17		
员工 10	女	1965/2/7		
员工 11	女	1970/12/31		
员工 12	男	1949/2/17		
员工 13	男	1949/9/29		
员工 14	男	1975/10/19		
员工 15	女	1953/9/28		
员工 16	男	1958/5/17		
员工 17	女	1952/2/17		
员工 18	男	1979/10/19		

图 7-5　员工信息表

（1）根据每位员工的出生日期计算并填写"退休日期"。假设退休年龄为：男 60 周岁、女 55 周岁。

（2）根据当前日期和退休日期，计算并填写每位员工"距退休时间"，用"×年×个月×

天”的形式表达。如果达到或超过退休日期，则填写“已退休×年×个月×天”字样，并在相应的单元格中填充特殊颜色。

下面给出用 VBA 程序实现的方法。

这种方法的主要技术包括日期数据格式的转换，日期数据的拆分与合并，从日期差数据中求出年数、月数和天数等。

1. Word 文档和表格设计

创建一个 Word 文档，保存为“计算退休日期.docm”。

在“开发工具”选项卡“控件”选项组中，单击“旧式工具”按钮，在 Word 文档的顶部放置两个命令按钮 CommandButton1 和 CommandButton2，分别设置其 Caption 属性为“计算”和“清除”。输入文本“当前日期：”并紧接着按 Alt+Shift+D 快捷键插入 Date 域。在按钮的下方创建一个表格，填写表头文字，填充表头底纹，输入若干用于测试的员工信息（姓名、性别、出生日期）。得到图 7-6 所示的 Word 文档界面和测试数据。

计算　清除　当前日期：2022-02-02

姓名	性别	出生日期	退休日期	距退休时间
员工 1	男	1952/6/28		
员工 2	男	1956/3/25		
员工 3	男	1936/5/31		
员工 4	男	1959/1/6		
员工 5	女	1984/6/8		
员工 6	女	1958/9/13		
员工 7	女	1977/10/17		
员工 8	女	1952/8/6		
员工 9	女	1960/10/17		
员工 10	女	1965/2/7		
员工 11	女	1970/12/31		
员工 12	男	1949/2/17		
员工 13	男	1949/9/29		
员工 14	男	1975/10/19		
员工 15	女	1953/9/28		
员工 16	男	1958/5/17		
员工 17	女	1952/2/17		
员工 18	男	1979/10/19		

图 7-6　Word 文档界面和测试数据

2. “计算”子程序

在“开发工具”选项卡的“控件”选项组中，单击“设计模式”按钮进入设计模式，右击“计算”命令按钮，在弹出的快捷菜单中选择“查看代码”命令，进入 VB 编辑环境，为该按钮的 Click 事件编写如下代码：

```
Private Sub CommandButton1_Click()
  Set tb = ActiveDocument.Tables(1)          '设置对象变量
  rm = tb.Rows.Count                         '表格行数
  For r = 2 To rm                            '从第 2 行到最后一行循环
    xb = tb.Cell(r, 2)                       '性别
    xb = Left(xb, Len(xb) - 2)               '去掉 2 个无效字符
```

```
    sr = tb.Cell(r, 3)                                        '出生日期
    sr = Left(sr, Len(sr) - 2)                                '去掉 2 个无效字符
    sr = Format(sr, "yyyymmdd")                               '转换为特定格式文本
    n = IIf(xb = "男", 60, 55)                                '根据性别确定退休年龄
    y = Left(sr, 4) + n                                       '退休年
    m = Mid(sr, 5, 2)                                         '出生月
    d = Right(sr, 2)                                          '出生日
    tr = DateSerial(y, m, d)                                  '退休日期
    tb.Cell(r, 4) = tr                                        '填写退休日期
    md = DateSerial(Year(Date), Month(tr), Day(tr))           '当前年、退休月日
    If Date < tr Then                                         '当前日期小于退休日期
      dt1 = Date                                              '当前日期
      dt2 = tr                                                '退休日期
      qz = ""                                                 '距退休时间字符串前缀
      ts = wdNoHighlight                                      '清除填充颜色
      xz = IIf(md < Date, 1, 0)                               '年份修正值
    Else                                                    '当前日期大于或等于退休日期
      dt2 = Date                                            '当前日期
      dt1 = tr                                              '退休日期
      qz = "已退休"                                         '距退休时间字符串前缀
      ts = wdYellow                                         '设置填充颜色（黄色）
      xz = IIf(md > Date, 1, 0)                             '年份修正值
    End If
    zn = DateDiff("yyyy", dt1, dt2) - xz                    '日期差（年数）
    ys = IIf(zn <= 0, "", zn & "年")                        '退休年字符串
    m1 = DateDiff("m", dt1, dt2)                            '日期差（月数）
    dt3 = DateAdd("m", m1, dt1)                             'dt1 加上月数得到 dt3
    dd = DateDiff("d", dt3, dt2)                            '不足一个月的剩余天数
    If dd < 0 Then
      m1 = m1 - 1                                           '调整月数
      dt3 = DateAdd("m", m1, dt1)                           '重新计算 dt3
      dd = DateDiff("d", dt3, dt2)                          '重新计算剩余天数
    End If
    mm = m1 - Val(ys) * 12                                  '不足一年的剩余月数
    ms = IIf(mm = 0, "", mm & "个月")                       '剩余月数字符串
    ds = IIf(dd = 0, "", dd & "天")                         '剩余天数字符串
    tb.Cell(r, 5) = qz & ys & ms & ds                       '填写“距退休时间”字符串
    tb.Cell(r, 5).Range.HighlightColorIndex = ts '填充颜色
  Next
End Sub
```

上述子程序首先将当前文档的表格赋值给对象变量 tb，表格的行数赋值给变量 rm。然后用 For 循环语句从表格的第 2 行到最后一行进行如下操作：

（1）从第 2 列单元格取出员工有效的性别信息，从第 3 列单元格取出员工有效的出生日期数据并转换为特定格式的文本。

（2）根据性别确定退休年龄为 60 或 55。用出生年份加上退休年龄得到退休年份。用

DateSerial 函数将退休年份与出生月、日合并，得到退休日期送给变量 tr，并填写到第 4 列单元格。

（3）用 DateSerial 函数，将系统当前年份与退休月、日合并得到一个日期，用变量 md 表示。

（4）如果当前日期小于退休日期，则将当前日期作为起始日期送给变量 dt1，将退休日期作为截止日期送给变量 dt2，将距退休时间字符串前缀变量 qz 设置为空串，将单元格要填充的颜色值 wdNoHighlight（清除）送给变量 ts，并根据日期 md 是否小于当前日期，设置年份修正值变量为 1 或 0。

（5）如果当前日期大于或等于退休日期，则将当前日期作为截止日期送给变量 dt2，退休日期作为起始日期送给变量 dt1，距退休时间字符串前缀变量 qz 设置为“已退休”，单元格要填充的颜色值 wdYellow（黄色）送给变量 ts，并根据日期 md 是否大于当前日期，设置年份修正值变量为 1 或 0。

（6）用 DateDiff 函数求出截止日期 dt2 减去起始日期 dt1 的日期差，再减去年份修正值 1 或 0，得到距退休或已退休的年数 zn。根据 zn 是否小于等于零，设置变量 ys 的值为空串或“×年”。

（7）用 DateDiff 函数求出截止日期 dt2 减去起始日期 dt1 的月数差送给变量 m1。用 DateAdd 函数将起始日期 dt1 加上月数 m1 得到一个日期 dt3。再用 DateDiff 函数求出截止日期 dt2 与日期 dt3 相差的天数，即不足一个月的剩余天数。若剩余天数为负数，则将月数 m1 减去 1，再重新计算 dt3 和剩余天数，以保证剩余天数为正数。

（8）求出不足一年的剩余月数，并根据其值是否为零，设置变量 ms 的值为空串或“×个月”。根据不足一个月的剩余天数是否为零，设置变量 ds 的值为空串或“×天”。

（9）在第 5 列单元格填写“距退休时间”字符串，并为单元格设置填充背景颜色值 ts（白色或黄色）。在“距退休时间”字符串中，若年数、月数、天数当中的任意一项为零，则省略该项。例如，“0 年 9 个月 11 天”表示为“9 个月 11 天”，“23 年 0 个月 0 天”表示为“23 年”，“0 年 8 个月 0 天”表示为“8 个月”。

3．“清除”子程序

在设计模式下，右击“清除”命令按钮，在快捷菜单中选择“查看代码”命令，进入 VB 编辑环境，为该按钮的 Click 事件编写如下代码：

```
Private Sub CommandButton2_Click()
  Set tb = ActiveDocument.Tables(1)                    '设置对象变量
  rm = tb.Rows.Count                                   '表格行数
  For r = 2 To rm                                      '从第 2 行到最后一行循环
    tb.Cell(r, 4) = ""                                 '清除退休日期
    tb.Cell(r, 5) = ""                                 '清除距退休时间
    tb.Cell(r, 5).Range.HighlightColorIndex = wdNoHighlight '清除颜色
  Next
End Sub
```

上述子程序也是先将当前文档的表格赋值给对象变量 tb，表格的行数赋值给变量 rm，

然后用 For 循环语句从表格的第 2 行到最后一行进行如下操作：清除 4、5 两列单元格的内容，清除第 5 列单元格的背景颜色。

4. 运行程序

在文档中退出设计模式，单击“计算”按钮，将会得到图 7-7 所示的结果。

计算　清除　当前日期：2022-02-02

姓名	性别	出生日期	退休日期	距退休时间
员工 1	男	1952/6/28	2012/6/28	已退休 9 年 7 个月 5 天
员工 2	男	1956/3/25	2016/3/25	已退休 5 年 10 个月 8 天
员工 3	男	1936/5/31	1996/5/31	已退休 25 年 8 个月 2 天
员工 4	男	1959/1/6	2019/1/6	已退休 3 年 27 天
员工 5	女	1984/6/8	2039/6/8	17 年 4 个月 6 天
员工 6	女	1958/9/13	2013/9/13	已退休 8 年 4 个月 20 天
员工 7	女	1977/10/17	2032/10/17	10 年 8 个月 15 天
员工 8	女	1952/8/6	2007/8/6	已退休 14 年 5 个月 27 天
员工 9	女	1960/10/17	2015/10/17	已退休 6 年 3 个月 16 天
员工 10	女	1965/2/7	2020/2/7	已退休 1 年 11 个月 26 天
员工 11	女	1970/12/31	2025/12/31	3 年 10 个月 29 天
员工 12	男	1949/2/17	2009/2/17	已退休 12 年 11 个月 16 天
员工 13	男	1949/9/29	2009/9/29	已退休 12 年 4 个月 4 天
员工 14	男	1975/10/19	2035/10/19	13 年 8 个月 17 天
员工 15	女	1953/9/28	2008/9/28	已退休 13 年 4 个月 5 天
员工 16	男	1958/5/17	2018/5/17	已退休 3 年 8 个月 16 天
员工 17	女	1952/2/17	2007/2/17	已退休 14 年 11 个月 16 天
员工 18	男	1979/10/19	2039/10/19	17 年 8 个月 17 天

图 7-7　程序运行结果

单击“清除”按钮，清除计算结果和单元格背景颜色，恢复到图 7-6 所示的界面。

7.4　自动生成年历

本节在 Word 中编写程序，自动生成指定年份的年历。涉及的主要技术包括：表格的选择与控制、单元格行列位置的确定、日期型函数的应用等。

1. 表格设计

在 Word 文档中生成年历，可以用一个表格作为标题，另外 12 个表格存放每个月的信息。

创建一个 Word 文档，保存为“自动生成年历.docm”。

在文档中插入一个 1 行 1 列的表格。右击该表格，在弹出的快捷菜单中选择“边框和底纹”命令，在“边框和底纹”对话框的“边框”选项卡中设置“无”，在“底纹”选项卡中填充浅绿色。根据需要设置单元格的字体、字号。

留出一个空行，插入一个 9 行 7 列的表格，根据实际需要调整列的宽度，设置字号为“小五”。合并第 1 行的所有列，输入“一月”并设置字号为“小四”。在第 2 行的 7 个单元格中分别输入“日”“一”“二”“三”“四”“五”“六”。合并第 3 行的所有列。对字体颜色、填充颜色、行高等属性适当调整。在表格的后面添加一个空行。

复制“一月”表格（包括后面的空行），在下面粘贴 11 次，得到 12 个月的表格。选中这 12 个月的表格，在“布局”选项卡的“页面设置”选项组中，单击“分栏”按钮，选择“三栏”，将这 12 个表格重新排列。在第 1 排 3 个表格的第 1 行分别输入“一月”“二月”“三月”，第 2 排 3 个表格的第 1 行分别输入“四月”“五月”“六月”，第 3 排 3 个表格的第 1 行分别输入“七月”“八月”“九月”，第 4 排 3 个表格的第 1 行分别输入“十月”“十一月”“十二月”。最后得到图 7-8 所示的界面。

一月						
日	一	二	三	四	五	六

二月						
日	一	二	三	四	五	六

三月						
日	一	二	三	四	五	六

四月						
日	一	二	三	四	五	六

五月						
日	一	二	三	四	五	六

六月						
日	一	二	三	四	五	六

七月						
日	一	二	三	四	五	六

八月						
日	一	二	三	四	五	六

九月						
日	一	二	三	四	五	六

十月						
日	一	二	三	四	五	六

十一月						
日	一	二	三	四	五	六

十二月						
日	一	二	三	四	五	六

图 7-8　Word 文档中的 13 个表格

在 Word 文档中，所有表格按照创建的先后对应一个序号。这 13 个表格中，1 号作为标题，2～13 号分别对应于“一月”“四月”“七月”“十月”“二月”“五月”“八月”“十一月”“三月”“六月”“九月”“十二月”。或者说，1～12 月的表格序号分别为 2、6、10、3、7、11、4、8、12、5、9、13。

2. “制作年历”子程序设计

进入 VB 编辑环境，插入一个模块，在模块中编写一个“制作年历”子程序，代码如下：

```
Sub 制作年历()
  nt = InputBox("请输入年份：", "年历", Year(Now))
  With ThisDocument
    .Tables(1).Cell(1, 1).Range.Text = nf & "年历"
    For i = 1 To 12
```

```
      fd = WeekDay(nf & "/" & i & "/1")          '求该年月 1 日是星期几
      mt = "020610030711040812050913"            '月份与表格序号对应关系
      tn = Val(Mid(mt, 2 * (i - 1) + 1, 2))      '根据月份确定表格
      With .Tables(tn)
        For j = 1 To 31
          If IsDate(nf & "/" & i & "/" & j) Then'日期有效
            r = (fd + j - 1) \ 7 + 4             '目标行号
            c = (fd + j - 1) Mod 7               '目标列号
            If c = 0 Then
              .Cell(r - 1, 7).Range.Text = j     '设置第 7 列数据
            Else
              .Cell(r, c).Range.Text = j         '设置其余列数据
            End If
          End If
        Next
      End With
    Next
  End With
End Sub
```

上述子程序用 InputBox 函数输入一个年份，保存到变量 nf 中，然后进行以下操作：

首先向第 1 个表格（就是一行一列的那个表格）中填入指定的年份作为标题。然后用 For 语句循环 12 次，生成 12 个月的日历。

在生成第 i 个月的日历时，先用 WeekDay 函数求出指定年份第 i 个月的 1 号是星期几。函数的返回值“1”表示星期日、“2”表示星期一、……、“7”表示星期六。再根据月份与表格序号的对应关系字符串 mt，确定第 i 月对应的表格序号 tn。1 月对应的表格序号为 02、2 月对应的表格序号为 06、……、12 月对应的表格序号为 13。最后用 For 语句让变量 j 从 1 到 31 循环。每次循环，用函数 IsDate 判断指定年份的 i 月 j 日是否为有效日期，是则计算出表格中目标行号和列号，把变量 j 的值填写到表格 tn 相应的位置上。如果列号等于 0，则把 j 填写到上一行的第 7 列。

3. “清除信息”子程序设计

在模块中编写一个“清除信息”子程序，代码如下：

```
Sub 清除信息()
  ThisDocument.Tables(1).Rows(1).Select          '选中表格 1 的第 1 行
  Selection.Delete Unit:=wdCharacter, Count:=1 '删除内容
  For i = 1 To 12
    mt = "020610030711040812050913"             '月份与表格序号的对应关系
    tn = Val(Mid(mt, 2 * (i - 1) + 1, 2))       '根据月份确定表格
    Set tb = ThisDocument.Tables(tn)            '用变量表示表格
    ThisDocument.Range(tb.Rows(4).Range.Start, _
    tb.Rows(9).Range.End).Delete                '删除表格区域内容
  Next
  Selection.HomeKey Unit:=wdStory               '光标定位到文档开头
```

```
End Sub
```

上述子程序首先选中当前文档第 1 个表格的第 1 行并清除里面的内容，然后用 For 语句循环 12 次，把每个月份对应表格的 4～9 行内容清除。

4. 在快速访问工具栏中添加按钮

右击 Word 功能区，在快捷菜单中选择“自定义快速访问工具栏”命令，打开“Word 选项”对话框。在“从下列位置选择命令”下拉列表框中选择“宏”，在“自定义快速访问工具栏”下拉列表中选择用于当前文档“自动生成年历.docm”，将左侧列表框中的 2 个宏“Project.模块 1.制作年历”和“Project.模块 1.清除信息”添加到右侧列表框。

在右侧列表框中选中“Project.模块 1.制作年历”，单击列表框下面的“修改”按钮。在“修改按钮”对话框中，指定按钮的一个图标符号，将显示名称修改为“制作年历”，然后单击“确定”按钮。用同样方法将“Project.模块 1.清除信息”的显示名称改为“清除信息”并指定一个图标符号。最后单击“Word 选项”对话框的“确定”按钮，在 Word 当前文档的快速访问工具栏中添加 2 个按钮，分别用来执行“制作年历”和“清除信息”子程序。

单击快速访问工具栏的“制作年历”按钮，输入一个年份，将得到对应的年历。例如，输入 2022，得到的年历如图 7-9 所示。单击“清除信息”按钮，将清除当前文档第 1 个表格的内容以及 12 个月份对应表格的 4～9 行内容。

2022 年历

一月						
日	一	二	三	四	五	六
						1
2	3	4	5	6	7	8
9	10	11	12	13	14	15
16	17	18	19	20	21	22
23	24	25	26	27	28	29
30	31					

二月						
日	一	二	三	四	五	六
		1	2	3	4	5
6	7	8	9	10	11	12
13	14	15	16	17	18	19
20	21	22	23	24	25	26
27	28					

三月						
日	一	二	三	四	五	六
		1	2	3	4	5
6	7	8	9	10	11	12
13	14	15	16	17	18	19
20	21	22	23	24	25	26
27	28	29	30	31		

四月						
日	一	二	三	四	五	六
					1	2
3	4	5	6	7	8	9
10	11	12	13	14	15	16
17	18	19	20	21	22	23
24	25	26	27	28	29	30

五月						
日	一	二	三	四	五	六
1	2	3	4	5	6	7
8	9	10	11	12	13	14
15	16	17	18	19	20	21
22	23	24	25	26	27	28
29	30	31				

六月						
日	一	二	三	四	五	六
			1	2	3	4
5	6	7	8	9	10	11
12	13	14	15	16	17	18
19	20	21	22	23	24	25
26	27	28	29	30		

七月						
日	一	二	三	四	五	六
					1	2
3	4	5	6	7	8	9
10	11	12	13	14	15	16
17	18	19	20	21	22	23
24	25	26	27	28	29	30
31						

八月						
日	一	二	三	四	五	六
	1	2	3	4	5	6
7	8	9	10	11	12	13
14	15	16	17	18	19	20
21	22	23	24	25	26	27
28	29	30	31			

九月						
日	一	二	三	四	五	六
				1	2	3
4	5	6	7	8	9	10
11	12	13	14	15	16	17
18	19	20	21	22	23	24
25	26	27	28	29	30	

十月						
日	一	二	三	四	五	六
						1
2	3	4	5	6	7	8
9	10	11	12	13	14	15
16	17	18	19	20	21	22
23	24	25	26	27	28	29
30	31					

十一月						
日	一	二	三	四	五	六
		1	2	3	4	5
6	7	8	9	10	11	12
13	14	15	16	17	18	19
20	21	22	23	24	25	26
27	28	29	30			

十二月						
日	一	二	三	四	五	六
				1	2	3
4	5	6	7	8	9	10
11	12	13	14	15	16	17
18	19	20	21	22	23	24
25	26	27	28	29	30	31

图 7-9　年历样本

上机练习

1. 在 Word 文档中设计一个图 7-10 所示的表格，表格中包含若干员工的“姓名”和“身份证号”信息。在表格下方添加一个“刷新”命令按钮，为命令按钮的 Click 事件编写代码，根据身份证号获取“性别”“出生日期”“年龄”信息，填写到表格对应的单元格，得到图 7-11 所示的结果。

姓名	身份证号	性别	出生日期	年龄
员工 1	220302580326021			
员工 2	220102196512080030			
员工 3	210302630429023			
员工 4	230302540710023			
员工 5	220302196311170210			
员工 6	320302560204021			
员工 7	420302601007023			
员工 8	520303197106204019			
员工 9	420303197411212023			
员工 10	450302197601220626			
员工 11	510302721207022			
员工 12	330302197904240210			
员工 13	430302790303042			
员工 14	320582197810210013			
员工 15	220122800818333			
员工 16	220204800407484			
员工 17	220381790706086			
员工 18	220802800820092			

刷新

图 7-10　表格和基本信息

姓名	身份证号	性别	出生日期	年龄
员工 1	220302580326021	男	1958/3/26	64
员工 2	220102196512080030	男	1965/12/8	57
员工 3	210302630429023	男	1963/4/29	59
员工 4	230302540710023	男	1954/7/10	68
员工 5	220302196311170210	男	1963/11/17	59
员工 6	320302560204021	男	1956/2/4	66
员工 7	420302601007023	男	1960/10/7	62
员工 8	520303197106204019	男	1971/6/20	51
员工 9	420303197411212023	女	1974/11/21	48
员工 10	450302197601220626	女	1976/1/22	46
员工 11	510302721207022	女	1972/12/7	50
员工 12	330302197904240210	男	1979/4/24	43
员工 13	430302790303042	女	1979/3/3	43
员工 14	320582197810210013	男	1978/10/21	44
员工 15	220122800818333	男	1980/8/18	42
员工 16	220204800407484	女	1980/4/7	42
员工 17	220381790706086	女	1979/7/6	43
员工 18	220802800820092	女	1980/8/20	42

刷新

图 7-11　上机练习题 1 程序运行结果

2. 在 Word 文档中设计图 7-12 所示的表格，然后编写程序，自动生成指定年月的月历。例如，指定 2022 年 2 月，得到图 7-13 所示的月历。

日	一	二	三	四	五	六

图 7-12　Word 表格样式

2022 年 2 月						
日	一	二	三	四	五	六
		1	2	3	4	5
6	7	8	9	10	11	12
13	14	15	16	17	18	19
20	21	22	23	24	25	26
27	28					

图 7-13　月历样本

第8章 文件管理

本章结合几个应用案例介绍 VBA 的文件管理功能。涉及的主要技术包括：Dir 函数、文件对话框对象、文件系统对象、文件夹对象的应用及递归程序设计。

8.1 列出当前文件夹下的目录

本节编写一个 VBA 程序，在 Word 文档中，提取当前文件夹中的所有文件名、扩展名，转换为表格，并按扩展名、文件名排序。

1. 设计子程序

创建一个 Word 文档，保存为“列出当前文件夹下的目录.docm”。

进入 VB 编辑环境，在当前工程中双击 ThisDocument 对象，编写一个通用子程序“列文件目录”，代码如下：

```
Sub 列文件目录()
  cpath = ThisDocument.Path                 '当前路径
  adoc = Dir(cpath & "\*.*")                '取第 1 个文件
  Do While adoc <> ""
    Selection.TypeText Text:=adoc           '输入到当前文档
    Selection.TypeParagraph                 '输入回车符
    adoc = Dir()                            '取下一个文件
  Loop
  Selection.WholeStory                      '全部选中
  Selection.MoveLeft Unit:=wdCharacter, Count:=1, Extend:=wdExtend
  Selection.ConvertToTable Separator:="."
  Selection.Tables(1).Style = "网格型"
  Selection.Sort FieldNumber:="列 2", FieldNumber2:="列 1"
  Selection.HomeKey Unit:=wdStory           '光标定位、取消选中状态
End Sub
```

在上述子程序中，先用 ThisDocument.Path 取出当前路径名，用 Dir 函数取出当前路径下第 1 个文件名（含扩展名）。

然后用 Do While 循环语句，将当前路径下的所有文件名、扩展名输出到 Word 文档，文件名和扩展名之间用小数点“.”分隔，各文件之间用回车符分隔。

接下来，选中除最后一个回车符之外的全部文本，用 ConvertToTable 方法将选中的内容以小数点为分隔符转换为表格，设置表格边框线。

最后，用 Sort 方法对表格内容按扩展名、文件名进行排序并取消选中状态。

2. 运行子程序

在“开发工具”选项卡的“代码”选项组中单击“宏”按钮，在“宏”对话框中选择“列文件目录”项，然后单击“运行”按钮，在文档中以表格形式列出当前文件夹的所有文件名、扩展名，并按扩展名、文件名排序。

假设当前文件夹下的文件如图 8-1 所示，程序运行后将得到图 8-2 所示的结果。

名称	修改日期	类型	大小
1.txt	2014/3/14 15:54	文本文档	2 KB
2.txt	2014/3/14 16:01	文本文档	1 KB
3.txt	2014/3/14 16:01	文本文档	1 KB
0433101.jpg	2004/6/6 14:13	JPG 文件	60 KB
0433102.jpg	2006/3/27 23:06	JPG 文件	24 KB
0433103.jpg	2006/3/27 23:04	JPG 文件	25 KB
0433104.jpg	2006/3/27 23:04	JPG 文件	25 KB
0433105.jpg	2004/2/18 16:01	JPG 文件	12 KB
百钱买百鸡问题.xlsm	2014/3/16 13:45	Microsoft Excel 启用宏的工作表	12 KB
插入图片.xlsm	2014/3/15 16:19	Microsoft Excel 启用宏的工作表	14 KB
成绩转换和定位.xlsm	2014/3/16 15:50	Microsoft Excel 启用宏的工作表	17 KB
合并文件.docm	2014/3/16 10:40	Microsoft Word 启用宏的文档	21 KB
快速设置上标.docm	2014/3/16 9:24	Microsoft Word 启用宏的文档	19 KB
列出当前文件夹下的目录.docm	2016/11/12 10:40	Microsoft Word 启用宏的文档	18 KB
玫瑰花数.xlsm	2014/3/16 13:56	Microsoft Excel 启用宏的工作表	12 KB
求最大公约数.xlsm	2014/3/16 17:07	Microsoft Excel 启用宏的工作表	17 KB
填充颜色.xlsm	2014/3/16 10:01	Microsoft Excel 启用宏的工作表	17 KB

图 8-1　当前文件夹下的文件目录

0433101	jpg
0433102	jpg
0433103	jpg
0433104	jpg
0433105	jpg
1	txt
2	txt
3	txt
百钱买百鸡问题	xlsm
插入图片	xlsm
成绩转换和定位	xlsm
合并文件	docm
快速设置上标	docm
列出当前文件夹下的目录	docm
玫瑰花数	xlsm
求最大公约数	xlsm
填充颜色	xlsm

图 8-2　Word 文档内容

8.2　提取指定路径下所有文件目录

本节要在 Word 中编写 VBA 程序，列出指定路径（包括各级子文件夹）下的所有文件目录。其中用到文件系统对象 FileSystemObject、文件夹对象和递归技术。

1. “列目录”子程序

创建一个 Word 文档，保存为“提取指定路径下所有文件目录.docm”。

进入 VB 编辑环境，在“工具”菜单中选择“引用”命令。在图 8-3 所示的“引用-Project”对话框的“可使用的引用”列表框中选择“Microsoft Scripting Runtime”复选框，单击“确定”按钮。

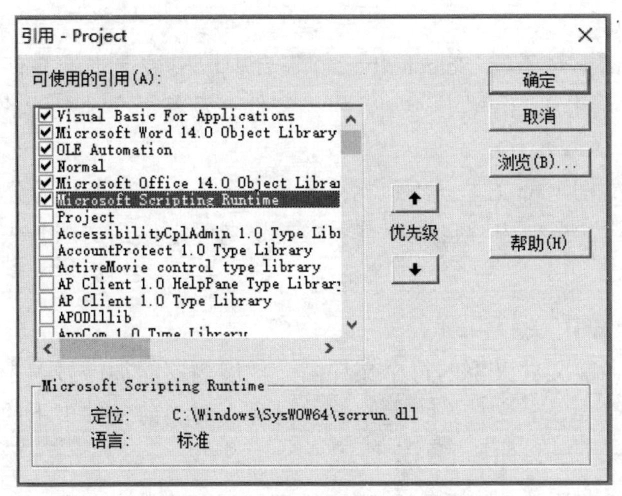

图 8-3 “引用-Project”对话框

在当前工程中双击 ThisDocument 对象，用以下语句声明一个双精度模块级变量 k 作为计数器。

```
Dim k As Double
```

编写一个通用子程序“列目录”，代码如下：

```
Sub 列目录()
  Set fd = Application.FileDialog(msoFileDialogFolderPicker)
  k = fd.Show                                   '打开文件对话框
  If k = 0 Then Exit Sub
  Selection.TypeText Text:="序号" & vbTab       '表格标题
  Selection.TypeText Text:="文件名" & vbTab
  Selection.TypeText Text:="扩展名" & vbTab
  Selection.TypeText Text:="路径名"
  Selection.TypeParagraph
  k = 0                                         '计数器置初值
  dn = fd.SelectedItems.Item(1)                 '取出选中的文件夹名
  Call getf(dn)                                 '调用递归子程序
  Selection.WholeStory                          '选中全部文档
  Selection.MoveLeft Unit:=wdCharacter, Count:=1, Extend:=wdExtend
  Selection.ConvertToTable Separator:=wdSeparateByTabs
  Selection.Tables(1).Style = "中等深浅底纹 1 - 强调文字颜色 5"
  Selection.Tables(1).AutoFitBehavior (wdAutoFitContent)
  Selection.HomeKey Unit:=wdStory               '光标定位
```

```
End Sub
```

上述子程序首先创建一个文件对话框对象，赋值给对象变量 fd。用 Show 方法显示文件对话框，以选择文件夹。如果在对话框中单击了“取消”按钮，则退出子程序。否则进行以下操作：

（1）在当前文档输入表格标题“序号”“文件名”“扩展名”“路径名”和回车符。设置计数器 k 的初值为 0。

（2）从文件对话框对象的 SelectedItems 集合中取出被选中的文件夹路径名送给变量 dn。以 dn 为实参，调用递归子程序 getf，将该文件夹及其子文件夹下的所有文件目录填写到 Word 当前文档中。

（3）选中当前文档全部文本（不包括末尾回车符），以制表符为分隔符将文本转换为表格。设置表格样式，根据内容自动调整表格，将光标定位到文档开头，取消表格的选中状态。

2. 递归子程序 getf

子程序 getf 在当前文件夹下的每个文件名、扩展名前面加序号，中间加制表符，后面加回车符，并填写到 Word 文档。再递归调用自身，对当前文件夹下的每个子文件夹进行同样的操作，列出每个子文件夹下的文件目录。

递归子程序 getf 的代码如下：

```
Sub getf(path)
  Dim fs As New FileSystemObject                '创建文件系统对象
  Set fd = fs.GetFolder(path)                   '创建文件夹对象
  For Each f In fd.Files                        '对每个文件进行操作
    p = InStrRev(f.Name, ".")                   '求最右边的小数点位置
    If p > 0 Then
      fn = Left(f.Name, p - 1)                  '提取文件名
      fe = Mid(f.Name, p + 1)                   '提取扩展名
    Else
      fn = f.Name                               '设置文件名
      fe = ""                                   '设置扩展名为空串
    End If
    k = k + 1                                   '计数
    Selection.TypeText Text:=k & vbTab          '计数值+制表符
    Selection.TypeText Text:=fn & vbTab         '输出文件名+制表符
    Selection.TypeText Text:=fe & vbTab         '输出扩展名+制表符
    Selection.TypeText Text:=path               '输出路径名
    Selection.TypeParagraph                     '输出回车符
  Next
  For Each s In fd.SubFolders                   '对每个子文件夹进行操作
    Call getf(s.path)
  Next
End Sub
```

上述子程序的形参 path 为指定的文件夹路径名。

程序首先创建一个文件系统对象，赋值给变量 fs。用 GetFolder 方法创建指定的文件夹对象，赋值给变量 fd。

然后，用 For…Each 循环语句，对文件夹 fd 下的每个文件进行以下操作：

（1）用 InStrRev 函数求出文件全名中最右边的小数点位置，送给变量 p。如果文件全名中含有小数点，则分别取出小数点左边的文件名和小数点右边的扩展名。如果文件全名中没有小数点，则扩展名置为空串。

（2）计数器 k 加 1。在 Word 文档中输出计数值、制表符、文件名、制表符、扩展名、制表符、路径名、回车符。

最后，递归调用 getf 自身，对指定文件夹下的每个子文件夹进行同样的操作。

3. 运行程序

打开“提取指定路径下所有文件目录.docm” Word 文档，运行“列目录”子程序，系统会弹出一个文件夹选择对话框。选择一个文件夹，单击“确定”按钮后，Word 当前文档中将列出指定文件夹及其子文件夹下的每个文件名、扩展名和路径信息。

例如，D 区根目录有“应用基础”文件夹。其中有“百钱买百鸡”“插入多个图片”“插入多个文件”“成绩转换和定位”“设置上标”“最大公约数”等子文件夹。“插入多个图片”文件夹下有“照片”子文件夹。“插入多个文件”文件夹下有“文本文件”子文件夹。每个文件夹下都有若干个文件。程序运行后将得到图 8-4 所示的结果。

序号	文件名	扩展名	路径名
1	成绩转换和定位	xlsm	D:\应用基础\成绩转换和定位
2	填充颜色	xlsm	D:\应用基础\插入多个图片
3	插入图片	xlsm	D:\应用基础\插入多个图片
4	0433101	jpg	D:\应用基础\插入多个图片\照片
5	0433102	jpg	D:\应用基础\插入多个图片\照片
6	0433103	jpg	D:\应用基础\插入多个图片\照片
7	0433104	jpg	D:\应用基础\插入多个图片\照片
8	0433105	jpg	D:\应用基础\插入多个图片\照片
9	合并文件	docm	D:\应用基础\插入多个文件
10	1	txt	D:\应用基础\插入多个文件\文本文件
11	2	txt	D:\应用基础\插入多个文件\文本文件
12	3	txt	D:\应用基础\插入多个文件\文本文件
13	求最大公约数	xlsm	D:\应用基础\最大公约数
14	百钱买百鸡问题	xlsm	D:\应用基础\百钱买百鸡
15	快速设置上标	docm	D:\应用基础\设置上标

图 8-4　文件目录信息

8.3　读取并处理文本文件内容

假设有一个“日志.txt”文本文件，记录了计算机每次开机和关机的信息，内容和格式如图 8-5 所示。

要求在 Word 中编写 VBA 程序，从特定的文本文件中读取系统开机和关机记录信息，并在此基础上计算每次用机时长，填写到 Word 文档并转换为表格，得到图 8-6 所示的结果。

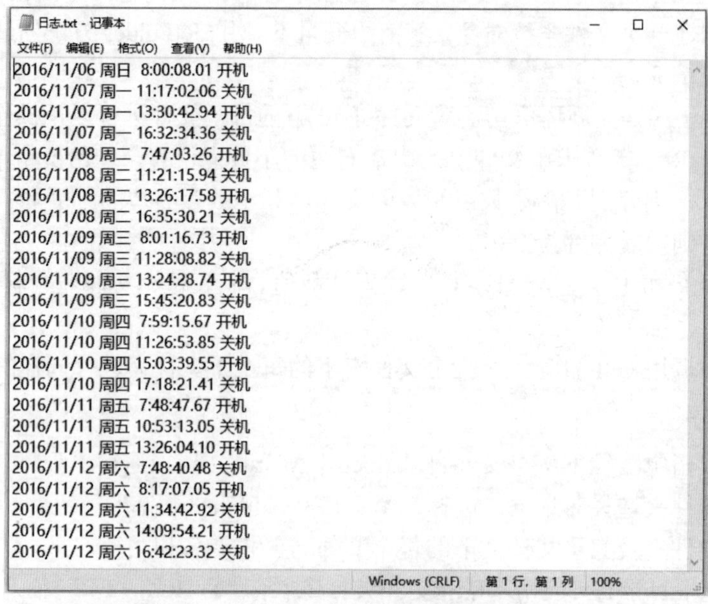

日志.txt - 记事本

文件(F) 编辑(E) 格式(O) 查看(V) 帮助(H)

2016/11/06 周日 8:00:08.01 开机
2016/11/07 周一 11:17:02.06 关机
2016/11/07 周一 13:30:42.94 开机
2016/11/07 周一 16:32:34.36 关机
2016/11/08 周二 7:47:03.26 开机
2016/11/08 周二 11:21:15.94 关机
2016/11/08 周二 13:26:17.58 开机
2016/11/08 周二 16:35:30.21 关机
2016/11/09 周三 8:01:16.73 开机
2016/11/09 周三 11:28:08.82 关机
2016/11/09 周三 13:24:28.74 开机
2016/11/09 周三 15:45:20.83 关机
2016/11/10 周四 7:59:15.67 开机
2016/11/10 周四 11:26:53.85 关机
2016/11/10 周四 15:03:39.55 开机
2016/11/10 周四 17:18:21.41 关机
2016/11/11 周五 7:48:47.67 开机
2016/11/11 周五 10:53:13.05 关机
2016/11/11 周五 13:26:04.10 开机
2016/11/12 周六 7:48:40.48 关机
2016/11/12 周六 8:17:07.05 开机
2016/11/12 周六 11:34:42.92 关机
2016/11/12 周六 14:09:54.21 开机
2016/11/12 周六 16:42:23.32 关机

Windows (CRLF) 第 1 行，第 1 列 100%

图 8-5 “日志.txt”文本文件的内容和格式

开机时间	关机时间	用机时长
2016/11/06 周日 8:00:08	2016/11/07 周一 11:17:02	27:16:54
2016/11/07 周一 13:30:42	2016/11/07 周一 16:32:34	3:1:52
2016/11/08 周二 7:47:03	2016/11/08 周二 11:21:15	3:34:12
2016/11/08 周二 13:26:17	2016/11/08 周二 16:35:30	3:9:13
2016/11/09 周三 8:01:16	2016/11/09 周三 11:28:08	3:26:52
2016/11/09 周三 13:24:28	2016/11/09 周三 15:45:20	2:20:52
2016/11/10 周四 7:59:15	2016/11/10 周四 11:26:53	3:27:38
2016/11/10 周四 15:03:39	2016/11/10 周四 17:18:21	2:14:42
2016/11/11 周五 7:48:47	2016/11/11 周五 10:53:13	3:4:26
2016/11/11 周五 13:26:04	2016/11/12 周六 7:48:40	18:22:36
2016/11/12 周六 8:17:07	2016/11/12 周六 11:34:42	3:17:35
2016/11/12 周六 14:09:54	2016/11/12 周六 16:42:23	2:32:29

图 8-6 Word 表格内容

1. 编写程序

创建一个 Word 文档，保存为“读取并处理文本文件内容.docm”。进入 VB 编辑环境，插入一个模块，在模块中编写一个“刷新”子程序，代码如下：

```
Sub 刷新()
  Selection.TypeText Text:="开机时间" & vbTab              '填写表格标题
  Selection.TypeText Text:="关机时间" & vbTab
  Selection.TypeText Text:="用机时长" & Chr(10)
  Open ThisDocument.Path & "\日志.TXT" For Input As #1  '打开日志文件
  Do While Not EOF(1)                                   '循环
    Line Input #1, s_in                                 '读取一行数据
    If InStr(s_in, "开机") > 0 Then                      '包含开机标志
      kr = Left(s_in, 11)                               '日期
      kz = Mid(s_in, 12, 3)                             '星期
      ks = Mid(s_in, 15, 8)                             '时间
```

```
      Selection.TypeText Text:=kr & kz & ks & vbTab      '填写开机时间
      t1 = kr & ks                                        '保存开机时间
    Else                                                  '不含开机标志
      gr = Left(s_in, 11)                                 '日期
      gz = Mid(s_in, 12, 3)                               '星期
      gs = Mid(s_in, 15, 8)                               '时间
      Selection.TypeText Text:=gr & gz & gs & vbTab      '填写关机时间
      t2 = gr & gs                                        '保存关机时间
      sc = CDate(t2) - CDate(t1)                          '用机时长
      dd = Int(sc)                                        '天数
      hh = Hour(sc) + dd * 24                             '时数
      mm = Minute(sc)                                     '分数
      ss = Second(sc)                                     '秒数
      Selection.TypeText Text:=hh & ":" & mm & ":" & ss '填写用机时长
      Selection.TypeParagraph                             '换行
    End If
  Loop
  Close #1                                                '关闭日志文件
  Selection.WholeStory                                    '选中全部文档
  Selection.MoveLeft Unit:=wdCharacter, Count:=1, Extend:=wdExtend
  Selection.ConvertToTable Separator:=wdSeparateByTabs
  Selection.Tables(1).Style = "中等深浅底纹 1 - 强调文字颜色 4"
  Selection.Tables(1).Select                              '选中表格
  Selection.Font.Bold = False                             '取消加粗
  Selection.HomeKey Unit:=wdStory                         '光标定位
End Sub
```

上述子程序首先在 Word 当前文档填写表格标题"开机时间""关机时间""用机时长"，中间用制表符分隔，末尾添加回车符。

然后用以下语句打开当前文档所在文件夹下的"日志.TXT"文件用于读操作，文件代号为 1。

```
Open ThisDocument.Path & "\日志.TXT" For Input As #1
```

接下来，用 Do-While 循环语句，读取文件的每行文本送给变量 s_in，进行以下处理：

（1）如果 s_in 中包含"开机"关键词，则从中提取开机日期、星期和时间，填写到当前文档，之后添加一个制表符，并把开机日期与时间合并为一个字符串，保存到变量 t1 中，作为完整的开机时间。

（2）如果 s_in 中不包含"开机"关键词，说明该行内容为关机信息，则从中提取关机日期、星期和时间，填写到当前文档原有内容的后面，再添加一个制表符，并把关机日期与时间合并为一个字符串，保存到变量 t2 中，作为完整的关机时间。用 Cdate 函数分别将 t2 和 t1 转换为日期时间型数据并求其差值，得到用机时长，保存到变量 sc 中。根据变量 sc 的值，求出天数，再求出时、分、秒数，把用机时长以"时:分:秒"的形式填写到当前文档原有内容的后面，再添加一个回车符。

最后，关闭日志文件。选中当前文档全部文本（不包括末尾回车符），以制表符为分隔符将文本转换为表格。设置表格样式，取消加粗字体，将光标定位到文档开头，取消表格的选中状态。

2. 运行程序

打开“读取并处理文本文件内容.docm”Word 文档，运行“刷新”子程序，将得到图 8-6 所示的结果。

上机练习

1. 创建一个“提取当前文件夹及其子文件夹下的所有文件目录.docm”Word 文档，编写 VBA 程序，提取当前文件夹及其子文件夹下除自身以外的所有文件目录。

假设 D 区根目录有“应用基础”文件夹。其中有“百钱买百鸡”“插入多个图片”“插入多个文件”“成绩转换和定位”“设置上标”“最大公约数”等子文件夹。“插入多个图片”文件夹下有“图片”子文件夹。“插入多个文件”文件夹下有“文本文件”和“照片”两个子文件夹。每个文件夹下都有若干个文件。“提取当前文件夹及其子文件夹下的所有文件目录.docm”文件放在“应用基础”文件夹下。

要求程序运行后得到图 8-7 所示的结果。

文件名	路径名
成绩转换和定位.xlsm	D:\应用基础\成绩转换和定位
填充颜色.xlsm	D:\应用基础\插入多个图片
插入图片.xlsm	D:\应用基础\插入多个图片
0433101.jpg	D:\应用基础\插入多个图片\图片
0433102.jpg	D:\应用基础\插入多个图片\图片
0433103.jpg	D:\应用基础\插入多个图片\图片
0433104.jpg	D:\应用基础\插入多个图片\图片
0433105.jpg	D:\应用基础\插入多个图片\图片
合并文件.docm	D:\应用基础\插入多个文件
1.txt	D:\应用基础\插入多个文件\文本文件
2.txt	D:\应用基础\插入多个文件\文本文件
3.txt	D:\应用基础\插入多个文件\文本文件
0433101.jpg	D:\应用基础\插入多个文件\照片
0433102.jpg	D:\应用基础\插入多个文件\照片
0433103.jpg	D:\应用基础\插入多个文件\照片
求最大公约数.xlsm	D:\应用基础\最大公约数
百钱买百鸡问题.xlsm	D:\应用基础\百钱买百鸡
快速设置上标.docm	D:\应用基础\设置上标

共 18 个文件

图 8-7　当前文件夹及其子文件夹下的所有文件目录

2. 在 Word 中编写程序，用不同的背景颜色标记指定文件夹及其子文件夹下的所有重复文件。

假设 D 区根目录有“应用基础”文件夹。其中有“百钱买百鸡”“插入多个图片”“插入多个文件”“成绩转换和定位”“设置上标”“最大公约数”等子文件夹。“插入多个图片”文件夹下有“图片”子文件夹。“插入多个文件”文件夹下有“文本文件”“照片”两个子文件夹。每个文件夹下都有若干个文件。

要求程序运行后，指定 D 区根目录的“应用基础”文件夹，得到图 8-8 所示的结果。

文件名	路径名
0433101.jpg	D:\应用基础\插入多个图片\图片
0433101.jpg	D:\应用基础\插入多个文件\照片
0433102.jpg	D:\应用基础\插入多个图片\图片
0433102.jpg	D:\应用基础\插入多个文件\照片
0433103.jpg	D:\应用基础\插入多个图片\图片
0433103.jpg	D:\应用基础\插入多个文件\照片
0433104.jpg	D:\应用基础\插入多个图片\图片
0433105.jpg	D:\应用基础\插入多个图片\图片
1.txt	D:\应用基础\插入多个文件\文本文件
2.txt	D:\应用基础\插入多个文件\文本文件
3.txt	D:\应用基础\插入多个文件\文本文件
百钱买百鸡问题.xlsm	D:\应用基础\百钱买百鸡
插入图片.xlsm	D:\应用基础\插入多个图片
成绩转换和定位.xlsm	D:\应用基础\成绩转换和定位
合并文件.docm	D:\应用基础\插入多个文件
快速设置上标.docm	D:\应用基础\设置上标
求最大公约数.xlsm	D:\应用基础\最大公约数
提取当前文件夹及其子文件夹下的所有文件目录.docm	D:\应用基础
填充颜色.xlsm	D:\应用基础\插入多个图片

图 8-8　用不同颜色标记的重复文件

第9章 Word 与其他软件协同

有时候需要在 Office 各组件之间传递数据，以便利用各自优势进行不同的处理。本章通过几个案例介绍 Office 应用程序之间调用与通信的有关技术。

9.1 在 Word 中进行 Excel 操作

下面给出在 Word 中对 Excel 进行操作的两种方法。

1. 引用 Excel 对象库

创建一个 Word 文档，进入 VB 编辑环境，在“工具”菜单中选择“引用”命令，在图 9-1 所示的“引用-Project”对话框中选择 Microsoft Excel 16.0 Object Library 复选框。

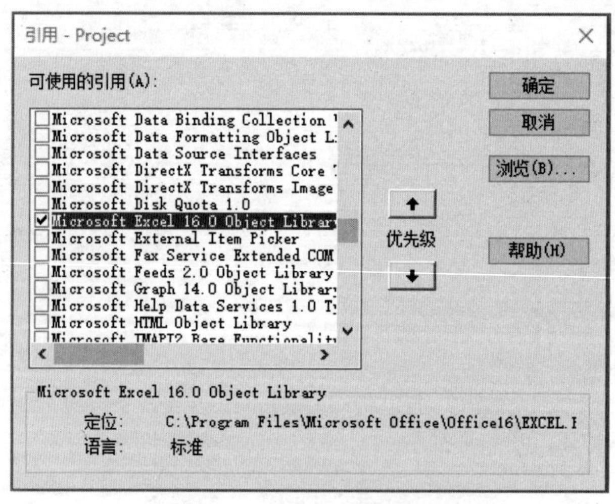

图 9-1　引用 Excel 对象库

在当前文档中编写一个通用子程序，代码如下：

```
Public Sub 方法1()
  Dim xlsObj As Excel.Application                          '声明对象变量
  If Tasks.Exists("Microsoft Excel") Then                  '如果 Excel 已打开
    Set xlsObj = GetObject(, "Excel.Application")          '获取 Excel 对象
  Else
    Set xlsObj = CreateObject("Excel.Application")         '打开 Excel 对象
  End If
  xlsObj.Visible = True                                    '让 Excel 可见
```

```
  If xlsObj.Workbooks.Count = 0 Then xlsObj.Workbooks.Add '若无工作簿，则添加
  xlsObj.ActiveSheet.Range("A1").Value = Selection.Text   '选中内容传给 Excel
  Set xlsObj = Nothing                                    '释放对象变量
End Sub
```

上述程序的功能是将 Word 中选中的文本传送到 Excel。

程序首先声明一个对象变量 xlsObj，用于保存 Excel 应用程序对象。

然后判断 Excel 是否打开。如果 Excel 已打开，则用 GetObject 函数获得应用程序对象的引用；否则，用 CreateObject 函数建立 Excel 应用程序对象的引用，打开 Excel，设置应用程序对象的可见性。若 Excel 无工作簿，则添加一个工作簿。

最后将 Word 中选中的文本传送到 Excel 当前工作表的 A1 单元格，用带有 Nothing 关键字的 Set 语句释放对象变量。

2. 使用 Excel 工作表对象

此种方法的特点是不需要引用 MicroSoft Excel 16.0 Object Library 项。

创建一个 Word 文档，进入 VB 编辑环境，建立一个过程，编写如下代码：

```
Sub 方法2()
  Dim Exsht As Object
  Set Exsht = CreateObject("Excel.Sheet")             '设置 Application 对象
  Exsht.Application.Visible = True                    '使 Excel 可见
  Exsht.Application.Cells(1, 1).Value = Selection.Text '在单元中填写文本
  fd = ActiveDocument.Path & "\Test.xlsx"             '形成路径和文件名
  Exsht.SaveAs fd                                     '保存工作簿
  Exsht.Application.Quit                              '关闭 Excel
  Set Exsht = Nothing                                 '释放对象变量
End Sub
```

上述程序首先创建一个工作表对象，设置其可见性。然后将 Word 选中的文本传送到工作表 A1 单元格，并将工作簿保存到当前文件夹，命名为 Test.xlsx。最后，关闭 Excel，释放对象变量。

9.2　在 Word 中使用 Access 数据库

利用数据访问对象（DAO），可打开数据库，对数据表进行查询，并将结果记录集传送到 Word 文档。

为便于测试，首先创建一个 Access 数据库，保存为 test.mdb。在数据库中新建一个表 cj，并输入一些记录，如图 9-2 所示。

学号	姓名	数学	语文	外语
101	张三	89	90	67
102	李四	98	87	90
103	王五	80	69	96
		0	0	0

图 9-2　数据表 cj 结构和内容

然后创建一个 Word 文档，进入 VB 编辑器，在“工具”菜单中选择“引用”命令，在图 9-3 所示的“引用-Project”对话框中，选择 Microsoft DAO 3.6 Object Library 复选框，建立 DAO 对象库的引用。

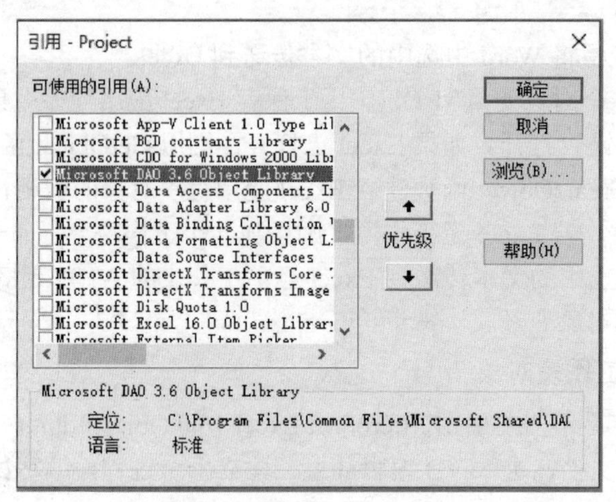

图 9-3　引用 DAO 对象库

接下来，在当前工程中添加一个模块，编写一个子程序 DAOW，代码如下：

```
Sub DAOW()
  Dim dcN As Document                              '文档对象变量
  Dim dbN As DAO.Database                          'DAO 数据库对象变量
  Dim rdS As Recordset                             '记录集对象变量
  dbpn = ThisDocument.Path & "\test.mdb"           '数据库路径及文件名
  Set dcN = ActiveDocument                         '当前文档
  Set dbN = OpenDatabase(Name:=dbpn)               '数据库
  Set rdS = dbN.OpenRecordset(Name:="cj")          '记录集
  For k = 1 To rdS.RecordCount                     '按记录数循环
    dcN.Content.InsertAfter Text:=rdS.Fields(0).Value & " "
    dcN.Content.InsertAfter Text:=rdS.Fields(1).Value & " "
    dcN.Content.InsertAfter Text:=rdS.Fields(2).Value & " "
    dcN.Content.InsertAfter Text:=rdS.Fields(3).Value & " "
    dcN.Content.InsertAfter Text:=rdS.Fields(4).Value
    dcN.Content.InsertParagraphAfter
    rdS.MoveNext                                   '下一条记录
  Next
  rdS.Close                                        '关闭记录集
  dbN.Close                                        '关闭数据库
End Sub
```

上述程序的功能是打开当前文件夹下的“test.mdb”数据库，将其中“cj”表中的记录插入 Word 当前文档。

其中，用 OpenDatabase 方法打开数据库，用 OpenRecordset 方法打开数据表（记录集）。RecordCount 属性表示记录集中记录的个数。MoveNext 方法用来移动记录指针。结束对数据库的操作后，用 Close 方法关闭记录集和数据库。

程序运行后，Word 的当前文档将得到图 9-4 所示的结果。

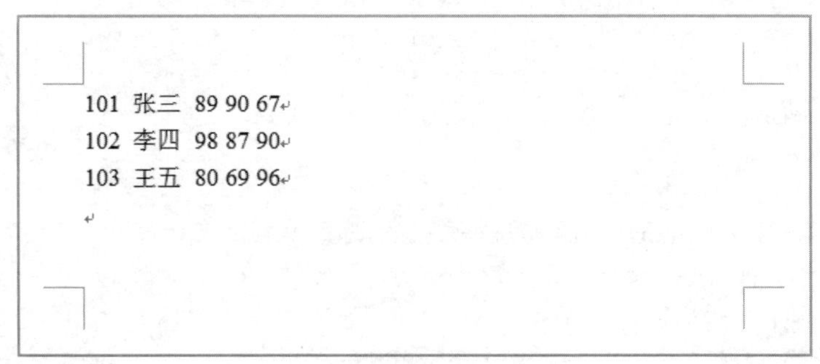

图 9-4　Word 文档的结果

9.3　将 Word 文本传送到 PowerPoint

本节编写一个 VBA 程序，将 Word 当前文档中第 1 段文本传送到 PowerPoint 演示文稿的幻灯片中。

1. 创建文档

创建一个 Word 文档，保存为“将 Word 文本传送到 PowerPoint.docm”。在文档中输入一些用于测试的文本，如图 9-5 所示。

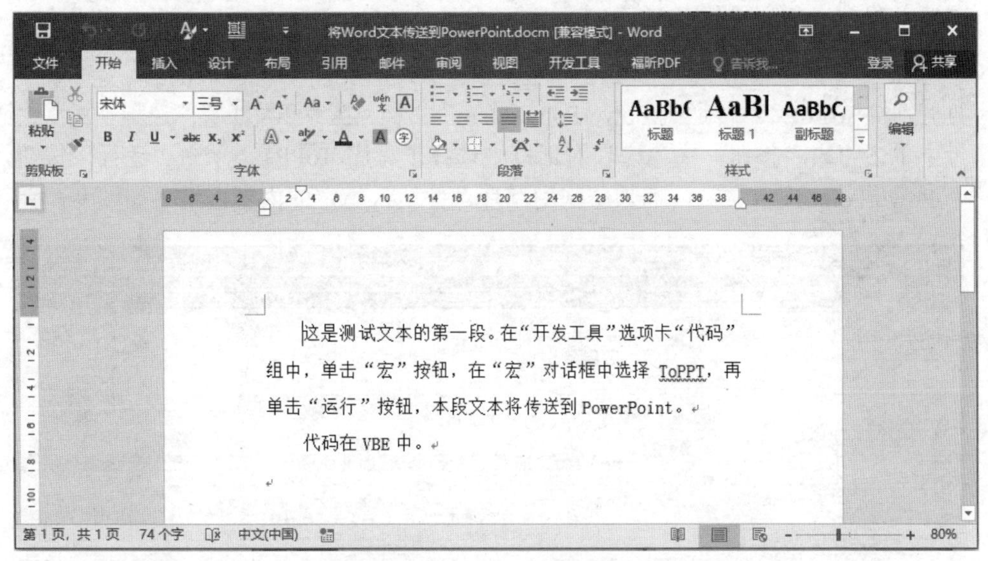

图 9-5　Word 文档中的测试文本

2. 编写程序

进入 VB 编辑环境，在“工具”菜单中选择“引用”命令。在“引用”对话框中选择 Microsoft PowerPoint 16.0 Object Library 复选框。

插入一个模块，编写如下子程序：

```
Sub ToPPT()
  Dim pptObj As PowerPoint.Application
  If Tasks.Exists("Microsoft PowerPoint") Then
    Set pptObj = GetObject(, "PowerPoint.Application")
  Else
    Set pptObj = CreateObject("PowerPoint.Application")
  End If
  pptObj.Visible = True
  Set pptPres = pptObj.Presentations.Add                        '创建演示文稿
  Set aSlide = pptPres.Slides.Add(Index:=1, Layout:=ppLayoutText) '添加幻灯片
  aSlide.Shapes(1).TextFrame.TextRange.Text = ActiveDocument.Name '填入文档名
  aSlide.Shapes(2).TextFrame.TextRange.Text = _
  ActiveDocument.Paragraphs(1).Range.Text                       '填入第 1 段文本
  Set pptObj = Nothing                                          '释放对象变量
End Sub
```

上述程序首先声明一个对象变量 pptObj，用以保存 PowerPoint 对象。

然后查看 Microsoft PowerPoint 是否正在运行，是则用 GetObject 函数获取 PowerPoint 对象引用，否则用 CreateObject 函数创建 PowerPoint 对象引用。

接下来，让 PowerPoint 对象可见。创建一个演示文稿。在演示文稿中添加一张标题和文本版式的幻灯片。在幻灯片的第 1 个占位符中填入 Word 当前文档名。在幻灯片的第 2 个占位符中填入 Word 当前文档第 1 段文本。

最后，释放对象变量 pptObj。

3. 运行程序

打开“将 Word 文本传送到 PowerPoint.docm”文档。在“开发工具”选项卡的“代码”选项组中单击“宏”按钮。在“宏”对话框中选择子程序 ToPPT，单击“运行”按钮，创建一个 PowerPoint 演示文稿，插入一张幻灯片，并填入指定的内容。结果如图 9-6 所示。

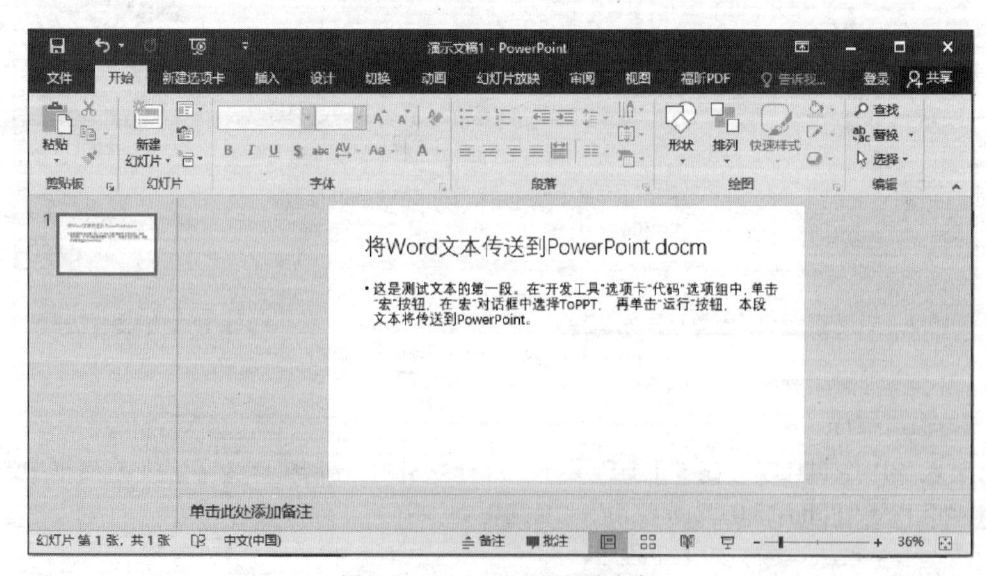

图 9-6　PowerPoint 幻灯片内容

上机练习

1. 在 Word 中编写程序，将图 9-7 所示 Excel 工作表 A1:B10 区域的数据导入 Word 当前文档，并将文本转换成表格，得到图 9-8 所示的结果。

	A	B
1	星期一	甲
2	星期二	乙
3	星期三	丙
4	星期四	丁
5	星期五	戊
6	星期六	己
7	星期日	庚
8		辛
9		壬
10		癸

图 9-7　Excel 工作表数据

星期一	甲
星期二	乙
星期三	丙
星期四	丁
星期五	戊
星期六	己
星期日	庚
	辛
	壬
	癸

图 9-8　Word 文档结果

2. 在 PowerPoint 中编写程序，将当前演示文稿中所有幻灯片的文本、图片、表格等内容导出到 Word 文档。

假设 PowerPoint 演示文稿有两张幻灯片，内容如图 9-9 所示。程序运行后，Word 文档中可得到图 9-10 所示的结果。

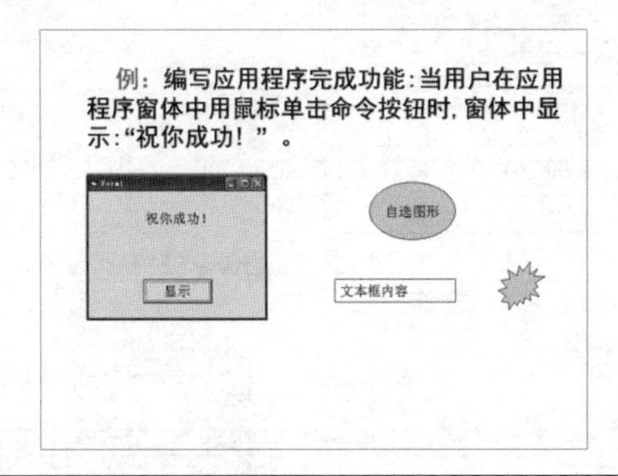

方 法	格 式	功　能
Cls	[Object.]Cls	清除运行时输出的文本和图形。
Print	[Object.] Print	在窗体上输出文本
Show	<Form.> Show	显示窗体。
Hide	<Form. > Hide	隐藏窗体。
Move	[Object.] Move Left,Top,Width,Height	移动窗体或控件。

图 9-9　PowerPoint 演示文稿的两张幻灯片内容

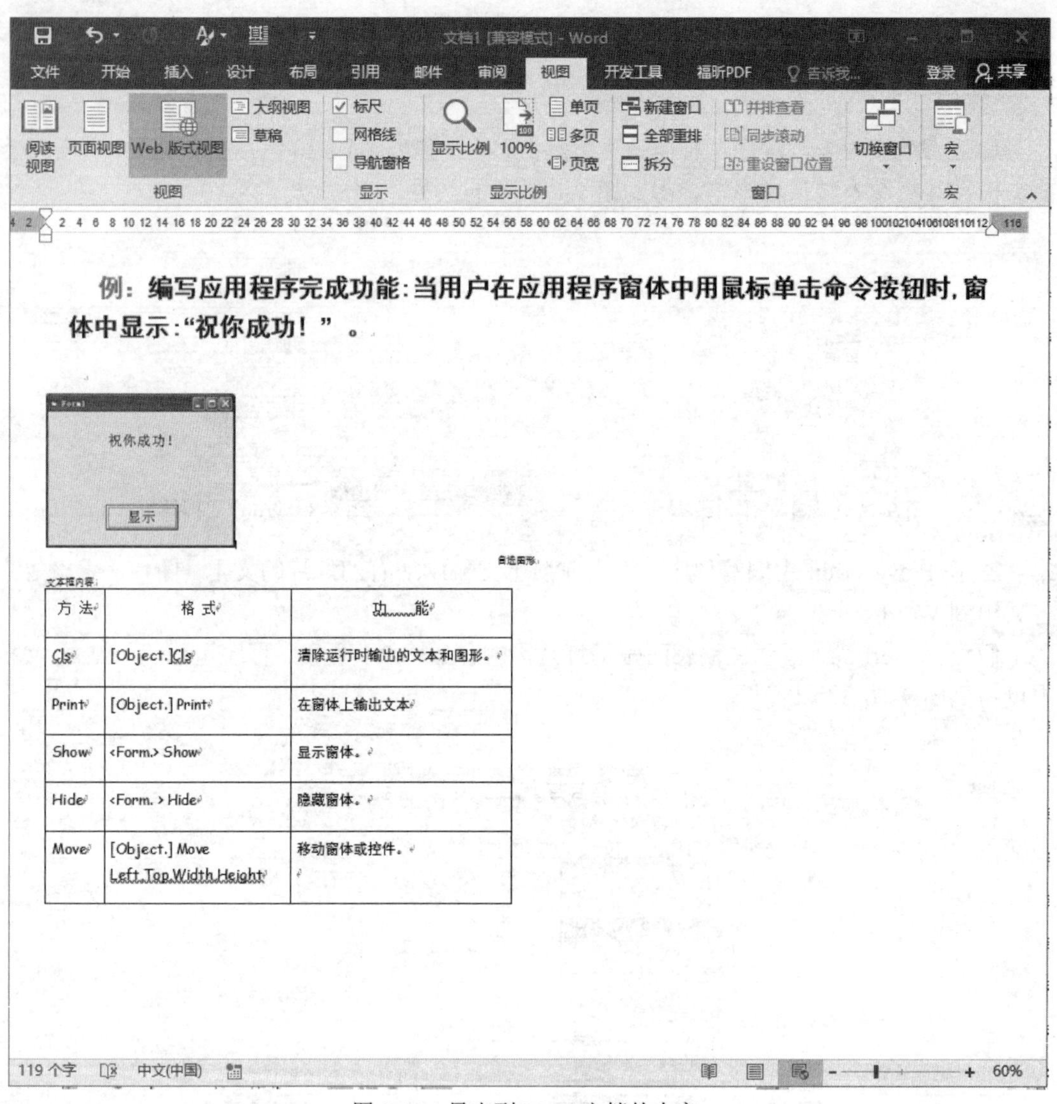

例：编写应用程序完成功能：当用户在应用程序窗体中用鼠标单击命令按钮时，窗体中显示："祝你成功！"。

方 法	格 式	功 能
Cls	[Object.]Cls	清除运行时输出的文本和图形。
Print	[Object.] Print	在窗体上输出文本
Show	<Form.> Show	显示窗体。
Hide	<Form. > Hide	隐藏窗体。
Move	[Object.] Move Left,Top,Width,Height	移动窗体或控件。

图 9-10　导出到 Word 文档的内容

第10章 人才培养方案模板

本章的目标是用 Word 和 VBA 开发一个教学管理软件，取名为“人才培养方案模板”，用于高校制订人才培养方案时，自动统计各种数据，生成需要的信息，以提高教学管理水平和工作效率。

10.1 目标需求

高等学校教学单位经常要制订或修订人才培养方案。此项工作需要反复研讨、设计、计算和修改。在此过程中，基本数据（如某门课的周学时、开课学期等）每做一次调整，都要重新计算各门课的理论学时、实验学时和总学时，求小计、总计数据，分析课程结构、学时数是否合理，可谓牵一发动全身。

开发“人才培养方案模板”软件，目的是在制订或修改人才培养方案时，只需要输入基本数据，系统自动统计各种结果，生成需要的表格，将教学管理人员从大量重复的计算和数据整理工作中解脱出来，使工作变得轻松、高效。

本软件的形式为一个含有 VBA 代码的 Word 文档，文档中包括人才培养方案范例的各部分文本和表格。

要求通过 VBA 程序，对其中的表格进行处理：计算各门课的理论学时、实验学时、学时总数；计算每类课程的总学时、总学分、各学期周学时；求出全部课程的门数、总学时、总学分，每类课程的学时比例、学分比例；生成各学期课程计划一览表。

1. 课程模块数据统计

人才培养方案中设有“通识课程”“学科基础课”“专业课”等课程模块。每个模块中开设哪些课程，在第几学期开设，周学时是多少，这些信息可以通过表格来体现。

软件的任务是根据表格中的基础数据，统计出相应的结果。

（1）针对图 10-1 所示的“通识课程”表格和基础数据进行统计，得到图 10-2 所示的结果。

在表格中，手动设置必修、选修课程的名称、学分、考核方式，在对应开课学年、学期的周学时分配单元格中输入周学时数。周学时数中的“+”前是理论学时、“+”后是实验学时，不带“+”的数值则为纯理论学时。

基本信息输入后，程序将自动计算并填写各门课的理论学时、实验学时、总学时，分别求出必修、选修课程的学时、学分、各学期周学时小计数据。

（一）通识课程

课程类别	课程名称	学时总数	理论学时	实验学时	学分	各学期学时分配								考核方式
						第一学年		第二学年		第三学年		第四学年		
						第一学期	第二学期	第三学期	第四学期	第五学期	第六学期	第七学期	第八学期	
						15	18	18	18	18	18			
必修	军事理论与实践				2	2								考试
	思想道德修养与法律基础				3	2+1								考试
	中国近现代史纲要				2		2							考试
	马克思主义基本原理				3			2+1						考试
	大学外语Ⅰ				3	3+1								考试
	大学外语Ⅱ				4		3+1							考查
	大学外语Ⅲ				4			3+1						考试
	大学外语Ⅳ				4				3+1					考试
	大学生心理健康教育				2	1+1								考查
	大学体育Ⅰ				1	2								考试
	大学体育Ⅱ				1		2							考试
	大学体育Ⅲ				1			2						考试
	大学体育Ⅳ				1				2					考试
	小　计													
选修	大学语文				1		2							考查
	通识选修课 1				1			2						考查
	通识选修课 2				1				2					考查
	小　计													

图 10-1 “通识课程”表格和基础数据

（一）通识课程

课程类别	课程名称	学时总数	理论学时	实验学时	学分	各学期学时分配								考核方式
						第一学年		第二学年		第三学年		第四学年		
						第一学期	第二学期	第三学期	第四学期	第五学期	第六学期	第七学期	第八学期	
						15	18	18	18	18	18			
必修	军事理论与实践	30	30		2	2								考试
	思想道德修养与法律基础	45	30	15	3	2+1								考试
	中国近现代史纲要	36	36		2		2							考试
	马克思主义基本原理	54	36	18	3			2+1						考试
	大学外语Ⅰ	60	45	15	3	3+1								考试
	大学外语Ⅱ	72	54	18	4		3+1							考查
	大学外语Ⅲ	72	54	18	4			3+1						考试
	大学外语Ⅳ	72	54	18	4				3+1					考试
	大学生心理健康教育	30	15	15	2	1+1								考查
	大学体育Ⅰ	30	30		1	2								考试
	大学体育Ⅱ	36	36		1		2							考试
	大学体育Ⅲ	36	36		1			2						考试
	大学体育Ⅳ	36	36		1				2					考试
	小　计	**609**	**492**	**117**	**31**	**13**	**8**	**9**	**6**					
选修	大学语文	36	36		1		2							考查
	通识选修课 1	36	36		1			2						考查
	通识选修课 2	36	36		1				2					考查
	小　计	**108**	**108**		**3**		**2**	**2**	**2**					

图 10-2 “通识课程”统计结果

（2）针对图 10-3 所示的“学科基础课”表格和基础数据进行统计，得到图 10-4 所示的结果。

（二）学科基础课

课程类别	课程名称	学时总数	理论学时	实验学时	学分	各学期学时分配								考核方式
						第一学年		第二学年		第三学年		第四学年		
						第一学期	第二学期	第三学期	第四学期	第五学期	第六学期	第七学期	第八学期	
						15	16	16	15	16	16			
必修	高等数学				3.5	4								考试
	计算机导论				2	2+1								考查
	电路分析基础				3		3+1							考试
	小　计													
选修	学科基础选修课 1				4	4+1								考试
	学科基础选修课 2				2.5			3						考查
	学科基础选修课 3				3			3+1						考试
	小　计													

图 10-3　“学科基础课”表格和基础数据

（二）学科基础课

课程类别	课程名称	学时总数	理论学时	实验学时	学分	各学期学时分配								考核方式
						第一学年		第二学年		第三学年		第四学年		
						第一学期	第二学期	第三学期	第四学期	第五学期	第六学期	第七学期	第八学期	
						15	16	16	15	16	16			
必修	高等数学	60	60		3.5	4								考试
	计算机导论	45	30	15	2	2+1								考查
	电路分析基础	64	48	16	3		3+1							考试
	小　计	**169**	**138**	**31**	**8.5**	**7**	**4**							
选修	学科基础选修课 1	75	60	15	4	4+1								考试
	学科基础选修课 2	48	48		2.5			3						考查
	学科基础选修课 3	64	48	16	3			3+1						考试
	小　计	**187**	**156**	**31**	**9.5**	**5**		**7**						

图 10-4　“学科基础课”统计结果

（3）针对图 10-5 所示的“专业课”表格和基础数据进行统计，得到图 10-6 所示的结果。

（三）专业课

课程类别	课程名称	学时总数	理论学时	实验学时	学分	各学期学时分配								考核方式
						第一学年		第二学年		第三学年		第四学年		
						第一学期	第二学期	第三学期	第四学期	第五学期	第六学期	第七学期	第八学期	
						15	16	16	15	16	16			
必修	Linux 应用编程				2.5		2+1							考试
	微型计算机原理				2			2+1						考试
	面向对象程序设计				3.5			3+1						考试
	数字电路				2				2+1					考试
	软件工程导论				3				3+1					考查
	信号与系统				2.5				3					考试
	单片机原理及应用				2				2+1					考试
	传感器与接口技术				2.5					2+1				考试
	通信原理				2.5					2+1				考试
	ARM 处理器编程				2.5					2+1				考查
	嵌入式操作系统				2.5					2+1				考试
	软件测试				3						3+1			考试
	软件项目管理				3						3+1			考试
	小　计													
选修	专业选修课 1				3		3+1							考查
	专业选修课 2				3				3+1					考查
	专业选修课 3				2.5					2+1				考查
	专业选修课 4				3						3+1			考试
	小　计													

图 10-5　“专业课”表格和基础数据

（三）专业课

课程类别	课程名称	学时总数	理论学时	实验学时	学分	各学期学时分配								考核方式
						第一学年		第二学年		第三学年		第四学年		
						第一学期	第二学期	第三学期	第四学期	第五学期	第六学期	第七学期	第八学期	
						15	16	16	15	16	16			
必修	Linux 应用编程	48	32	16	2.5		2+1							考试
	微型计算机原理	48	32	16	2			2+1						考试
	面向对象程序设计	64	48	16	3.5			3+1						考试
	数字电路	45	30	15	2				2+1					考试
	软件工程导论	60	45	15	3				3+1					考查
	信号与系统	45	45	15	2.5				3					考试
	单片机原理及应用	45	30	15	2				2+1					考试
	传感器与接口技术	48	32	16	2.5					2+1				考试
	通信原理	48	32	16	2.5					2+1				考试
	ARM 处理器编程	48	32	16	2.5					2+1				考查
	嵌入式操作系统	48	32	16	2.5					2+1				考试
	软件测试	64	48	16	3						3+1			考试
	软件项目管理	64	48	16	3						3+1			考试
	小　计	**675**	**486**	**189**	**33.5**		**3**	**7**	**13**	**12**	**8**			
选修	专业选修课 1	64	48	16	3		3+1							考查
	专业选修课 2	60	45	15	3				3+1					考查
	专业选修课 3	48	32	16	2.5					2+1				考查
	专业选修课 4	64	48	16	3						3+1			考试
	小　计	**236**	**173**	**63**	**11.5**		**4**		**4**	**3**	**4**			

图 10-6 “专业课”统计结果

2. 课程结构比例数据生成

在人才培养方案范例中，设计一个图 10-7 所示的表格，用来填写各类课程结构比例数据。

课程模块	**类别**	**门数**	**学分**	**比例**	**学时**	**比例**
通识课程	必修					
	选修					
学科基础课程	必修					
	选修					
专业课程	必修					
	选修					
总计	—					

图 10-7 “课程结构比例”表格框架

在已经得到各课程模块统计数据的基础上，通过程序得到图 10-8 所示的结果。

3. 生成各学期课程计划一览表

在各课程模块数据的基础上，通过程序自动生成图 10-9 所示的各学期课程计划一览表。

课程模块	类别	门数	学分	比例	学时	比例
通识课程	必修	13	31	32.0%	609	30.7%
	选修	3	3	3.1%	108	5.4%
学科基础课程	必修	3	8.5	8.8%	169	8.5%
	选修	3	9.5	9.8%	187	9.4%
专业课程	必修	13	33.5	34.5%	675	34.0%
	选修	4	11.5	11.9%	236	11.9%
总计	—	**39**	**97**	**100%**	**1984**	**100%**

图 10-8 “课程结构比例”数据

学期	课程名称	学分	总学时	理论学时	实（践）验学时	周学时	考核方式
1	军事理论与实践	2	30	30		2	考试
1	思想道德修养与法律基础	3	45	30	15	2+1	考试
1	大学外语Ⅰ	3	60	45	15	3+1	考试
1	大学生心理健康教育	2	30	15	15	1+1	考查
1	大学体育Ⅰ	1	30	30		2	考试
1	高等数学	3.5	60	60		4	考试
1	计算机导论	2	45	30	15	2+1	考查
1	学科基础选修课 1	4	75	60	15	4+1	考试
小计	**8 门课**	**20.5**	**375**	**300**	**75**	**25**	**考试课 6 门**
2	中国近现代史纲要	2	36	36		2	考试
2	大学外语Ⅱ	4	72	54	18	3+1	考查
2	大学体育Ⅱ	1	36	36		2	考试
2	大学语文	1	36	36		2	考查
2	电路分析基础	3	64	48	16	3+1	考试
2	Linux 应用编程	2.5	48	32	16	2+1	考试
2	专业选修课 1	3	64	48	16	3+1	考查
小计	**7 门课**	**16.5**	**356**	**290**	**66**	**21**	**考试课 4 门**
3	马克思主义基本原理	3	54	36	18	2+1	考试
3	大学外语Ⅲ	4	72	54	18	3+1	考试
3	大学体育Ⅲ	1	36	36		2	考试
3	通识选修课 1	1	36	36		2	考查
3	学科基础选修课 2	2.5	48	48		3	考查
3	学科基础选修课 3	3	64	48	16	3+1	考试
3	微型计算机原理	2	48	32	16	2+1	考试
3	面向对象程序设计	3.5	64	48	16	3+1	考试
小计	**8 门课**	**20**	**422**	**338**	**84**	**25**	**考试课 6 门**
4	大学外语Ⅳ	4	72	54	18	3+1	考试
4	大学体育Ⅳ	1	36	36		2	考试
4	通识选修课 2	1	36	36		2	考查
4	数字电路	2	45	30	15	2+1	考试
4	软件工程导论	3	60	45	15	3+1	考查
4	信号与系统	2.5	45	45		3	考试
4	单片机原理及应用	2	45	30	15	2+1	考试
4	专业选修课 2	3	60	45	15	3+1	考查
小计	**8 门课**	**18.5**	**399**	**321**	**78**	**25**	**考试课 5 门**
5	传感器与接口技术	2.5	48	32	16	2+1	考试
5	通信原理	2.5	48	32	16	2+1	考试
5	ARM 处理器编程	2.5	48	32	16	2+1	考查
5	嵌入式操作系统	2.5	48	32	16	2+1	考试
5	专业选修课 3	2.5	48	32	16	2+1	考查
小计	**5 门课**	**12.5**	**240**	**160**	**80**	**15**	**考试课 3 门**
6	软件测试	3	64	48	16	3+1	考试
6	软件项目管理	3	64	48	16	3+1	考试
6	专业选修课 4	3	64	48	16	3+1	考试
小计	**3 门课**	**9**	**192**	**144**	**48**	**12**	**考试课 3 门**

图 10-9　各学期课程计划一览表

4. 清除生成的结果数据

软件还要提供清除各个表格统计和生成的结果数据的功能，使模板恢复到原始状态。

10.2 程序设计

前面提到过，本软件的形式为含有 VBA 代码的 Word 文档，文档中包括人才培养方案范例的各部分文本和表格，文件名为“人才培养方案模板.docm”。

1. 自定义工具栏

打开“人才培养方案模板.docm”，进入 VB 编辑环境，为当前文档的 Open 事件编写如下代码：

```
Private Sub Document_Open()
  Set tbar = Application.CommandBars.Add(, , , True)
  tbar.Visible = True
  With tbar.Controls.Add(Type:=msoControlButton)
    .Caption = "生成结果数据"
    .Style = msoButtonCaption
    .OnAction = "生成"
  End With
  With tbar.Controls.Add(Type:=msoControlButton)
    .Caption = "清除生成结果"
    .Style = msoButtonCaption
    .OnAction = "清除"
  End With
End Sub
```

打开文档时，上述程序会创建一个临时自定义工具栏并使其可见，上面放置“生成结果数据”和“清除生成结果”两个按钮，分别用来执行“生成”和“清除”子程序。

2. “生成”子程序

插入一个模块。在模块中用以下语句进行变量声明。

```
Public tb As Object
Public ar(6, 3) As Single
Public xb As Integer
Public ks As Integer
```

其中，tb 为表格对象变量，用于表示当前正在处理的表格。ar 为 6 行 3 列的单精度二维数组，用来存放 3 个课程模块共 6 个小计的课程门数、学分、学时。xb 作为数组 ar 的行下标。ks 为课程计数器。

在模块中编写一个“生成”子程序，代码如下：

```
Sub 生成()
  Erase ar                                          '数组清零
  xb = 0                                            '数组下标置初值
  For Each tb In ActiveDocument.Tables              '遍历每个表格
    mk = Replace(tb.Cell(1, 1), " ", "")            '取出第 1 个单元格内容
    mk = Replace(mk, Chr(13), "")                   '替换回车符
```

```
    If InStr(mk, "课程类别") Then                           '通识、学科基础、专业课
      Call 课程设置
    ElseIf InStr(mk, "课程模块") Then                       '课程结构比例
      Call 结构比例
    ElseIf InStr(mk, "学期") Then                           '各学期课程计划表
      Call 课程一览
      Exit For
    End If
  Next
  Selection.EndKey Unit:=wdStory                             '光标定位到文档末尾
End Sub
```

上述子程序与自定义工具栏的“生成结果数据”按钮对应。其首先将数组 ar 清零，数组下标 xb 置初值 0。

然后，用 For Each 循环语句遍历当前 Word 文档的每个表格，根据表格中第 1 个单元格内容，判断是哪个表，再进行相应的处理，相当于进行任务分解。

如果表格是“通识课程”“学科基础课”“专业课”，则调用“课程设置”子程序进行数据统计。

如果表格是“课程结构比例”，则调用“结构比例”子程序进行数据统计。

如果表格是“各学期课程计划一览表”，则调用“课程一览”子程序生成表格数据。

最后，将光标定位到文档末尾。

3. “课程设置”子程序

“课程设置”子程序，用于对“通识课程”“学科基础课”“专业课”表格，根据周学时和授课周数求每门课的“学时总数”“理论学时”“实验学时”“小计”行数据。代码如下：

```
Sub 课程设置()
  Dim xj(3 To 14) As Single                          '用于存放小计行、3~14 列数据
  rm = tb.Rows.Count                                 '表格行数
  For n = 5 To rm                                    '按行扫描
    v_b = tb.Cell(n, 2)                              '课程名称
    v_b = Replace(v_b, " ", "")                      '去掉空格
    If InStr(v_b, "小计") = 0 Then                   '不是“小计”行
      ks = ks + 1                                    '课程计数
      For k = 7 To 14                                '从 1 到 8 学期循环
        v_zxs = tb.Cell(n, k)                        '取出“周学时”单元格内容
        v_zs = Val(tb.Cell(4, k))                    '从第 4 行取出授课周数
        p = InStr(v_zxs, "+")                        '确定“+”号位置
        If p = 0 Then p = Len(v_zxs)                 '无“+”号，将 p 置为串长度
        js = Val(v_zxs)                              '取出 n 行“理论学时”
        sy = Val(Mid(v_zxs, p + 1))                  '取出 n 行“实验学时”
        xs_j = xs_j + js * v_zs                      '累加 n 行“理论学时”
        xs_s = xs_s + sy * v_zs                      '累加 n 行“实验学时”
        xj(k) = xj(k) + js + sy                      '累加 k 列周学时
      Next
```

```
        tb.Cell(n, 3) = xs_j + xs_s              '填n行“学时总数”
        tb.Cell(n, 4) = xs_j                     '填n行“理论学时”
        If xs_s = 0 Then xs_s = ""               '零值改为空串
        tb.Cell(n, 5) = xs_s                     '填n行“实验学时”
        xj(3) = xj(3) + Val(tb.Cell(n, 3))       '累加3列“学时总数”
        xj(4) = xj(4) + Val(tb.Cell(n, 4))       '累加4列“理论学时”
        xj(5) = xj(5) + Val(tb.Cell(n, 5))       '累加5列“实验学时”
        xj(6) = xj(6) + Val(tb.Cell(n, 6))       '累加6列“学分”
        xs_j = 0: xs_s = 0                       '清除“理论学时”“实验学时”变量
      Else                                       '是“小计”行
        xb = xb + 1                              '修改下标
        ar(xb, 1) = ks: ks = 0                   '保存课程门数、计数器清零
        ar(xb, 2) = xj(6)                        '保存学分
        ar(xb, 3) = xj(3)                        '保存学时
        For k = 3 To 14
          If xj(k) > 0 Then
            tb.Cell(n, k) = xj(k)                '填小计行数据
            xj(k) = 0                            '清除数组元素值
          End If
        Next
      End If
    Next
  End Sub
```

在上述子程序中，定义了一个数组 xj(3 To 14)，用于存放“小计”行 3～14 列的数据。用 For 循环语句，对当前工作表从第 5 行开始的每行数据进行以下操作：

取出第 2 列单元格内容并去掉空格，送给变量 v_b。

如果 v_b 的值不是“小计”，则将 1～8 学期（对应于 7～14 列）的周学时分别取出，并分别取出该列第 4 行的授课周数。周学时与授课周数相乘得到课程学时，累加后填写到该课程的“学时总数”“理论学时”“实验学时”单元格，同时累加到数组 xj 相应的下标变量中。

如果 v_b 的值是“小计”，则先将该课程类别的课程门数、学分、学时保存到全局数组 ar，以便“结构比例”子程序引用。再填写“小计”行数据，也就是将数组 xj 内容填写到“小计”行的 3～14 列。同时，清除数组 xj 原有内容，为统计其他类别课程做好准备。

在进行课程学时计算时，如果周学时仅为一个数，则为理论学时。如果周学时中含有“+”号，则“+”号左边的数值为理论学时，右边的数值为实验学时。

4. “结构比例”子程序

“结构比例”子程序根据“通识课程”“学科基础课”“专业课”表格的数据和全局数组 ar 的值，求出各课程模块、各类别的课程门数、学分、学时和比例，填入“课程结构比例”表格。代码如下：

```
Sub 结构比例()
  '填写课程门数、学分、学时
```

```
  For r = 2 To 7
    tb.Cell(r, 3) = ar(r - 1, 1)
    tb.Cell(r, 4) = ar(r - 1, 2)
    tb.Cell(r, 6) = ar(r - 1, 3)
  Next
  '求总课程门数、学分、学时
  tb.Cell(8, 3).Formula Formula:="=Sum(Above)"
  tb.Cell(8, 4).Formula Formula:="=Sum(Above)"
  tb.Cell(8, 6).Formula Formula:="=Sum(Above)"
  '填写学分比例、学时比例
  For r = 2 To 7
    bl = Round(Val(tb.Cell(r, 4)) / Val(tb.Cell(8, 4)), 3)
    tb.Cell(r, 5) = Format(bl, "0.0%")
    bl = Round(Val(tb.Cell(r, 6)) / Val(tb.Cell(8, 6)), 3)
    tb.Cell(r, 7) = Format(bl, "0.0%")
  Next
  tb.Cell(8, 5).Select
  Selection.InsertFormula Formula:="=Sum(Above)*100", NumberFormat:="0%"
  tb.Cell(8, 7).Select
  Selection.InsertFormula Formula:="=Sum(Above)*100", NumberFormat:="0%"
End Sub
```

上述子程序包括3部分：

（1）填写各课程模块、各类别的课程门数、学分、学时。方法是用For循环语句，把全局数组ar中6行3列元素的值，填入表格的对应单元格。

（2）求课程门数、学分、学时总计。方法是用VBA程序在单元格中直接插入Sum函数进行数据求和。

（3）求各课程模块、各类别课程的学分比例、学时比例。先用循环语句填写表格中2～7行第5列、第7列的数据，格式为百分比、1位小数。再通过Sum函数填写表格中第8行对应的数据，格式为百分比整数。

5. “课程一览”子程序

“课程一览”子程序用来从“通识课程”“学科基础课”“专业课”表格中，按开课学期提取课程及其相关信息，生成“各学期课程计划一览表”。代码如下：

```
Sub 课程一览()
  '提取各学期课程信息
  k = 2                                          '目标行号初值
  For p = 1 To 6                                 '学期1到6循环
    For m = 1 To 3                               '遍历前3个表格
      Set shr = ActiveDocument.Tables(m)         '设置表格对象变量
      hs = shr.Rows.Count                        '表格行数
      For n = 5 To hs                            '逐行扫描
        kcm = shr.Cell(n, 2)                     '取出课程名
        kcm = Replace(kcm, " ", "")              '去掉空格
        kcm = Left(kcm, Len(kcm) - 2)            '去掉2个无效字符
```

```
    zxs = Trim(shr.Cell(n, p + 6))                           '第 p 学期单元格
    zxs = Left(zxs, Len(zxs) - 2)                            '去掉 2 个无效字符
    If kcm <> "小计" And Len(zxs) > 0 Then                   '非“小计”行、不空
      tb.Rows.Add.Range.Font.Bold = False                    '加一行、取消粗体
      tb.Cell(k, 1) = p                                      '填写学期
      tb.Cell(k, 2) = kcm                                    '填写课程名
      tb.Cell(k, 3) = Val(shr.Cell(n, 6))                    '填写学分
      tb.Cell(k, 4) = Val(shr.Cell(n, 3))                    '填写总学时
      tb.Cell(k, 5) = Val(shr.Cell(n, 4))                    '填写“理论学时”
      sy = Val(shr.Cell(n, 5))                               '取出“实验学时”
      If sy > 0 Then tb.Cell(k, 6) = sy                      '填写“实验学时”
      tb.Cell(k, 7) = zxs                                    '填写“周学时”
      kh = shr.Cell(n, 15)                                   '取出“考核方式”
      kh = Left(kh, Len(kh) - 2)                             '去掉 2 个无效字符
      If kh <> "考试" Then kh = "   " & kh                   '非“考试”，加空格
      tb.Cell(k, 8) = kh                                     '填写“考核方式”
      k = k + 1                                              '调整目标行号
    End If
  Next n
 Next m
 tb.Rows.Add.Range.Font.Bold = True                          '加一行、置粗体
 tb.Cell(k, 1) = "小计"                                      '预留“小计”行
 k = k + 1                                                   '调整目标行号
Next p
'填写“小计”行数据
Dim rb(2 To 8) As Single                                     '存放“小计”行数据
hs = tb.Rows.Count                                           '表格行数
For n = 2 To hs                                              '逐行扫描
 val_b = tb.Cell(n, 1)                                       '取出 A 列单元格内容
 If InStr(val_b, "小计") = 0 Then                            '不是“小计”行
   rb(2) = rb(2) + 1                                         '累加课程门数
   For x = 3 To 6
     rb(x) = rb(x) + Val(tb.Cell(n, x))                      '累加学分、学时
   Next
   v_xs = tb.Cell(n, 7)                                      '取出周学时
   p = InStr(v_xs, "+")                                      '确定“+”号位置
   If p = 0 Then p = Len(v_xs)                               '无“+”号
   rb(7) = rb(7) + Val(v_xs) + Val(Mid(v_xs, p + 1))         '累加“周学时”
   v_kh = tb.Cell(n, 8)                                      '取出考核方式
   If InStr(v_kh, "考试") Then rb(8) = rb(8) + 1             '累加考试课门数
 Else                                                        '是“小计”行
   tb.Cell(n, 2) = rb(2) & "门课"                            '填写课程门数
   For x = 3 To 7
     tb.Cell(n, x) = rb(x)                                   '填写学分、学时
   Next
   tb.Cell(n, 8) = "考试课" & rb(8) & "门"                   '填写考试课门数
```

```
      Erase rb                                              '数组清零
    End If
  Next
End Sub
```

上述子程序包括两部分。

（1）提取各学期课程信息。

按 1～6 学期，从“通识课程”“学科基础课”“专业课”3 个表格中，提取每门课的课程名称、学分、总学时、理论学时、实验学时、周学时、考核方式，在“各学期课程计划一览表”这个表格的末尾添加一行、取消粗体，把上述内容填入表格。每学期最后再添加一行，用来填写“小计”数据。

程序为 3 层循环结构，分别按学期、表格、行进行循环。每个学期都要扫描 3 张表格的每行数据。如果对应的单元格不空，并且不是“小计”行，则填写学期、课程名称、学分、总学时、理论学时、实验学时、周学时、考核方式。

为便于区分“考试”“考查”课，在“考查”两个字的前面添加 2 个全角空格，然后填入表格的第 8 列单元格。

（2）填写“小计”行数据。

先声明一个数组 rb，用于存放“小计”行 2～8 列数据。

然后，从“各学期课程计划一览表”这个表格第 2 行到最后一行，逐行判断处理。

如果不是“小计”行，则将课程门数、学分、总学时、理论学时、实验学时、周学时、考试课门数累加到数组 rb。

如果是“小计”行，则将数组 rb 的内容依次填入对应的单元格，并将数组 rb 清零，为累加下一个“小计”数据做准备。

由于表格第 7 列单元格的内容可能是包含“+”号的字符串，因此需要分别求出“+”号左、右的数值，累加到下标变量 rb(7)中，作为该学期的周学时小计。

6. “清除”子程序

“清除”子程序与自定义工具栏的“清除生成结果”按钮对应，用来清除各个表格中由程序生成的结果数据。代码如下：

```
Sub 清除()
  For Each tb In ActiveDocument.Tables                      '遍历每个表格
    rm = tb.Rows.Count                                      '表格行数
    cm = tb.Columns.Count                                   '表格列数
    mk = Replace(tb.Cell(1, 1), " ", "")                    '取出第 1 个单元格内容
    mk = Replace(mk, Chr(13), "")                           '替换回车符
    If InStr(mk, "课程类别") Then                           '通识、学科基础、专业课
      For n = 5 To rm                                       '按行扫描
        v_b = tb.Cell(n, 2)                                 '课程名称
        v_b = Replace(v_b, " ", "")                         '去掉空格
        If InStr(v_b, "小计") Then                          '是“小计”行
          For k = 3 To 14
            tb.Cell(n, k) = ""                              '清除小计行数据
```

```
      Next
    Else                                                    '不是"小计"行
      tb.Cell(n, 3) = ""                                    '清除"学时总数"
      tb.Cell(n, 4) = ""                                    '清除"理论学时"
      tb.Cell(n, 5) = ""                                    '清除"实验学时"
    End If
  Next
ElseIf InStr(mk, "课程模块") Then                           '课程类别和结构比例表
  ActiveDocument.Range(tb.Cell(2, 3).Range.Start, _
  tb.Cell(8, 7).Range.End).Delete
ElseIf InStr(mk, "学期") Then                               '各学期课程计划表
  For r = rm To 2 Step -1
    tb.Rows(r).Delete                                       '删除第 r 行
  Next
End If
Next
Selection.EndKey Unit:=wdStory                              '光标定位到文档末尾
End Sub
```

上述子程序用For…Each语句，遍历当前文档的每个表格，根据不同的表格进行不同处理。

如果是“通识课程”“学科基础课”“专业课”表格，则用 For 循环语句从第 5 行到最后一行进行扫描。若是“小计”行，则清除该行 3～14 列单元格内容。若不是“小计”行，则清除该行 3～5 列单元格内容。

如果是“课程结构比例”表格，则删除从 2 行 3 列到 8 行 7 列区域的内容。

如果是“各学期课程计划一览表”这个表格，则删除第 2 行以后的所有行。

最后，光标定位到文档末尾。

上机练习

1. 在 Word 文档中，给出图 10-10 所示的“教学活动时间安排”表格，请编写程序，填写最后一行以及最后一列的“总计”数据，得到图 10-11 所示的结果。

学年	第一学年		第二学年		第三学年		第四学年		总计
学期 周数 项目	第一学期	第二学期	第三学期	第四学期	第五学期	第六学期	第七学期	第八学期	
授课	15	18	16	16	16	16			
考试	2	2	2	2	2	2	2	2	
入学教育、军事训练	3								
专业培训与实习							18	8	
毕业论文与设计								8	
金工实习			2						
专题实践课程				2	2	2			
机动								2	
寒假	6		6		6		6		
暑假		6		6		6		6	
总计									

图 10-10 “教学活动时间安排”表格和基本数据

学年 / 学期 / 周数 / 项目	第一学年		第二学年		第三学年		第四学年		总计
	第一学期	第二学期	第三学期	第四学期	第五学期	第六学期	第七学期	第八学期	
授课	15	18	16	16	16	16			**97**
考试	2	2	2	2	2	2	2	2	**16**
入学教育、军事训练	3								**3**
专业培训与实习							18	8	**26**
毕业论文与设计								8	**8**
金工实习			2						**2**
专题实践课程				2	2	2			**6**
机动								2	**2**
寒假	6		6		6		6		**48**
暑假		6		6		6		6	
总计	**52**		**52**		**52**		**52**		**208**

图 10-11　程序运行后得到的结果（1）

2. 在 Word 文档中，给出图 10-12 所示的“实践性课程”表格，请编写程序，填写“总周数”列、“小计”行数据，得到图 10-13 所示的结果。

课程类别	课程名称	总周数	学分	开课学期								考核方式
				第一学年		第二学年		第三学年		第四学年		
				第一学期	第二学期	第三学期	第四学期	第五学期	第六学期	第七学期	第八学期	
专题实践课程	专业见习		2			2 周						考试
	课程设计		2				2 周	2 周	2 周			考试
	企业实训		2							8 周		考查
	小　计											
其他	专业实习		18							8 周	10 周	考试
	毕业设计与论文		6							2 周	6 周	考试
	入学教育与军事训练		2	3 周								---
	小　计											

图 10-12　“实践性课程”表格和基本数据

课程类别	课程名称	总周数	学分	开课学期								考核方式
				第一学年		第二学年		第三学年		第四学年		
				第一学期	第二学期	第三学期	第四学期	第五学期	第六学期	第七学期	第八学期	
专题实践课程	专业见习	**2 周**	2			2 周						考试
	课程设计	**6 周**	2				2 周	2 周	2 周			考试
	企业实训	**8 周**	2							8 周		考查
	小　计	**16 周**	**6**			**2 周**	**2 周**	**2 周**	**2 周**	**8 周**		
其他	专业实习	**18 周**	18							8 周	10 周	考试
	毕业设计与论文	**8 周**	6							2 周	6 周	考试
	入学教育与军事训练	**3 周**	2	3 周								---
	小　计	**29 周**	**26**	**3 周**						**10 周**	**16 周**	

图 10-13　程序运行后得到的结果（2）

通用图文试题库系统

本章介绍一个完全基于 Word 的通用图文试题库管理软件及其实现方法。它具有图、文、表混排，随机抽题，自动组卷，编辑打印，题库维护，数据统计等功能，适用于各级各类学校及教育管理部门，对提高教育测量水平和工作效率有实用意义。

涉及的主要技术包括：试题库的组织、多媒体试题和答案管理、试题参数的设定、试题分布表的使用、Word 表格和单元格处理、随机抽取试题、Word 文档内容的选定和转存等。

11.1 软件概述

计算机试题库系统可将编好的试题、答案、编码事先存入计算机的外部存储器，并在使用时，通过软件的控制，按照一定的方式和规则，将试题抽取、组合，形成试卷，打印输出。

使用计算机试题库系统可以大大提高工作效率，不论是抽题、组卷，还是提取答案、打印试卷，都非常迅速。同时，用计算机随机抽取试题，可以排除人为因素和误差，使试题的范围、难度、题型标准一致，试卷规范，保证教育测量的客观、公正。

计算机试题库系统主要由两部分组成：试题库（试题、答案、编码）；试题库管理软件。试题库是系统的基础、原材料，软件是系统的调度者、加工者。

如今，试题库管理软件并不少见，但要想找到一款适合大众、通用性强、简单方便的软件却不容易。事实上，目前仍有很多人在用传统的人工方式出题、组卷、抄写，这不能不说是一种遗憾。

针对这种情况，作者经过多年研究，开发了一套独具特色的试题库管理软件。它面向大众，所有操作全部在 Word 环境中进行，符合人们习惯。可实现图、文、表混排，有很强的通用性。

本软件具有以下特点：

（1）直接利用 Word 环境。可以使用 Word 的所有功能，特别是它的编辑、排版、打印功能。

由于 Word 是人们最为熟悉、用户最为广泛的软件平台，因此用其内嵌的编程语言 VBA 进行二次开发得到的应用软件，既可以使大量繁琐、重复的操作自动化，提高工作效率和应用水平，同时又不会改变原有的界面风格、系统功能和操作方式。人们不必花时间适应另外一种软件环境，学习另外一种操作方式，大大降低了使用门槛，提高了软件的可用性。

（2）复制即用，绿色软件。本试题库管理系统包含 2 个 Word 文档文件（均带有 VBA 程序），只要将这 2 个文件复制到任何装有 Microsoft Word 的计算机中就可以直接使用，不用时可直接删除。该软件不像一般软件那样包含大量的系统文件，要进行安装和卸载。

（3）可以管理多媒体试题库。试题、答案、试卷、参数及统计信息全部在 Word 文档中，可以方便地处理文字、图形、表格、公式、符号，甚至声音、视频等信息，管理多媒体试题库。

（4）合理设置试题参数，动态制定组卷策略，使题库和试卷科学、合理。

软件的基本功能包括：

（1）题库维护。作为一个通用试题库管理系统，该软件可以管理各种试题库。每门课程的试题库都是一个 Word 文档，其中包括若干道试题以及答案。每道试题的参数、题干和答案均可直接在 Word 环境中进行增、删、改等操作。可随时检测是否有重复的题。为醒目起见，系统可自动将试题和答案的参数涂上不同颜色。可对试题和答案的参数进行有效性检验。

（2）信息统计。统计整个题库中各章、各题型、各难度的试题数量、分数，总题量，总分数。指定组卷时各章、各题型、各难度的试题的抽取数量后，系统可统计出抽取的总题数和总分数。

（3）生成试卷。按照设定的组卷策略，即各章、各题型、各难度的抽题数量，进行随机抽题，组成试卷文档和答案文档。

（4）试卷加工。可以用 Word 本身的功能对试卷进行编辑、排版、打印等操作。

11.2　使用方式

应在装有 Microsoft Word 2016 的计算机系统中使用这个题库软件，且要允许使用“宏”，即在 Word 中设置安全级为“低”。

试题库管理系统包含“题库文档”和“主控文件”两个文件。题库文档用于保存某一门课程的全部试题、答案和参数。主控文件中包含该门课程的“试题分布表”功能代码。每门课程的题库系统都应包含上述两个文件。

1．题库维护

打开“题库文档”，进入图 11-1 所示的窗口界面。在文档最前面设置题库的标题，在表格中输入题型和各章内容说明信息。

标题下面的说明信息是为了让使用者对整个题库的各种题型、各章内容有一个总体的了解，以便在建立和修改试题时设置合适的参数。这一部分内容可多可少，形式不限。

接下来依次输入每道试题和答案。答案紧靠试题之后。

每道试题的格式如下：

```
`#### ZXN
---试题内容，长度不限，图、文、表等形式任意---
```

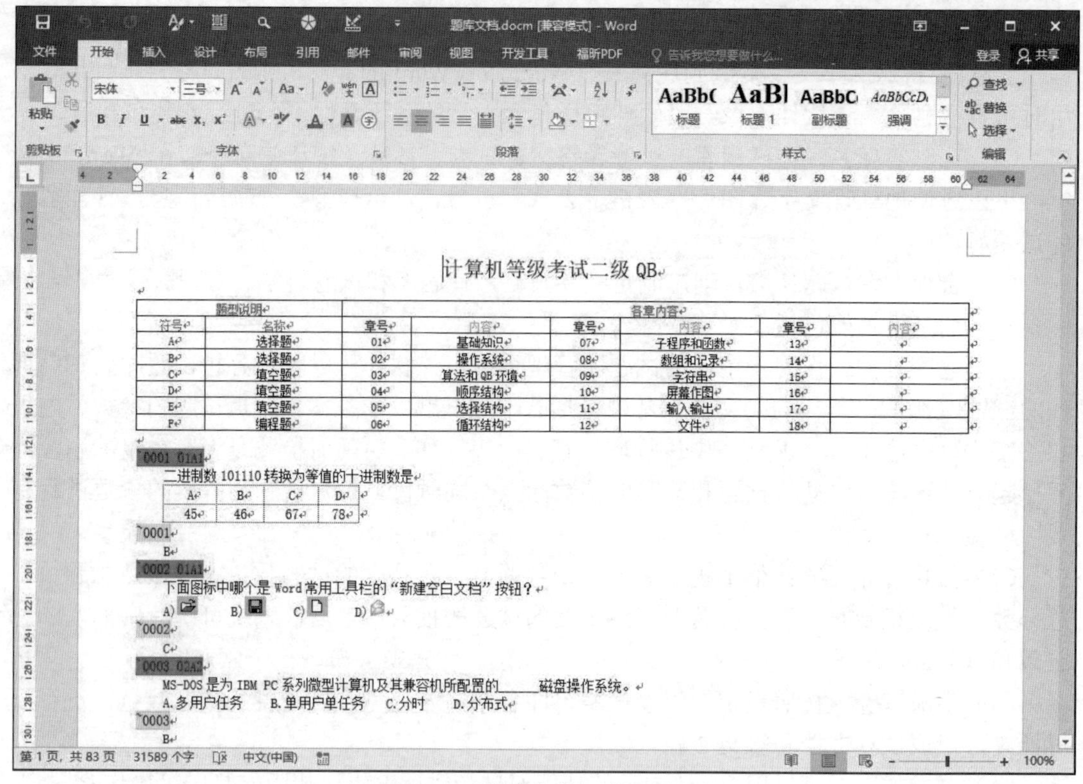

图 11-1 “题库文档”窗口界面

其中：

` 为试题开始标记（键盘上打字区左上角的字符）。

为 4 位编号（从 0001 开始，试题数量不超过 9999）。

Z 为“章号”（01～18，共 18 章）。

X 为“题型”码（A、B、C、D、E、F，共 6 种题型）。

N 为“难度”等级码（1、2、3，共 3 级难度）。

答案格式：

```
~####
---答案内容，长度不限，图、文、表等形式任意---
```

其中：

~ 为答案开始标记（键盘上打字区左上角的上挡字符）。

为答案的 4 位编号（与试题编号对应）。

试题和答案直接在 Word 中进行增添、删减、修改、格式控制、排版等操作。生成试卷时，格式与试题库中设置的完全相同。

在试题库的末尾用文本“`#### ####”作为结束标记。

选中试题库的任意文本，在快速访问工具栏中，单击“查找同题”按钮，如果题库中有相同的内容，则光标定位到下一处，否则光标不动。这样，可以检测试题库中重复的题。

单击快速访问工具栏的“题标涂色”按钮，系统将题库中全部试题和答案的参数分别涂上不同的颜色。

单击快速访问工具栏的“参数检测”按钮，系统对题库中全部试题和答案的参数进行有效性检测，发现错误则给出提示信息。

2．统计题库信息

打开“主控文件”文档，在表格中指定的位置填写各题型名称和分数，单击快速访问工具栏的“题库统计”按钮，系统将统计整个题库中各章、各题型、各难度的试题数量、分数，总题量，总分数，并填入表格相应的单元中，如图 11-2 所示。

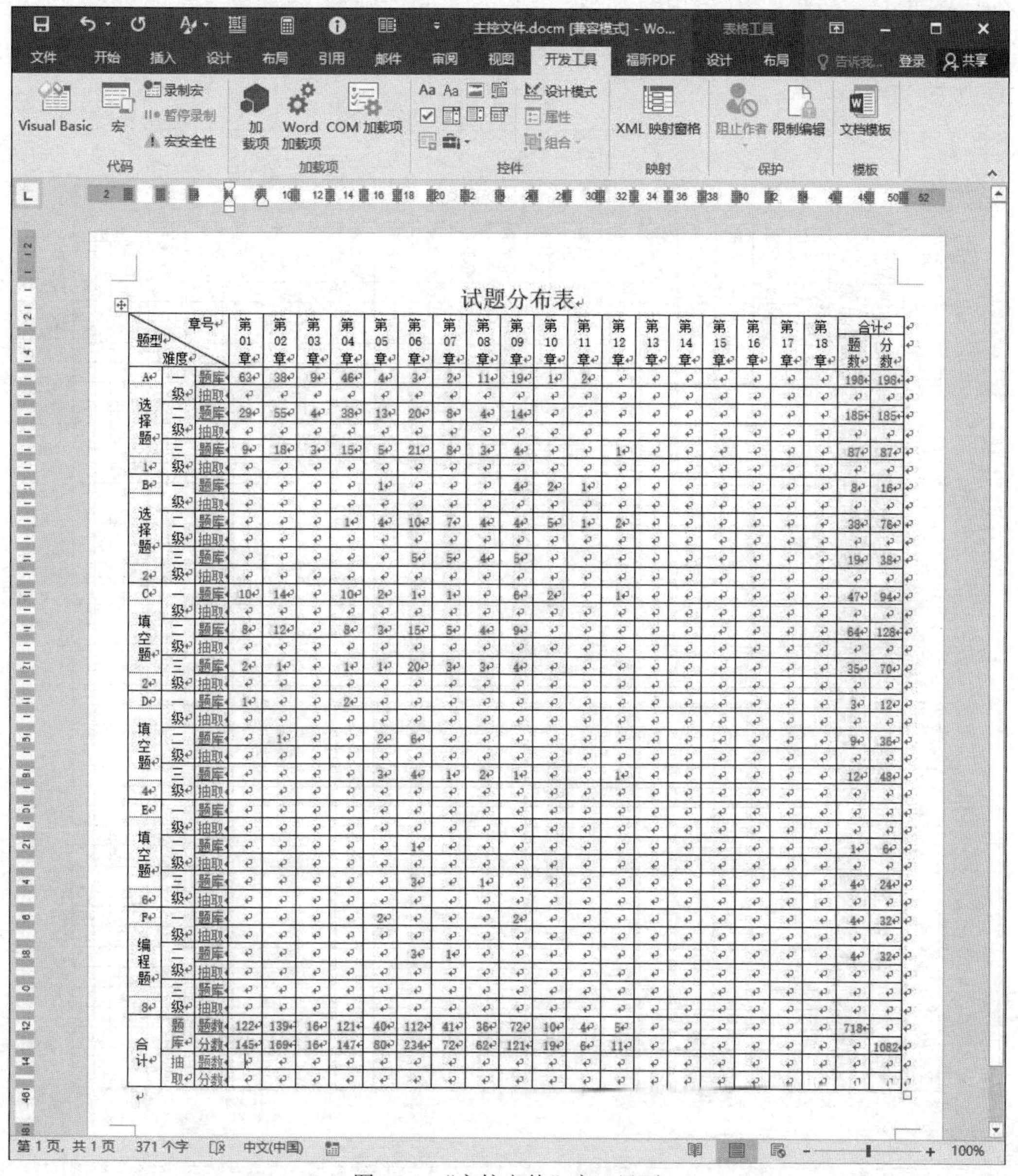

图 11-2 “主控文件”窗口界面

从“试题分布表”中可以看出：题库中“第 1 章、题型为 A、难度为一级”的试题有 63 道，“第 1 章、题型为 A、难度为二级”的试题有 29 道，“第 6 章、题型为 F、难度为二级”的试题有 3 道。题型为 A、难度为一级的试题总共 198 题，198 分，题型为 A、难度为二级的试题共 185 题，185 分，题型为 F、难度为二级的试题共 4 题，32 分。第 1 章～第 12 章的题数分别为 122、139、16、121、40、112、41、36、72、10、4、5，分数分别为 145、169、16、147、80、234、72、62、121、19、6、11。总题数为 718，总分数为 1082。

3．设置和统计抽取信息

在得到试题分布信息后，可以在试题分布表相应的单元格中设置组卷时各章、各题型、各难度抽取试题的数量。单击快速访问工具栏的“抽取信息”按钮，系统将统计出欲抽取的各章、各题型、各难度的试题数量、分数，总题量，总分数，并填入表格相应的单元中，如图 11-3 所示。

试题分布表

题型	难度	章号	第01章	第02章	第03章	第04章	第05章	第06章	第07章	第08章	第09章	第10章	第11章	第12章	第13章	第14章	第15章	第16章	第17章	第18章	合计 题数	合计 分数
A 选择题 1	一级	题库	63	38	9	46	4	3	2	11	19	1	2								198	198
		抽取			3				1												4	4
	二级	题库	29	55	4	38	13	20	8	4	14										185	185
		抽取																				
	三级	题库	9	18	3	15	5	21	8	3	4			1							87	87
		抽取	1							1											2	2
B 选择题 2	一级	题库					1				4	2	1								8	16
		抽取																				
	二级	题库				1	4	10	7	4	4	5	1	2							38	76
		抽取																				
	三级	题库						5	5	4	5										19	38
		抽取																				
C 填空题 2	一级	题库	10	14		10	2	1	1		6	2		1							47	94
		抽取				2															2	4
	二级	题库	8	12		8	3	15	5	4	9										64	128
		抽取					1														1	2
	三级	题库	2	1		1	1	20	3	3	4										35	70
		抽取																				
D 填空题 4	一级	题库	1			2															3	12
		抽取																				
	二级	题库		1			2	6													9	36
		抽取																				
	三级	题库					3	4	1	2	1			1							12	48
		抽取																				
E 填空题 6	一级	题库																				
		抽取																				
	二级	题库						1													1	6
		抽取																				
	三级	题库						3		1											4	24
		抽取																				
F 编程题 8	一级	题库					2				2										4	32
		抽取					1														1	8
	二级	题库						3	1												4	32
		抽取						2													2	16
	三级	题库																				
		抽取																				
合计	题库	题数	122	139	16	121	40	112	41	36	72	10	4	5							718	
		分数	145	169	16	147	80	234	72	62	121	19	6	11								1082
	抽取	题数	1		3	2	2	2	1	1											12	
		分数	1		3	4	10	16	1	1												36

图 11-3　设置并统计抽取信息的试题分布表

从“试题分布表”中可以看出：要在题库中抽取 3 道“第 3 章、题型为 A、难度为一级”的试题，抽取 1 道“第 5 章、题型为 C、难度为二级”的试题，抽取 2 道“第 6 章、题型为 F、难度为二级”的试题。题型为 A、难度为一级的试题总共抽取 4 题，共 4 分，题型为 C、难度为一级的试题总共抽取 2 题，共 4 分，题型为 F、难度为二级的试题总共抽取 2 题，共 16 分。第 1 章、第 3 章～第 8 章抽取的题数分别为 1、3、2、2、2、1、1，分数分别为 1、3、4、10、16、1、1。抽取的总题数为 12，总分数为 36。

4．生成试卷

在“主控文件”文档中，单击快速访问工具栏的“生成试卷”按钮，系统将按照指定的各章、各题型、各难度的抽题数量，从“题库文档”中随机抽取试题和对应的答案，分别放到“试卷”和“答案”文档中。文件名以系统当前日期、时间为后缀，以便区分不同时刻生成的试卷和答案文档。“试卷”和“答案”文档如图 11-4 和图 11-5 所示。

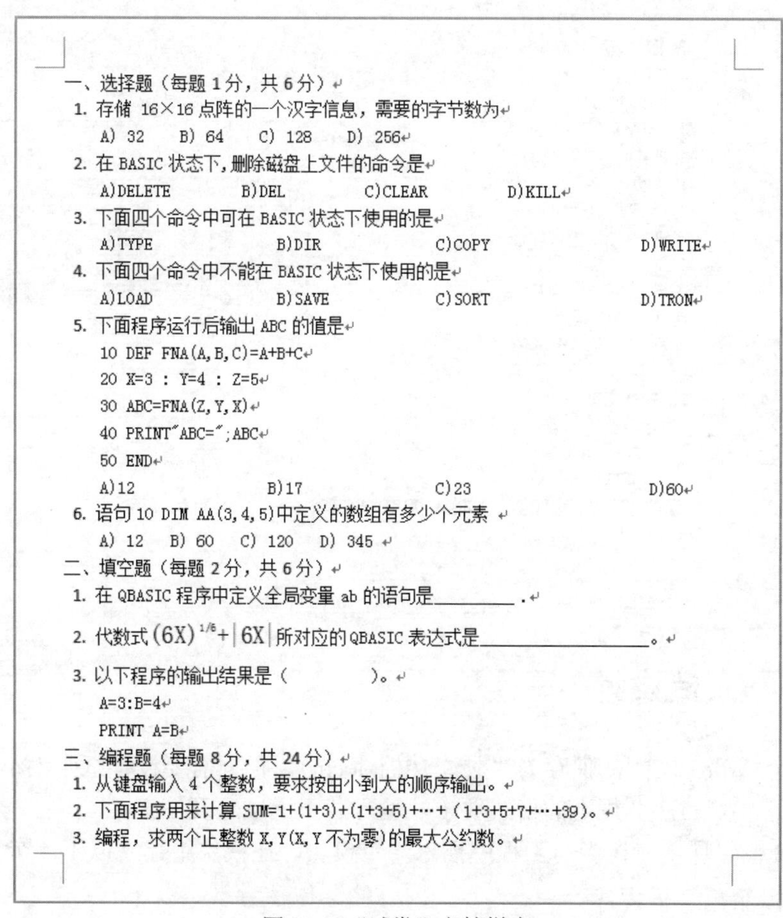

一、选择题（每题 1 分，共 6 分）
1. 存储 16×16 点阵的一个汉字信息，需要的字节数为
A) 32　B) 64　C) 128　D) 256
2. 在 BASIC 状态下，删除磁盘上文件的命令是
A)DELETE　B)DEL　C)CLEAR　D)KILL
3. 下面四个命令中可在 BASIC 状态下使用的是
A)TYPE　B)DIR　C)COPY　D)WRITE
4. 下面四个命令中不能在 BASIC 状态下使用的是
A)LOAD　B)SAVE　C)SORT　D)TRON
5. 下面程序运行后输出 ABC 的值是
10 DEF FNA(A,B,C)=A+B+C
20 X=3 : Y=4 : Z=5
30 ABC=FNA(Z,Y,X)
40 PRINT"ABC=";ABC
50 END
A)12　B)17　C)23　D)60
6. 语句 10 DIM AA(3,4,5)中定义的数组有多少个元素
A) 12　B) 60　C) 120　D) 345
二、填空题（每题 2 分，共 6 分）
1. 在 QBASIC 程序中定义全局变量 ab 的语句是________ .
2. 代数式 $(6X)^{1/6}+|6X|$ 所对应的 QBASIC 表达式是________________。
3. 以下程序的输出结果是（　　　　）。
A=3:B=4
PRINT A=B
三、编程题（每题 8 分，共 24 分）
1. 从键盘输入 4 个整数，要求按由小到大的顺序输出。
2. 下面程序用来计算 SUM=1+(1+3)+(1+3+5)+…+(1+3+5+7+…+39)。
3. 编程，求两个正整数 X,Y(X,Y 不为零)的最大公约数。

图 11-4　“试卷”文档样本

5．试卷加工

打开试卷或答案文档，用 Word 本身功能进行编辑、排版、格式控制，插入标题、页眉、页脚，打印输出等操作。

```
一、选择题（每题 1 分，共 6 分）↵
  1. A↵
  2. D↵
  3. D↵
  4. C↵
  5. A↵
  6. C↵
二、填空题（每题 2 分，共 6 分）↵
  1. COMMON SHARED ab ↵
  2. (6*X)^(1/6)+ABS(6*X)↵
  3. 0↵
三、编程题（每题 8 分，共 24 分）↵
  1. INPUT "A,B,C,D=";A,B,C,D↵
     IF A>B THEN SWAP A,B↵
     IF C>D THEN SWAP C,D↵
     IF A>C THEN SWAP A,C↵
     IF B>C THEN SWAP B,C↵
     IF B>D THEN SWAP B,D↵
     IF C>D THEN SWAP C,D↵
     PRINT A,B,C,D↵
  2. M=1: SUM=0: T=0↵
     DO WHILE M<=39 ↵
       T=T+M ↵
       SUM=SUM+ T↵
       M=M+2↵
     LOOP↵
     PRINT "SUM=";SUM↵
  3. INPUT X,Y↵
     IF X<Y THEN SWAP X,Y↵
     DO↵
       TEMP=X MOD Y↵
       X=Y↵
       Y=TEMP↵
     LOOP  UNTIL TEMP=0↵
     PRINT "THE  GREATEST  COMMON  DIVISOR  IS:";X↵
```

图 11-5 “答案”文档样本

11.3 题库文档设计

新建一个 Word 文档，保存为“题库文档.docm”。根据需要设置纸张大小、页边距、字体、字号等。按 11.2 节规定的格式要求，输入若干道试题及答案。

进入 VB 编辑环境，在当前工程中插入一个模块，在模块中建立以下 4 个子程序。

1．“题标涂色”子程序

“题标涂色”子程序用来给试题库中所有试题和答案的题标（也就是编号和参数部分）涂上颜色，使每道题、答案看起来醒目，界限分明。

其中，试题的题标涂粉红色，答案的题标涂青绿色。子程序“题标涂色”代码如下：

```
Sub 题标涂色()
  Call ts("`", wdPink)
```

```
  Call ts("~", wdTurquoise)
End Sub
```

由于对试题和答案题标的涂色方法相同，只是试题和答案的起始标志不同（分别是“`”和“~”），填涂的颜色不同，因此可以用带有两个参数的子程序进行涂色操作。

2．ts 子程序

ts 子程序进行涂色操作。参数 mark 和 x_color 分别表示起始标志和要填涂的颜色。程序从文件开头向下查找起始标志，如果找到，则选中当前行，填涂指定的颜色。再继续查找下一个起始标志，进行同样的处理，直至文档末尾。代码如下：

```
Sub ts(mark, x_color)
  Selection.HomeKey wdStory                          '定位到文档开头
  Selection.Find.Text = mark                         '指定文本
  fd = Selection.Find.Execute                        '进行查找
  Do While fd
    Selection.EndKey wdLine, wdExtend                '选中当前行
    Selection.Range.HighlightColorIndex = x_color   '涂色
    Selection.MoveRight wdCharacter, 1               '右移一个字符
    fd = Selection.Find.Execute                      '继续查找
  Loop
  Selection.HomeKey wdStory                          '光标定位
End Sub
```

3．“查找同题”子程序

“查找同题”子程序用来检查题库中是否有重复的试题。在题库中选定任意一段文本，利用系统的环绕查找功能进行查找，如果找到相同的内容，光标将定位到相应的位置，如果没有重复内容，光标原地不动。子程序代码如下：

```
Sub 查找同题()
  tt = Selection.Text                                '选择文本
  With Selection.Find
    .Text = tt                                       '指定查找内容
    .Wrap = wdFindContinue                           '环绕方式
    .Execute                                         '执行查找
  End With
End Sub
```

4．“参数检测”子程序

为了检测题库文档中试题和答案参数的有效性，可编写一个“参数检测”子程序，具体代码如下：

```
Sub 参数检测()
  Dim tbh() As String                                '存放试题编号
  '检测试题编号和参数
  Selection.HomeKey Unit:=wdStory                    '光标定位到文档开头
```

```
Selection.Find.Text = "`"                        '指定“题标”
fnd = Selection.Find.Execute                     '执行查找
k = 0                                            '计数器初值
Do While fnd                                     '循环
  Selection.MoveRight Unit:=wdWord, Count:=1, Extend:=wdExtend '选中编号
  tt = Selection.Text                            '取出编号
  If Len(tt) <> 6 Then MsgBox ("编号格式错！"): Exit Sub
  k = k + 1                                      '计题数
  ReDim Preserve tbh(k)                          '重新定义数组，保留原有数据
  tbh(k) = Mid(tt, 2, 4)                         '保存题编号
  Selection.MoveRight Unit:=wdCharacter, Count:=1              '右移光标
  Selection.MoveRight Unit:=wdWord, Count:=1, Extend:=wdExtend '选中参数
  tt = Selection.Text
  If Len(tt) <> 4 Then MsgBox ("参数格式错！"): Exit Sub
  If tt = "####" Then Exit Do                    '遇到结束标记，结束循环
  zh = Val(Left(tt, 2))                          '章号
  If Not (zh >= 1 And zh <= 18) Then MsgBox ("章号错！"): Exit Sub
  tx = Mid(tt, 3, 1)                             '题型
  If tx Like "[!A-F]" Then MsgBox ("题型错！"): Exit Sub
  nd = Val(Right(tt, 1))                         '难度
  If Not (nd >= 1 And nd <= 3) Then MsgBox ("难度错！"): Exit Sub
  Selection.MoveRight Unit:=wdCharacter, Count:=1  '右移一个字符
  fnd = Selection.Find.Execute                   '继续查找
Loop
k = k - 1                                        '总题数(去掉结束标记题编号)
'检测答案编号与试题的一致性
Selection.HomeKey Unit:=wdStory                  '光标定位到文档开头
Selection.Find.Text = "~"                        '查找“题标”
fnd = Selection.Find.Execute                     '执行查找
Do While fnd                                     '循环
  Selection.MoveRight Unit:=wdWord, Count:=1, Extend:=wdExtend '选中编号
  tt = Selection.Text                            '取出答案参数
  If Len(tt) <> 5 Then MsgBox ("编号格式错！"): Exit Sub
  dbh = Mid(tt, 2, 4)                            '取出答案编号
  For p = 1 To k                             '如果有对应的试题编号,则退出循环
    If tbh(p) = dbh Then tbh(p) = "": Exit For
  Next
  If p > k Then MsgBox ("无对应的试题编号！"): Exit Sub
  Selection.MoveRight Unit:=wdCharacter, Count:=1'右移一个字符
  fnd = Selection.Find.Execute                         '继续查找
Loop
For p = 1 To k
  If tbh(p) <> "" Then
    MsgBox ("试题编号" & tbh(p) & "无对应的答案！")
    Exit Sub
  End If
```

```
  Next
  Selection.HomeKey Unit:=wdStory                    '光标定位到文档开头
  MsgBox ("参数完全正确！")
End Sub
```

上述子程序包括两部分：检测试题编号和参数的有效性；检测答案编号与试题编号的一致性。

程序中声明了一个动态数组 tbh，用来存放每道题的编号。

在检测试题编号和参数的有效性过程中，对当前文档从头到尾进行扫描，判断每道试题的编号格式、参数格式、章号、题型、难度是否正确。如果存在错误，则进行相应的提示并退出子程序。否则将试题编号保存到动态数组 tbh 中，并将试题总数记录到变量 k 中。

在检测答案编号与试题编号的一致性时，同样对当前文档从头到尾进行扫描，判断每个答案编号格式是否正确。如果不正确，则进行提示并退出子程序，否则进行以下操作：

（1）在数组 tbh 中查找是否存在与该答案编号相同的试题编号。如果存在，则清除数组中该试题编号，否则报告“无对应的试题编号！”。

（2）检查数组 tbh 中是否存在未被清除的试题编号。如果存在，则说明没有与该试题编号对应的答案编号，应给出提示信息。

为了便于操作，用以下方法在 Word 当前文档的快速访问工具栏中添加 3 个按钮，分别用来执行“查找同题”“题标涂色”“参数检测”3 个子程序。

（1）右击 Word 功能区，在快捷菜单中选择“自定义快速访问工具栏”命令，打开“Word 选项”对话框。在“从下列位置选择命令”下拉列表框中选择“宏”，在“自定义快速访问工具栏”下拉列表中选择用于“题库文档.docm”，将左侧列表框中的 3 个宏添加到右侧列表框。

（2）在右侧列表框中分别选中每个宏，单击列表框下面的“修改”按钮。在“修改按钮”对话框中，指定按钮的图标符号、修改显示名称。最后单击“Word 选项”对话框的“确定”按钮，在 Word 当前文档的快速访问工具栏中添加 3 个按钮，图标符号分别为、和，对应的显示名称分别为“查找同题”“题标涂色”“参数检测”。

11.4　主控文件设计

设计“主控文件”文档是为了统计和显示题库信息、设置和统计组卷信息，以便根据这些信息从试题库中抽取试题，组成试卷。

1. 表格设计

创建一个 Word 文档，保存为“主控文件.docm”。设置适当的纸张大小和页边距，文档选择“无网格”形式。在文档中建立一个图 11-6 所示的表格。

该表格用来设置各题型的名称和分数，显示题库中各章、各种题型、各级难度的试题数量，显示各种题型、各级难度的总题数和总分数，显示各章的总题数和总分数，设置组卷时各章、各题型、各难度抽取的试题数量，显示要抽取的各种题型、各级难度的总题数和总分数，显示要抽取的各章总题数和总分数。

试题分布表

题型 \ 难度 \ 章号			第01章	第02章	第03章	第04章	第05章	第06章	第07章	第08章	第09章	第10章	第11章	第12章	第13章	第14章	第15章	第16章	第17章	第18章	合计	
																					题数	分数
A	一级	题库																				
		抽取																				
	二级	题库																				
		抽取																				
	三级	题库																				
		抽取																				
B	一级	题库																				
		抽取																				
	二级	题库																				
		抽取																				
	三级	题库																				
		抽取																				
C	一级	题库																				
		抽取																				
	二级	题库																				
		抽取																				
	三级	题库																				
		抽取																				
D	一级	题库																				
		抽取																				
	二级	题库																				
		抽取																				
	三级	题库																				
		抽取																				
E	一级	题库																				
		抽取																				
	二级	题库																				
		抽取																				
	三级	题库																				
		抽取																				
F	一级	题库																				
		抽取																				
	二级	题库																				
		抽取																				
	三级	题库																				
		抽取																				
合计	题库	题数																				
		分数																				
	抽取	题数																				
		分数																				

图 11-6 “试题分布表”样式

为有效利用界面空间，表格中文字设置为宋体、小五号字，并且设置单元格的上、下、左、右边距均为 0 厘米。设置单元格边距的方法是：选中整个表格，右击，在快捷菜单中选择“表格属性”命令。在“表格属性”对话框的“单元格”选项卡中单击“选项”按钮，在“单元格选项”对话框中设置单元格边距。

2. 题库信息统计

为了统计并显示出题库中各章、各种题型、各级难度的试题数量，各种题型、各级难度的总题数和总分数，各章的总题数和总分数，需要用到变量和数组。在统计组卷时要抽取的各种题型、各级难度的总题数和总分数，各章总题数和总分数以及生成试卷过程中，也要用到相应的变量和数组。

因此，在“主控文件”工程中插入一个模块，在模块中用下列语句声明全局变量和数组：

```
Public ts(18, 6, 3) As Integer                '题数（章号，题型，难度）
Public zts(18) As Integer                     '各章题数
Public xns(18) As Integer                     '各题型、难度的题数
Public zfs(18) As Integer                     '各章分数
Public txf(6) As Integer                      '各题型分数
Public tb As Table                            '定义表类型变量
Public txh(90) As Integer                     '存放取题序号
Public qts(18, 6, 3) As Integer               '取题数(章号，题型，难度)
Public txm(6) As String                       '各题型名
Public txzs(6) As Integer                     '各题型总题数
Public txzf(6) As Integer                     '各题型总分数
Public th As Integer                          '试卷、答案同题型中的题号
Public Doc_tk As Object                       '保存“题库”文档对象
Public Doc_sj As Object                       '保存“试卷”文档对象
Public Doc_da As Object                       '保存“答案”文档对象
```

然后，编写一个“题库统计”子程序，代码如下：

```
Sub 题库统计()
  '清除表格数据
  Set tb = ActiveDocument.Tables(1)           '表格对象变量赋值
  ActiveDocument.Range(tb.Cell(3, 4).Range.Start, _
  tb.Cell(42, 23).Range.End).Delete           '删除表格数据
  '将试题参数送给数组或变量
  Erase ts, zts, xns, zfs, txf                '数组初始化
  tkd = ThisDocument.Path & "\题库文档.docm"
  Set Doc_tk = Documents.Open(tkd)            '打开题库文档
  Application.ScreenUpdating = False          '关闭屏幕更新
  Selection.HomeKey Unit:=wdStory             '光标定位到文档开头
  With Selection
    .Find.Text = "`"                          '查找“题标”
    fnd = .Find.Execute                       '执行查找
    Do While fnd                              '如果找到，循环
      fg = Trim(.Paragraphs(1).Range.Text)    '题标行内容
      bh = Mid(fg, 2, 4)                      '试题编号
      cs = Mid(fg, 7, 4)                      '试题参数
      If cs = "####" Then Exit Do             '遇到结束标记，退出循环
      zh = Val(Left(cs, 2))                   '章号
      tx = Asc(Mid(cs, 3, 1)) - 64            '题型
      nd = Val(Right(cs, 1))                  '难度
      ts(zh, tx, nd) = ts(zh, tx, nd) + 1     '累加到数组
      zts(zh) = zts(zh) + 1                   '累加各章题数
      xns((tx - 1) * 3 + nd) = xns((tx - 1) * 3 + nd) + 1  '累加题数
      zj = zj + 1                             '累加总题数
      fnd = .Find.Execute                     '继续查找
    Loop
```

```
    End With
    Documents(Doc_tk).Close                                         '关闭题库文档
    '将各题型分数送给数组
    For k = 1 To 6
      s_txf = tb.Cell(k * 6 + 2, 1).Range.Text
      txf(k) = Val(s_txf)
    Next
    '填写表格中除 39 行以外的各“题库”行数据
    For r = 3 To 37 Step 2                                          '按表格行循环
      For c = 4 To 21                                               '按表格列循环
        cs = ts(c - 3, (r + 3) \ 6, ((r - 3) / 2 Mod 3) + 1)
        If cs > 0 Then tb.Cell(r, c).Range.Text = cs                '填写题数
        zfs(c - 3) = zfs(c - 3) + cs * txf((r + 3) \ 6)             '累加各章分数
      Next
      cs = xns((r - 1) / 2)
      If cs > 0 Then tb.Cell(r, 22).Range.Text = cs                 '填写当前行题数
      cs = cs * txf((r + 3) \ 6)
      If cs > 0 Then tb.Cell(r, 23).Range.Text = cs                 '填写当前行分数
      n_zfs = n_zfs + Val(cs)                                       '累加总分数
    Next
    '填写表格第 39 行和第 40 行各章总题数、总分数
    For c = 4 To 21                                                 '按表格列循环
      cs = zts(c - 3)
      If cs > 0 Then tb.Cell(39, c).Range.Text = cs                 '填写章总题数
      cs = zfs(c - 3)
      If cs > 0 Then tb.Cell(40, c).Range.Text = cs                 '填写章总分数
    Next
    '填写题库总题数、总分数
    tb.Cell(39, 22).Range.Text = zj                                 '填写总题数
    tb.Cell(40, 23).Range.Text = n_zfs                              '填写总分数
    '收尾
    Application.ScreenUpdating = True                               '恢复屏幕更新
    Selection.HomeKey Unit:=wdStory                                 '光标定位到文档开头
    MsgBox "题库信息统计完毕!"
End Sub
```

“题库统计”子程序包括以下几个部分：

（1）对试题分布表进行初始化。把当前文档的表格（试题分布表）赋值给对象变量 tb。清除表格从 3 行 4 列到 42 行 23 列的单元格区域内容。

（2）将试题参数送给数组或变量。

首先对有关数组进行初始化，将数组元素清零或置成空串，打开题库文档，关闭屏幕更新。然后对题库文档，用循环语句从头到尾查找每道试题的题标“`”，取出相应的参数进行处理，直至遇到结束标记“####”为止。

针对每道题，从参数中提取出章号、题型（符号转换为数值）、难度值，并以此为下标，用三维数组 ts 累加题数。例如，某道题的章号为 2、题型为“A”（“A”的 ASC 码减去 64

结果为 1）、难度为 3，则向数组元素 ts(2,1,3)加 1。由此可知，数组 ts 最终将保存各章、各题型、各难度试题的数量。

各题型、各难度的总题数用数组 xns 表示。其中，下标为 1、2、3 的数组元素表示题型为“A”，难度为 1、2、3 级的题数；下标为 4、5、6 的数组元素表示题型为“B”，难度为 1、2、3 级的题数；以此类推，下标为 16、17、18 的数组元素表示题型为“F”，难度为 1、2、3 级的题数。

（3）用 For 循环语句，将各题型分数送给数组 txf。

（4）填写表格中行号为 3、5、7、…、37 的“题库”统计信息。

这些行的 4～21 列对应 1～18 章的题数，根据行号可以求出对应的题型和难度，由此确定数组 ts 的 3 个下标，将数组元素的值填写到对应的单元格中。为突出有用信息，只填写大于零的数据。在填写各章数据的同时，累计各章分数到数组 zfs，为填写第 40 行数据做准备。累计各章分数时，要用到数组 txf 中的题型分数。

这些行的 22、23 列是对应题型、难度的总题数和总分数。总题数保存在数组 xns 中，总分数等于总题数乘以对应题型的分数。对每行的总分数累加可得到整个题库的总分数。

（5）填写表格中 39 行和第 40 行的题数、分数以及整个题库的总题数、总分数。

39 行的 4～21 列分别为第 1～18 章的总题数，在第 2 部分已经统计到数组 zts 中，40 行的 4～21 列分别为第 1～18 章的总分数，在第 4 部分已经统计到数组 zfs 中。将数组的值依次填写到单元格中即可。

题库的总题数、总分数在这之前已统计到变量 zj 和 n_zfs 中，填写到 39 行 22 列、40 行 23 列单元格即可。

最后，恢复屏幕更新，光标定位到文档开头，显示“题库信息统计完毕!”。

3. 组卷信息统计

为了统计组卷时要抽取的各种题型、各级难度的总题数和总分数，统计要抽取的各章总题数和总分数，可在模块中编写一个“抽取信息”子程序。该子程序采用的方法也是先将统计结果存放到变量或数组，然后再将变量或数组的内容添加到表格相应的单元格中。“抽取信息”子程序代码如下：

```
Sub 抽取信息()
  '将各题型分数送数组
  Erase ts, zts, xns, zfs, txf                          '数组初始化
  Application.ScreenUpdating = False                    '关闭屏幕更新
  Set tb = ActiveDocument.Tables(1)                     '表格对象变量赋值
  For k = 1 To 6
    s_txf = tb.Cell(k * 6 + 2, 1).Range.Text
    txf(k) = Val(s_txf)
  Next
  '填写 4～38 各“抽取”行总题数和总分数
  For r = 4 To 38 Step 2                                '按表格行循环
    s_hts = 0                                           '当前行题数初值
    For c = 4 To 21                                     '按表格列循环
      ss = Val(tb.Cell(r, c).Range.Text)
```

```
      zj = zj + ss                                     '累加总题数
      s_hts = s_hts + ss                               '累加当前行题数
      zts(c - 3) = zts(c - 3) + ss                     '累加章题数
      zfs(c - 3) = zfs(c - 3) + ss * txf((r + 3) \ 6)  '累加章分数
    Next
    tb.Cell(r, 22).Range.Delete                        '删除原值
    If s_hts > 0 Then tb.Cell(r, 22).Range.Text = s_hts'填写总题数
    tb.Cell(r, 23).Range.Delete                        '删除原值
    cs = s_hts * txf((r + 3) \ 6)
    If cs > 0 Then tb.Cell(r, 23).Range.Text = cs      '填写总分数
    n_zfs = n_zfs + cs                                 '累加总分数
  Next
  '填写表格第 41 行和第 42 行各章"抽取"的总题数和总分数
  For c = 4 To 21                                      '按表格列循环
    tb.Cell(41, c).Range.Delete                        '删除原值
    cs = Val(zts(c - 3))
    If cs > 0 Then tb.Cell(41, c).Range.Text = cs      '填入章总题数
    tb.Cell(42, c).Range.Delete                        '删除原值
    cs = Val(zfs(c - 3))
    If cs > 0 Then tb.Cell(42, c).Range.Text = cs      '填入章总分数
  Next
  '填写全部抽取总题数和分数
  tb.Cell(41, 22).Range.Text = zj                      '填入总题数
  tb.Cell(42, 23).Range.Text = n_zfs                   '填入总分数
  Application.ScreenUpdating = True                    '恢复屏幕更新
  Selection.HomeKey Unit:=wdStory                      '光标到文档开头
  MsgBox "抽取信息统计完毕!"
End Sub
```

上述子程序包括以下几部分：

（1）将各题型分数送给数组。先对有关数组进行初始化，将数组元素清零或置成空串，关闭屏幕更新，表格用对象变量 tb 表示。再用 For 循环语句将 6 种题型的分数保存到数组 txf 的 6 个元素中。在数组 txf 中，下标为 1、2、3、4、5、6 的数组元素分别表示 A、B、C、D、E、F 题型的分数。各题型的分数在表格第 1 列的 8、14、20、26、32、38 行单元格中，因此第 k 种题型的分数在 k×6+2 行 1 列单元格中。

（2）填写各行抽取的总题数和总分数。用双重循环分别取出 4、6、…、38 行的 4～21 列单元格内容，当前行的题数累加到变量 s_hts 中，总题数累加到变量 zj 中，各章题数累加到数组 zts 中，各章分数累加到数组 zfs 中。其中，4 列对应于第 1 章，5 列对应于第 2 章，……，c 列对应于第 c−3 章。4、6、8 行对应于第 1 种题型，10、12、14 行对应于第 2 种题型，……，r 行对应于第(r+3)\6 种题型。每行的题数填写到第 22 列，分数填写到第 23 列，总分数累加到变量 n_zfs 中。

（3）填写各章抽取的总题数和总分数。由于在这之前，各章题数、各章分数已分别统计到数组 zts 和 zfs 中，下标表示章号，因此只需要将两个数组下标为 1～18 的元素值分别填写到表格 41 行和 42 行的 4～21 列即可。

（4）填写全部抽取的总题数和总分数。总题数填写到 41 行 22 列单元格，总分数填写到 42 行 23 列单元格。

最后，恢复屏幕更新，光标定位到文档开头，显示“抽取信息统计完毕!”。

4. 生成试卷

根据“试题分布表”记录的题库中各章、各题型、各难度的试题数量和计划抽取的试题数量，可以用下面的“生成试卷”子程序进行组卷，得到“试卷”和“答案”文档。

```
Sub 生成试卷()
  '将题库中各章、各题型、各难度的题数送给数组 ts，要提取的题数送给数组 qts
  Set tb = ActiveDocument.Tables(1)                            '表格对象变量赋值
  For zh = 1 To 18                                             '按章号循环
    For tx = 1 To 6                                            '按题型循环
      For nd = 1 To 3                                          '按难度循环
        ss = Val(tb.Cell((tx - 1) * 6 + 2 * nd + 1, zh + 3).Range.Text)
        ts(zh, tx, nd) = ss                                    '题库中题数
        ss = Val(tb.Cell((tx - 1) * 6 + 2 * nd + 2, zh + 3).Range.Text)
        qts(zh, tx, nd) = ss                                   '要提取的题数
      Next
    Next
  Next
  '将各题型名、分数，要提取的各题型总题数、总分数送给数组 txm、txf、txzs、txzf
  For k = 1 To 6
    s_txm = Trim(tb.Cell(k * 6 - 2, 1).Range.Text)             '取出题型名
    cd = Len(s_txm)                                            '求题型名长度
    txm(k) = Left(s_txm, cd - 2)                               '各题型名送给数组
    txf(k) = Val(tb.Cell(k * 6 + 2, 1).Range.Text)             '各题型分数送给数组
    txzs(k) = Val(tb.Cell(k * 6 - 2, 22).Range.Text)           '各题型总题数送给数组
    txzs(k) = txzs(k) + Val(tb.Cell(k * 6, 22).Range.Text)
    txzs(k) = txzs(k) + Val(tb.Cell(k * 6 + 2, 22).Range.Text)
    txzf(k) = Val(tb.Cell(k * 6 - 2, 23).Range.Text)           '各题型总分数送给数组
    txzf(k) = txzf(k) + Val(tb.Cell(k * 6, 23).Range.Text)
    txzf(k) = txzf(k) + Val(tb.Cell(k * 6 + 2, 23).Range.Text)
  Next
  '打开、创建文档
  tkd = ThisDocument.Path & "\题库文档.docm"
  Set Doc_tk = Documents.Open(tkd)                             '打开题库文档
  Set Doc_sj = Documents.Add                                   '创建“试卷”文档
  Set Doc_da = Documents.Add                                   '创建“答案”文档
  '生成试卷和答案
  s_th = "一二三四五六"                                        '大题号字符串
  dt = 1                                                       '大题号初值
  For tx = 1 To 6                                              '按题型循环
    If txzs(tx) > 0 Then
      ss = Mid(s_th, dt, 1) & "、" & txm(tx)
      ss = ss & "（每题" & txf(tx) & "分，共" & txzf(tx) & "分）"
```

```
    Windows(Doc_sj).Activate                        '激活"试卷"文档
    Selection.TypeText ss                           '添加题号和题标
    Selection.TypeParagraph                         '换行
    Windows(Doc_da).Activate                        '激活"答案"文档
    Selection.TypeText ss                           '添加题号和题标
    Selection.TypeParagraph                         '换行
    th = 0                                          '同题型中的题号，全局变量
    For zh = 1 To 18                                '按章号循环
      For nd = 1 To 3                               '按难度循环
        qts_n = qts(zh, tx, nd)                     '要提取的题数
        If qts_n > 0 Then
          ts_n = ts(zh, tx, nd)                     '题库中的题数
          Call sjs(ts_n, qts_n)                     '随机数送给全局数组 txh
          Call qt(qts_n, tx, zh, nd)                '提取试题和答案
        End If
      Next
    Next
    dt = dt + 1                                     '改变大题号
  End If
 Next
 '删除参数、保存文件、收尾
 Documents(Doc_tk).Close                            '关闭题库文档
 Call dele_c(Doc_sj, "`")                           '删除"试卷"参数
 Call dele_c(Doc_da, "~")                           '删除"答案"参数
 dt = Format(Now, "yymmddhhmmss")                   '形成文件名后缀
 Windows(Doc_sj).Activate                           '激活试卷文档
 Doc_sj.SaveAs FileName:=ThisDocument.Path & "\试卷" & dt
 Documents(Doc_sj).Close                            '关闭试卷文档
 Windows(Doc_da).Activate                           '激活答案文档
 Doc_da.SaveAs FileName:=ThisDocument.Path & "\答案" & dt
 Documents(Doc_da).Close                            '关闭答案文档
End Sub
```

上述子程序包括以下几部分：

（1）将题库中各章、各题型、各难度的题数送给数组 ts，要提取的题数送给数组 qts。方法是用三重循环程序，从“试题分布表”中将指定单元格的内容送给数组元素。其中，第1章、第1种题型、1级难度的试题数量在表格的3行4列单元格中，送给数组元素ts(1,1,1)，第2章、第2种题型、2级难度的试题数量在表格的11行5列单元格中，送给数组元素ts(2,2,2)，以此类推，第 zh 章、第 tx 种题型、nd 级难度的试题数量在表格的$(tx-1)\times6+2\times nd+1$ 行 zh+3 列单元格中，送给数组元素 ts(zh,tx,nd)。相应地，第 zh 章、第 tx 种题型、nd 级难度要提取的试题数量在表格的$(tx-1)\times6+2\times nd+2$ 行 zh+3 列单元格中，送给数组元素 qts(zh,tx,nd)。

（2）将各题型名、分数，要提取的各题型总题数、总分数送给数组 txm、txf、txzs、txzf。其中：

第 1 种题型名在“试题分布表”的 4 行 1 列单元格中，送给数组元素 txm(1)，第 2 种

题型名在 10 行 1 列单元格中，送给数组元素 txm(2)，以此类推，第 k 种题型名在 k×6−2 行 1 列单元格中，送给数组元素 txm(k)。

第 1 种题型的分数在“试题分布表”的 6 行 1 列单元格中，送给数组元素 txf(1)，第 2 种题型的分数在 14 行 1 列单元格中，送给数组元素 txf(2)，以此类推，第 k 种题型的分数在 k×6+2 行 1 列单元格中，送给数组元素 txf(k)。

第 1 种题型要抽取的总题数为表格中 22 列的 4、6、8 行单元格内容之和，送给数组元素 txzs(1)，第 2 种题型要抽取的总题数为表格中 22 列的 10、12、14 行单元格内容之和，送给数组元素 txzs(2)，以此类推，第 k 种题型要抽取的总题数为表格中 22 列的 k×6−2、k×6、k×6+2 行单元格内容之和，送给数组元素 txzs(k)。同理，第 k 种题型要抽取的总分数为表格中 23 列的 k×6−2、k×6、k×6+2 行单元格内容之和，送给数组元素 txzf(k)。

（3）打开“题库文档”，并创建“试卷”和“答案”文档，分别用全局对象变量 Doc_tk、Doc_sj 和 Doc_da 表示。

（4）生成试卷和答案文档。

如果某种题型计划抽取的总题数大于零，则用循环语句对该种题型进行如下操作：

建立试卷的题号和题标以及答案的题号和题标。在建立题号时从字符串“一二三四五六”中取出相应的大写数字。建立题标时从数组 txm 中获取题型名，从数组 tzf 中获取该题型每题的分数，从数组 txzf 中获取试卷中该题型的总分。

对当前题型，按章号、难度顺序进行组卷。试题从 1 开始编号，用全局变量 th 计数。由于各章、各题型、各难度要抽取的试题数量已经保存在数组 qts 中，因此可根据数组元素的值确定当前题型各章、各难度要抽取的试题数量，送给变量 qts_n。如果要抽取的试题数量大于零，则由数组 ts 获取题库中相同章号、题型、难度的试题数量，送给变量 ts_n。调用子程序 sjs，产生 1 到 ts_n 之间的 qts_n 个互不相同的随机整数到全局数组 txh。调用子程序 qt，按数组 txh 中指定的序号在题库中提取 qts_n 道满足条件的试题和对应的答案到“试卷”和“答案”文档。

（5）关闭题库文档，删除“试卷”和“答案”参数，保存并关闭“试卷”和“答案”文档。试卷和答案文件名用年、月、日、时、分、秒各两位作为后缀，以便区分不同时刻生成的文档。

“生成试卷”子程序调用了子程序 sjs、qt 和 dele_c。下面分别介绍这几个子程序。

5. sjs 子程序

在“生成试卷”子程序中，通过语句 Call sjs(ts_n, qts_n)调用子程序 sjs，产生 1～ts_n 的 qts_n 个互不相同的随机整数到全局数组 txh。子程序 sjs 代码如下：

```
Sub sjs(ts_n, qts_n)
  ReDim b(1 To ts_n) As Integer                          '标记数组
  Randomize Timer                                        '随机数种子
  k = 1
  Do While k <= qts_n
    x = Int(Rnd * ts_n) + 1                              '产生一个随机整数
    If b(x) <> 1 Then                                    'x 这个随机数没被用过
      txh(k) = x                                         '保存一个随机数
```

```
      b(x) = 1                                          '标记 x 这个随机数已用过
      k = k + 1                                         '计数
    End If
  Loop
End Sub
```

在上述子程序中，声明了一个动态数组 b，用来标记 1～ts_n 每个整数是否被用过。用表达式 Int(Rnd * ts_n) + 1，产生 1～ts_n 的随机整数 x。如果 x 未被用过，则将 x 保存到数组 txh，并设置下标变量 b(x)的值为 1，标记 x 这个随机数已用过。用这种方法，通过 Do While 循环语句，产生 qts_n 个互不相同的随机整数到全局数组 txh。

6. qt 子程序

在“生成试卷”子程序中，用语句 Call qt(qts_n, tx, zh, nd)按数组 txh 中指定的序号，从题库中提取 qts_n 道满足条件的试题和对应的答案到“试卷”和“答案”文档。

子程序 qt 代码如下：

```
Sub qt(qts_n, tx, zh, nd)
  Selection.Find.MatchWildcards = True                    '使用通配符
  For k = 1 To qts_n
    Windows(Doc_tk).Activate
    Selection.HomeKey Unit:=wdStory                       '光标定位到文档开头
    tcs = "`???? " & Right("0" & zh, 2) & Chr(64 + tx) & nd   '题参数
    Selection.Find.Text = tcs                             '指定查找内容
    For m = 1 To txh(k)
      Selection.Find.Execute                              '执行 txh(k)次查找
    Next
    Selection.MoveEndUntil "`~", wdForward                '扩展选中到标识符
    Selection.Copy                                        '复制
    Windows(Doc_sj).Activate                              '激活“试卷”文档
    th = th + 1                                           '同题型中的题号+1
    Selection.TypeText Right(Str(th), 2) & "."            '填写同题型题号
    Selection.TypeParagraph                               '换行
    Selection.PasteAndFormat wdPasteDefault               '带格式粘贴
    Windows(Doc_tk).Activate                              '激活“题库”文档
    Selection.MoveRight Unit:=wdCharacter, Count:=1       '光标移至下一行首
    Selection.EndKey Unit:=wdLine, Extend:=wdExtend       '选中一行
    Selection.MoveEndUntil "`~", wdForward                '扩展选中到标识符
    Selection.Copy                                        '复制
    Windows(Doc_da).Activate                              '激活“答案”文档
    Selection.TypeText Right(Str(th), 2) & "."            '填写同题型题号
    Selection.TypeParagraph                               '换行
    Selection.PasteAndFormat wdPasteDefault               '带格式粘贴
  Next
End Sub
```

上述子程序的 4 个参数 qts_n、tx、zh 和 nd 分别表示要抽取的试题数量、题型、章号

和难度。

具体功能是：从题库文档中随机抽取 qts_n 道题型为 tx、章号为 zh、难度为 nd 的试题到“试卷”文档，对应的答案到“答案”文档。

随机性是这样实现的：假如题库中满足条件的试题总共有 m 道，要抽取 n 道，用前面介绍的子程序 sjs 产生 n 个 1～m 互不相同的随机整数，保存到全局数组 txh 下标为 1、2、…、n 的元素中。然后，根据数组 txh 每个元素的值，确定抽取满足条件试题中的第几道题。例如，“题库文档”中题型为 A、章号为 1、难度为 1 级的试题总共有 63 道，要从中抽取 3 道。假设用 sjs 子程序产生 3 个 1～63 互不相同的随机整数分别是 3、8、9，则数组元素 txh(1)、txh(2)、txh(3)的值分别为 3、8、9。抽取第 1 道试题时，将在“题库文档”中从头开始，查找第 3 个满足条件的试题，并将其设为目标；抽取第 2 道试题时，将在“题库文档”中从头开始，查找第 8 个满足条件的试题，并将其设为目标；抽取第 3 道试题时，将在“题库文档”中从头开始，查找第 9 个满足条件的试题，并将其设为目标。

在查找满足条件的试题时使用了通配符“?”。

用 For 语句进行 qts_n 次循环，在“题库文档”中查找目标，复制对应的试题和答案并粘贴到“试卷”和“答案”文档。

在提取一道试题时，先选中从“`”到“~”（不包含“~”字符）的对象，复制到剪贴板，然后激活“试卷”文档，填写同题型题号并换行，再把剪贴板的内容带格式粘贴到“试卷”文档。提取答案的过程与提取试题类似。

7. dele_c 子程序

子程序 dele_c 有两个参数，lb 表示文档名（“试卷”或“答案”），mark 表示试题或答案题标的起始标记（“`”或“~”）。子程序的功能是删除文档 lb 中的题标。代码如下：

```
Sub dele_c(lb, mark)
  Windows(lb).Activate                         '激活文档
  Selection.HomeKey wdStory                    '定位到文档开头
  Selection.Find.Text = mark                   '指定要查找的字符
  fd = Selection.Find.Execute                  '进行查找
  Do While fd
    Selection.EndKey wdLine, wdExtend          '选中当前行
    Selection.Delete wdCharacter, 1            '删除当前行
    Call dele_b                                '删除无效空白
    fd = Selection.Find.Execute                '继续查找
  Loop
  Selection.HomeKey wdStory                    '定位到文档开头
End Sub
```

在上述程序中，首先激活文档 lb，从头开始向下查找标记字符 mark。如果找到该字符，则选中当前行，删除当前行（即题标行），调用子程序 dele_b，删除无效空白，达到简单排版的目的。然后继续向下查找，直至文档末尾。

8. dele_b 子程序

子程序“dele_b”的作用是删除“试题”或“答案”文档中题号与题干之间的无效空

白，包括回车、空格、全角空格字符，只保留一个空格符，达到简单排版的目的。

子程序代码如下：

```
Sub dele_b()
  Selection.MoveLeft wdCharacter, 1                    '移到上一行尾
  Selection.MoveRight wdCharacter, 1, wdExtend         '选中一个字符
  zfm = Asc(Selection.Text)
  k = 0
  Do While k < 20 And (zfm = 13 Or zfm = 32 Or zfm = -24159)
    Selection.Delete wdCharacter, 1                    '删除空白字符
    Selection.MoveRight wdCharacter, 1, wdExtend       '选中一个字符
    zfm = Asc(Selection.Text)
    k = k + 1
  Loop
  Selection.MoveLeft wdCharacter, 1                    '左移一字符
  If k < 20 Then                                       '无自动添加的空格
    Selection.TypeText " "                             '插入一个空格
  End If
End Sub
```

上述程序在删除题标行后被执行，它首先将光标移到题号行的末尾，向右选中一个字符，求出该字符的 ASC 码，然后重复进行下面操作：根据 ASC 码判断，如果是回车、空格和全角空格符，则删除该字符，再向右选中一个字符，求出该字符的 ASC 码。

通常，这种重复操作，应该是遇到非回车、空格和全角空格符为止，但实践中发现，有时在删除空白字符时，系统会自动添加一个空格，这样会造成死循环。为了避免死循环，可引入一个计数器 k，对循环次数进行控制，使循环最多不超过 20 次。

为使文档格式整齐，循环处理结束后，如果系统没有在题号与题干之间自动插入空格，则用程序插入一个空格。

9. 在快速访问工具栏中添加按钮

为了便于操作，用以下方法，在 Word 当前文档的快速访问工具栏中添加 3 个按钮，分别用来执行“题库统计”、“抽取信息”“生成试卷”3 个子程序。

（1）右击 Word 功能区，在快捷菜单中选择“自定义快速访问工具栏”命令，打开“Word 选项”对话框。在“从下列位置选择命令”下拉列表框中选择“宏”，在“自定义快速访问工具栏”下拉列表中选择用于“主控文件.docm”，将左侧列表框中的“题库统计”“抽取信息”“生成试卷”3 个宏添加到右侧列表框。

（2）在右侧列表框中分别选中每个宏，单击列表框下面的“修改”按钮。在“修改按钮”对话框中，指定按钮的图标符号、修改显示名称。最后单击“Word 选项”对话框的“确定”按钮，在 Word 当前文档的快速访问工具栏中添加 3 个按钮，图标符号分别为、和，对应的显示名称分别为“题库统计”“抽取信息”“生成试卷”。

上机练习

1. Word 文档录入了图 11-7 所示的内容。请编写 VBA 程序，将原数据区中每道试题和对应的答案，按照编号 0002、0003、0001 的顺序分别复制到目标数据区，得到图 11-8 所示的结果。

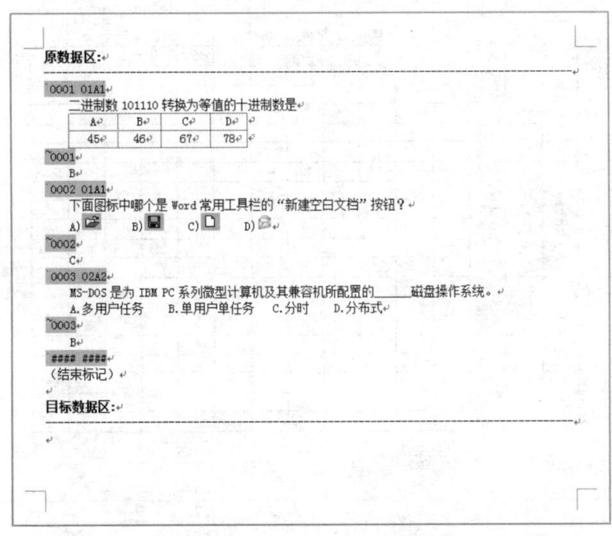

原数据区:

0001 01A1

二进制数 101110 转换为等值的十进制数是

A	B	C	D
45	46	67	78

`0001

B

0002 01A1

下面图标中哪个是 Word 常用工具栏的"新建空白文档"按钮？

A)　B)　C)　D)

`0002

C

0003 02A2

MS-DOS 是为 IBM PC 系列微型计算机及其兼容机所配置的_____磁盘操作系统。

A.多用户任务　B.单用户单任务　C.分时　D.分布式

`0003

B

####

（结束标记）

目标数据区:

图 11-7　Word 文档的原始内容

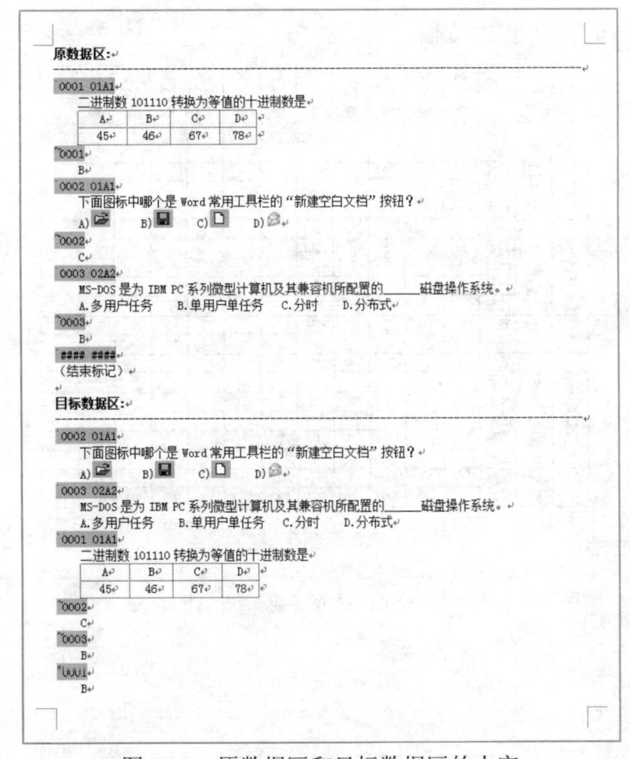

原数据区:

0001 01A1

二进制数 101110 转换为等值的十进制数是

A	B	C	D
45	46	67	78

`0001

B

0002 01A1

下面图标中哪个是 Word 常用工具栏的"新建空白文档"按钮？

A)　B)　C)　D)

`0002

C

0003 02A2

MS-DOS 是为 IBM PC 系列微型计算机及其兼容机所配置的_____磁盘操作系统。

A.多用户任务　B.单用户单任务　C.分时　D.分布式

`0003

B

####

（结束标记）

目标数据区:

0002 01A1

下面图标中哪个是 Word 常用工具栏的"新建空白文档"按钮？

A)　B)　C)　D)

0003 02A2

MS-DOS 是为 IBM PC 系列微型计算机及其兼容机所配置的_____磁盘操作系统。

A.多用户任务　B.单用户单任务　C.分时　D.分布式

0001 01A1

二进制数 101110 转换为等值的十进制数是

A	B	C	D
45	46	67	78

`0002

C

`0003

B

`0001

B

图 11-8　原数据区和目标数据区的内容

2. Word 文档中录入了图 11-9 所示的“试题分布表”。请编写程序，根据“试题分布表”中各题型、各章、各难度的题数和各题型的分数，填写各章总题数、总分数，得到图 11-10 所示的结果。

试题分布表

章号 题型 难度			第01章	第02章	第03章	第04章	第05章	第06章	第07章	第08章	第09章	第10章	第11章	第12章
A	一级	题库			6					1		8		5
简答题		抽取												
	二级	题库	6										9	
		抽取												
	三级	题库												
5		抽取												
B	一级	题库	11		5		19				5			
填空题		抽取												
	二级	题库	9				6		8					
		抽取												
	三级	题库	6							12				
3		抽取												
C	一级	题库	3		3		8	23						
编程题		抽取												
	二级	题库		8	6	7	8						6	
		抽取												
	三级	题库		7			6							9
6		抽取												
合计	题库	题数												
		分数												

图 11-9　试题分布表

试题分布表

章号 题型 难度			第01章	第02章	第03章	第04章	第05章	第06章	第07章	第08章	第09章	第10章	第11章	第12章
A	一级	题库			6					1		8		5
简答题		抽取												
	二级	题库	6										9	
		抽取												
	三级	题库												
5		抽取												
B	一级	题库	11		5		19				5			
填空题		抽取												
	二级	题库	9				6		8					
		抽取												
	三级	题库	6							12				
3		抽取												
C	一级	题库	3		3		8	23						
编程题		抽取												
	二级	题库		8	6	7	8						6	
		抽取												
	三级	题库		7			6							9
6		抽取												
合计	题库	题数	35	15	20	7	47	23	8	13	5	8	15	14
		分数	126	90	99	42	207	138	24	41	15	40	81	79

图 11-10　填写各章总题数、总分数后的试题分布表

参 考 文 献

[1] Excel Home. Word 2010 实战技巧精粹[M]. 北京：人民邮电出版社, 2012.
[2] 李政. VBA 任务驱动教程[M]. 北京：国防工业出版社, 2014.
[3] 陆思辰. Excel 2010 高级应用案例教程[M]. 北京：清华大学出版社, 2016.
[4] 杨久婷. Word 2010 高级应用案例教程[M]. 北京：清华大学出版社, 2017.
[5] 龚轩涛. Office 2016 高级应用与 VBA 技术[M]. 北京：电子工业出版社, 2018.
[6] 侯丽梅. Office 2016 办公软件高级应用实例教程[M]. 2 版. 北京：机械工业出版社, 2020.
[7] 教育部考试中心. 全国计算机等级考试二级教程-MS Office 高级应用[M]. 北京：高等教育出版社, 2022.

图书资源支持

感谢您一直以来对清华版图书的支持和爱护。为了配合本书的使用，本书提供配套的资源，有需求的读者请扫描下方的"书圈"微信公众号二维码，在图书专区下载，也可以拨打电话或发送电子邮件咨询。

如果您在使用本书的过程中遇到了什么问题，或者有相关图书出版计划，也请您发邮件告诉我们，以便我们更好地为您服务。

我们的联系方式：

清华大学出版社计算机与信息分社网站：https://www.shuimushuhui.com/

地　　址：北京市海淀区双清路学研大厦 A 座 714

邮　　编：100084

电　　话：010-83470236　010-83470237

客服邮箱：2301891038@qq.com

QQ：2301891038（请写明您的单位和姓名）

资源下载：关注公众号"书圈"下载配套资源。

资源下载、样书申请

书圈

图书案例

清华计算机学堂

观看课程直播